EUROPA LEHRMITTEL

Edition Harri Deutsch

Physik für Ingenieure

Bachelor Basics

von

Bernd Baumann

unter Mitarbeit von

Ulrich Stein, Thorsten Struckmann und Marcus Wolff

3., überarbeitete Auflage

VERLAG EUROPA-LEHRMITTEL · Nourney, Vollmer GmbH & Co. KG
Düsselberger Straße 23 · 42781 Haan-Gruiten

Europa-Nr.: 58577

Der Autor

Prof. Dr. rer. nat. Bernd Baumann
Hochschule für Angewandte Wissenschaften Hamburg
Fakultät Technik und Informatik
Heinrich-Blasius-Institut für Physikalische Technologien

3., überarbeitete Auflage 2016, korrigierter Nachdruck 2025

Druck 5 4 3

ISBN 978-3-8085-5857-7

Bei Fragen zur Produktsicherheit wenden Sie sich bitte an produktsicherheit@europa-lehrmittel.de.

www.europa-lehrmittel.de
Bisherige Auflagen: J. Schlembach Fachverlag

Satz: Satzherstellung Dr. Naake, 09212 Limbach-Oberfrohna
Umschlaggestaltung: braunwerbeagentur, 42477 Radevormwald
Druck: Plump Druck & Medien GmbH, 53619 Rheinbreitbach

Vorwort

Durch die flächendeckende Einführung von Bachelor-Studiengängen an Hochschulen im deutschen Sprachraum sind, im Vergleich zu den früheren Diplom-Studiengängen, für viele Fächer gekürzte Stundenzahlen festgeschrieben worden. Häufig ist zu beobachten, dass die Inhalte der ursprünglichen Lehrveranstaltungen ohne substantielle Kürzungen in die Curricula der Bachelor-Studiengänge übernommen werden. Auch die in der Physikausbildung in Ingenieurstudiengängen tätigen Hochschullehrer tun sich oft schwer damit, Inhalte zu opfern. Es führt aber kein Weg daran vorbei! So interessant z. B. das Standardmodell der Elementarteilchen auch ist – dieses Thema kann in einer auf wenige Stunden beschränkten Grundlagenvorlesung zur Physik für Studierende der Ingenieurwissenschaften nicht annähernd seriös behandelt werden. Dennoch findet man entsprechende Kapitel in vielen Lehrbüchern, die für Ingenieurstudiengänge gedacht sind. *Physik für Ingenieure – Bachelor Basics* stellt einen Gegenentwurf zu diesen Büchern dar. Der Leser erhält mit vergleichsweise wenig Aufwand einen guten Einblick in die wichtigsten physikalischen Phänomene.

Da die Physikvorlesungen üblicherweise in den ersten Semestern angesiedelt sind, stellt der fehlende Vorlauf in Mathematik häufig ein Problem dar. Natürlich lässt sich dieses Problem nicht vermeiden – um es wenigstens zu entschärfen, wird die benötigte Mathematik im Anhang sehr kompakt skizziert. Dort findet der Leser auch eine einführende Darstellung der Fehlerrechnung. Der Arbeitsplan zur Ermittlung von Messergebnissen sollte bei der Ausarbeitung von Laborprotokollen hilfreich sein.

Den Lösungsweg ausgewählter Aufgaben finden Sie auf www.BerndBaumann.de und www.europa-lehrmittel.de/58577.html. Vorgegebenen Lösungswegen zu folgen reicht allerdings nicht aus. Um zu einem Verständnis zu gelangen, ist es notwendig, dass sich der Leser um das selbstständige Erzielen der Lösungen ernsthaft bemüht.

Fehlerhinweise, Anregungen und Kommentare sind stets willkommen.

Hamburg, im Sommer 2016

Bernd Baumann

info@BerndBaumann.de

Fragen, Kommentare und Anregungen an:

Autoren und Verlag Europa-Lehrmittel
Nourney, Vollmer GmbH & Co. KG
Düsselberger Str. 23
42781 Haan-Gruiten
lektorat@europa-lehrmittel.de
http://www.europa-lehrmittel.de

Inhaltsverzeichnis

1 Mechanik

1.1 Kinematik

1.1.1 Bewegung entlang einer Geraden

Die **Kinematik** hat die mathematische Beschreibung der Bewegung materieller Körper im Raum zum Inhalt. In der Kinematik werden keine Aussagen über das Zustandekommen von Bewegungen gemacht. Dies ist Gegenstand der Dynamik (vgl. Abschnitt 1.2).

Häufig ist es gerechtfertigt, die Ausdehnung der Körper zu vernachlässigen (Modellvorstellung des **Massenpunkts**)[1]. Vorteil: Rotation und Verformung der Körper brauchen nicht berücksichtigt zu werden.

Erfolgt die Bewegung entlang einer Geraden im Raum, so genügt es, zu jedem Zeitpunkt t die jeweilige Ortskoordinate x anzugeben. Trägt man x über t auf, erhält man das **Weg-Zeit-Diagramm** der Bewegung (Abb. 1.1).

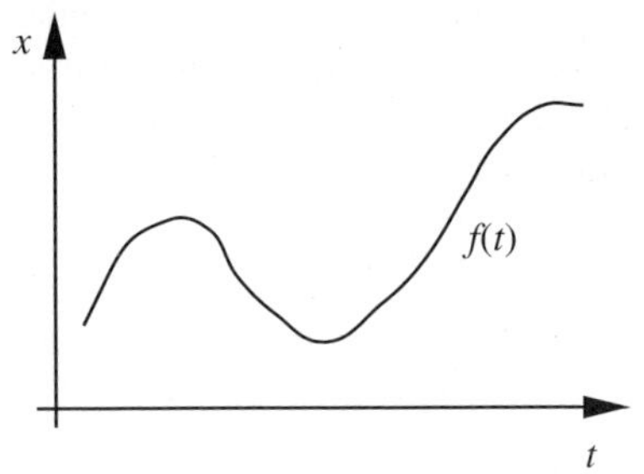

Abb. 1.1: Weg-Zeit-Diagramm

Offenbar ist x eine Funktion der Zeit:

$$x = f(t),$$

in Kurzform schreibt man $x(t)$.

Die **mittlere Geschwindigkeit** im Zeitintervall $\Delta t := t_2 - t_1$ ist definiert durch

$$\bar{v} := \frac{\Delta x}{\Delta t}.$$

Die im Zeitintervall Δt zurückgelegte Wegstrecke $\Delta x := x(t_2) - x(t_1)$ heißt **Verschiebung** (Abb. 1.2).

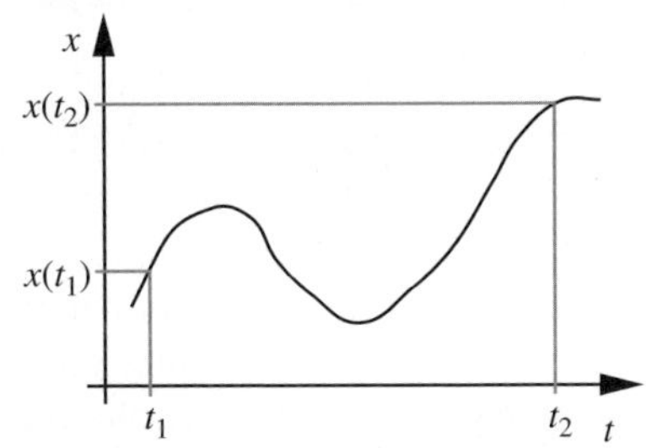

Abb. 1.2: Zeitintervall und Verschiebung. Man beachte, dass die Verschiebung für $x(t_2) < x(t_1)$ negativ ist.

Da sich die Geschwindigkeit eines Körpers i. Allg. ständig ändert, führt man die **Momentangeschwindigkeit** ein[2]:

$$v := \frac{dx}{dt} = \dot{x}(t).$$

Erläuterung: Hohe Geschwindigkeit bedeutet anschaulich, dass sich der Aufenthaltsort

---

[1] Modelle sind in der Physik von zentraler Bedeutung. Was man in der Physik unter einem Modell versteht, ist in Anhang A erläutert.

[2] Ein Punkt über dem Formelzeichen bedeutet ‚Ableitung nach der Zeit'. Der Begriff ‚Ableitung' wird in Anhang B.3 kurz erläutert.

(die Koordinate) schnell ändert. Im Weg-Zeit-Diagramm ist das dort der Fall, wo die Funktion steil ansteigt. Der Anstieg ist durch die Ableitung von x nach der Zeit t gegeben.

Wenn $v(t) = v_0 = \text{const}$, spricht man von einer **gleichförmigen Bewegung**, andernfalls von einer **ungleichförmigen Bewegung**.

Genauso wie die Koordinate, kann man die Geschwindigkeit über der Zeit auftragen (**Geschwindigkeits-Zeit-Diagramm**, Abb. 1.3).

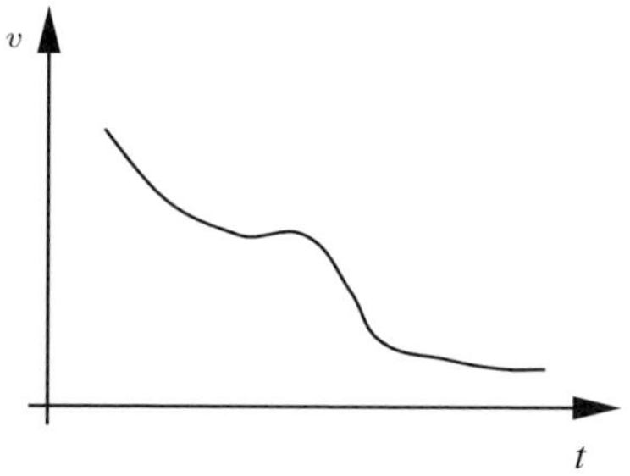

Abb. 1.3: Geschwindigkeits-Zeit-Diagramm

Insbesondere in der Dynamik zeigt sich, dass die zeitliche Änderung der Geschwindigkeit von großer Wichtigkeit ist. Analog zur mittleren Geschwindigkeit wird daher die **mittlere Beschleunigung**

$$\bar{a} := \frac{\Delta v}{\Delta t}$$

($\Delta v := v(t_2) - v(t_1)$) und zur Momentangeschwindigkeit die **Momentanbeschleunigung** eingeführt:

$$a := \frac{dv}{dt} = \dot{v}(t).$$

Wegen $v(t) = \frac{dx}{dt}$ gilt

$$a = \frac{d}{dt}\left(\frac{dx}{dt}\right) = \frac{d^2x}{dt^2} = \ddot{x}.$$

Bekanntlich ist die Umkehrung der Differenziation die unbestimmte Integration[1]. Daher erhält man $v(t)$ aus $a(t)$, indem man die Beschleunigung über die Zeit integriert:

$$v(t) = \int a(t)dt.$$

Ebenso erhält man $x(t)$ durch Integration über $v(t)$, also

$$x(t) = \int v(t)dt.$$

Symbolisch kann man schreiben

$$x(t) \rightleftharpoons v(t) \rightleftharpoons a(t).$$

Dabei steht $\rightharpoonup$ für die Ableitung nach der Zeit und $\leftharpoondown$ für die Integration über die Zeit. Bei jeder unbestimmten Integration tritt eine Integrationskonstante auf. Diese muss aus einer **Anfangsbedingung** bestimmt werden.

Bewegungen mit $a(t) = a_0 = \text{const}$ heißen **gleichförmig beschleunigt**, alle anderen **ungleichförmig beschleunigt**. Beispielsweise fallen in der Nähe der Erdoberfläche alle Gegenstände mit der konstanten Beschleunigung $g = 9{,}81\ \text{m/s}^2$ (**Erdbeschleunigung**), sofern die Wirkung des Luftwiderstands vernachlässigt werden kann.

Für gleichförmig beschleunigte Bewegungen erhält man durch integrieren und unter Ausnutzung der Anfangsbedingungen $v(t_0) = v_0$ (Anfangsgeschwindigkeit) und $x(t_0) = x_0$ (Teilchenkoordinate zur Anfangszeit t_0)

$$v(t) = a_0(t - t_0) + v_0,$$

$$x(t) = \frac{1}{2}a_0(t - t_0)^2 + v_0(t - t_0) + x_0.$$

Aufgaben

1.1.1-1 Das Weg-Zeit-Diagramm einer Bewegung habe die Form eines Trapezes. Zeichnen Sie das Geschwindigkeits-Zeit-Diagramm!

[1] vgl. Abschnitt B.3 im Anhang

1.1.1-2 Für einen fallenden Gegenstand gilt näherungsweise $x(t) = bt^2$ mit $b = 5\,\mathrm{m/s^2}$.
a) Bestimmen Sie seinen Ort für $t = 1\,\mathrm{s}, 2\,\mathrm{s}, 5\,\mathrm{s}$ und die Momentangeschwindigkeit zur Zeit $t = 5\,\mathrm{s}$.
b) Wie groß ist die mittlere Geschwindigkeit in den ersten fünf Sekunden?
c) Berechnen Sie die momentane Beschleunigung zur Zeit $t = 5\,\mathrm{s}$.

Lösung: $v = 50\,\mathrm{m/s}, \bar{v} = 25\,\mathrm{m/s}, a = \bar{a} = 10\,\mathrm{m/s^2}$

1.1.1-3 Ein Teilchen befindet sich zur Zeit $t =: t_0 = 2\,\mathrm{s}$ am Ort $x(t_0) = 0{,}1\,\mathrm{m}$. Es bewegt sich mit $v(t) = v_0 \cos(\omega t), v_0 = 2\,\mathrm{m/s}, \omega = 4\,\mathrm{s^{-1}}$. Gesucht: $a(t)$ und $x(t)$ für $t =: t_1 = 10\,\mathrm{s}$.

Lösung: $-5{,}96\,\mathrm{m/s^2}$, $-2{,}21\,\mathrm{cm}$

1.1.1-4 Leiten Sie den allgemeinen Ausdruck für $v(t)$ und $x(t)$ bei der gleichförmig beschleunigten Bewegung her!

1.1.1-5 Ein Auto bremst mit einer Verzögerung von $6{,}5\,\mathrm{m/s^2}$ und legt bis zum Stillstand 45 m zurück. Wie groß sind Bremszeit und Anfangsgeschwindigkeit?

Lösung: 3,72 s, 24,2 m/s

1.1.1-6 Eine Rakete beschleunige in der Startphase gemäß $a = ct$ mit $c = 3\,\mathrm{m/s^3}$. Geben Sie ihre Geschwindigkeit und die zurückgelegte Wegstrecke 5 s nach dem Start an.

Lösung: 37,5 m/s, 62,5 m

1.1.1-7 Die Geschwindigkeit eines Körpers, der durch ein viskoses Medium fällt, ist $v(t) = v_L(1 - e^{-Pt})$. Welche Strecke legt eine Stahlkugel in Glycerin in der Zeit $t = 1/P$ zurück, wenn sie anfänglich ruhte ($v_L = 7\,\mathrm{cm/s}$, $P = 140\,1/\mathrm{s}$)?

Lösung: 0,184 mm

1.1.2 Bewegung im Raum

Zur eindeutigen Bestimmung der Lage eines Massenpunkts im Raum sind statt einer Koordinate drei anzugeben. Diese fasst man zweckmäßigerweise in einem Vektor[1] zusammen (**Ortsvektor**). Bewegt sich der Massenpunkt durch den Raum, so lässt sich seine Bahnkurve beschreiben, indem man zu jedem Zeitpunkt t den Ortsvektor $\vec{r}(t)$ angibt. Die **Bahnkurve** (Trajektorie), zunächst für die Bewegung in der Ebene, hat also die Form

$$\vec{r}(t) := \begin{pmatrix} x(t) \\ y(t) \end{pmatrix}.$$

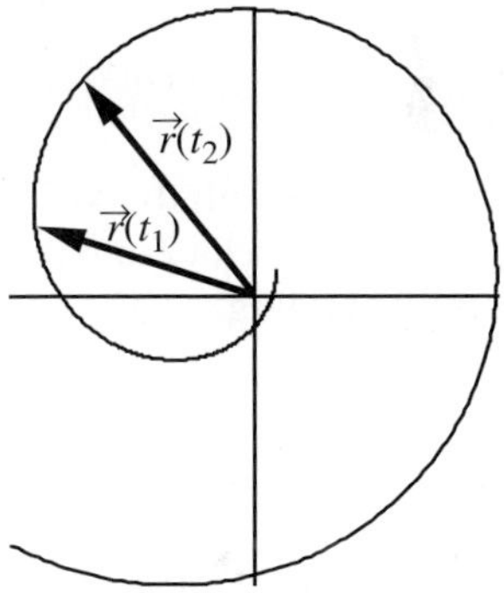

Abb. 1.4: Spiralförmige Bewegung. Die Bahnkurve kann z. B. in der Form $\vec{r}(t) = at \begin{pmatrix} \sin(\omega t) \\ \cos(\omega t) \end{pmatrix}$ mit $a, \omega = \mathrm{const}$ angegeben werden.

Die Geschwindigkeit ist ebenfalls durch einen Vektor zu beschreiben, den **Vektor der Momentangeschwindigkeit**:

$$\vec{v} := \frac{d\vec{r}}{dt} = \dot{\vec{r}} = \begin{pmatrix} \dot{x} \\ \dot{y} \end{pmatrix}.$$

Dieser Vektor liegt zu jedem Zeitpunkt tangential an der Bahnkurve (vgl. Abb. 1.5).

[1] vgl. Abschnitt B.1 im Anhang

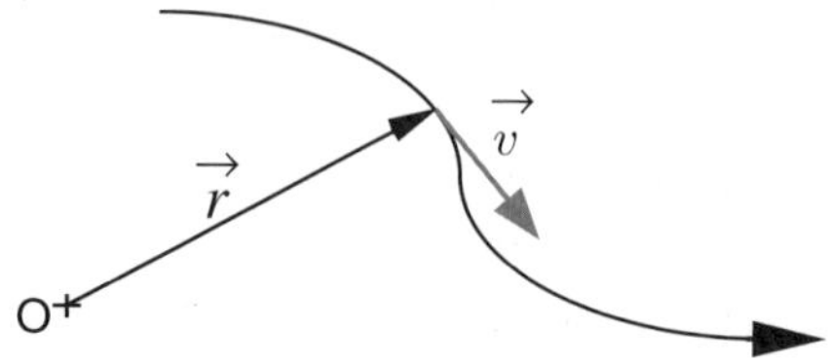

Abb. 1.5: Vektor der Momentangeschwindigkeit

Analog zur geradlinigen Bewegung definiert man den **Vektor der Momentanbeschleunigung**:

$$\vec{a} := \frac{d\vec{v}}{dt} = \dot{\vec{v}} = \begin{pmatrix} \dot{v}_x \\ \dot{v}_y \end{pmatrix}.$$

Für den Beschleunigungsvektor erweist sich die folgende Zerlegung in Komponenten als zweckmäßig (Abb. 1.6):

$$\vec{a} = \vec{a}_{\parallel} + \vec{a}_{\perp}.$$

Dabei heißt $\vec{a}_{\parallel}$ **Tangential-** oder **Bahnbeschleunigung** und $\vec{a}_{\perp}$ heißt **Zentripetal-** oder **Normalbeschleunigung**.

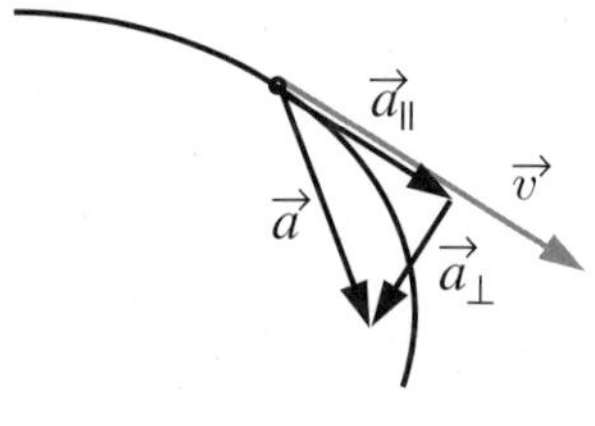

Abb. 1.6: Zerlegung des Beschleunigungsvektors in Komponenten parallel und senkrecht zum Geschwindigkeitsvektor

Geschwindigkeitsänderungen (d. h. Beschleunigungen) setzen sich aus zwei Anteilen zusammen: Änderung des Betrages von $\vec{v}$ (dem entspricht $\vec{a}_{\parallel}$) und Änderung der Richtung von $\vec{v}$ (dem entspricht $\vec{a}_{\perp}$).

Eine wichtige spezielle Bewegungsform in der Ebene ist die gleichförmig beschleunigte Bewegung, definiert durch $\vec{a} = \vec{a}_0 = \text{const.}$ Solange man Luftwiderstand, Tragflächeneffekte (dynamischer Auftrieb) etc. vernachlässigen kann, entsprechen Wurf- und Geschossbahnen einer gleichförmig beschleunigten Bewegung mit

$$\vec{a}_0 = \begin{pmatrix} 0 \\ -g \end{pmatrix},$$

wenn ein Koordinatensystem mit nach oben weisender y-Achse gewählt wird.

Geschwindigkeitsvektor und Bahnkurve der gleichförmig beschleunigten Bewegung werden durch

$$\vec{v}(t) = \vec{a}_0(t - t_0) + \vec{v}_0,$$
$$\vec{r}(t) = \frac{1}{2}\vec{a}_0(t - t_0)^2 + \vec{v}_0(t - t_0) + \vec{r}_0$$

beschrieben.

Eine weitere wichtige Bewegungsform ist die **Kreisbewegung**. In Abbildung 1.7 sind zwei Punkte P_1 und P_2 auf einer rotierenden Scheibe dargestellt.

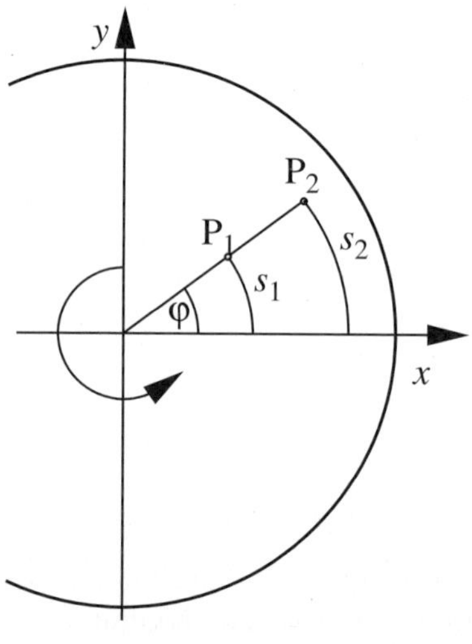

Abb. 1.7: Kreisbewegung

Offenbar legen sie in gleichen Zeiten verschiedene Strecken zurück. Der je Zeiteinheit überstrichene Winkel φ (**Drehwinkel**) ist aber für beide Punkte gleich. Wählt man ein Koordinatensystem, dessen Ursprung im Zentrum der Drehung liegt, so hat der Betrag des Ortsvektors eines beliebig ausgewählten Punktes einen konstanten Wert: $|\vec{r}| =: R = \text{const}$[1]. Die Bahnkurve hat die Form

$$\vec{r} = \begin{pmatrix} R\cos\varphi(t) \\ R\sin\varphi(t) \end{pmatrix}.$$

Ableiten nach der Zeit ergibt die Geschwindigkeit

$$\vec{v} = R\omega\vec{e}_{\vec{v}}.$$

Hierbei wurde die **momentane Winkelgeschwindigkeit**

$$\omega(t) := \dot{\varphi}(t)$$

und der Einheitsvektor[2] in Richtung von $\vec{v}$

$$\vec{e}_{\vec{v}} := \begin{pmatrix} -\sin\varphi \\ \cos\varphi \end{pmatrix}$$

eingeführt. ω gibt an, welchen Winkel der Ortsvektor pro Zeiteinheit überstreicht.

Man überzeugt sich leicht, dass die **Bahngeschwindigkeit**, das ist der Betrag des Geschwindigkeitsvektors, mit ω gemäß

$$v(t) = R\omega(t)$$

zusammenhängt. Das heißt: je weiter der betrachtete Punkt von der Drehachse entfernt ist, umso schneller bewegt er sich.

Differenzieren des Geschwindigkeitsvektors nach der Zeit liefert den Beschleunigungsvektor

$$\vec{a} = R\alpha\vec{e}_{\vec{v}} - R\omega^2\vec{e}_{\vec{r}},$$

wobei die **momentane Winkelbeschleunigung**

$$\alpha(t) := \dot{\omega}(t)$$

und der radial nach außen weisende Einheitsvektor

$$\vec{e}_{\vec{r}} := \begin{pmatrix} \cos\varphi \\ \sin\varphi \end{pmatrix}$$

eingeführt wurden. Der erste Term in der Formel für $\vec{a}$ entspricht der Tangentialbeschleunigung, der zweite demzufolge der Zentripetalbeschleunigung.

Die **mittlere Winkelgeschwindigkeit** im Zeitintervall $\Delta t := t_2 - t_1$

$$\bar{\omega} := \frac{\Delta\varphi}{\Delta t},$$

und die **mittlere Winkelbeschleunigung**

$$\bar{\alpha} := \frac{\Delta\omega}{\Delta t}$$

sind in gewohnter Weise definiert.

Bei der **gleichförmigen Kreisbewegung** ($\omega =: \omega_0 = \text{const}$) ist der Zusammenhang zwischen Zeit und Drehwinkel durch

$$\varphi(t) = \omega_0(t - t_0) + \varphi_0$$

gegeben. Die Anzahl der Umläufe pro Zeiteinheit heißt **Drehzahl** oder **Drehfrequenz**. Für sie gilt

$$f := \frac{1}{T} = \frac{\omega_0}{2\pi}$$

($[f] = \text{s}^{-1} =: \text{Hertz (Hz)}$). Dabei ist T die **Periode** der Kreisbewegung, d. h. die Zeitdauer für einen vollständigen Umlauf.

Auch für die **gleichförmig beschleunigte Kreisbewegung** gelten Formeln analog zu denen der geradlinigen Bewegung. Die Mathematik ist in beiden Fällen die gleiche – nur die Formelsymbole und deren physikalische Bedeutung sind unterschiedlich:

$$\omega(t) = \alpha_0(t - t_0) + \omega_0$$

$$\varphi(t) = \frac{1}{2}\alpha_0(t - t_0)^2 + \omega_0(t - t_0) + \varphi_0.$$

Erfolgt die Bewegung nicht in einer Ebene, sondern im Raum, so ist die Hinzunahme einer

---

[1] R und φ heißen Polarkoordinaten (vgl. Abschnitt B.5 im Anhang)

[2] vgl. Abschnitt B.1 im Anhang

weiteren Koordinate notwendig. Die Bahnkurve (Trajektorie) hat die Form:

$$\vec{r}(t) := \begin{pmatrix} x(t) \\ y(t) \\ z(t) \end{pmatrix}.$$

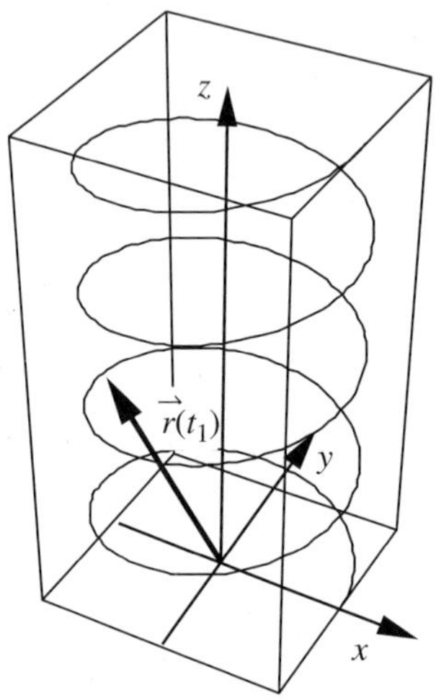

Abb. 1.8: Spiralförmige Bewegung. Bahnkurve: $\vec{r}(t) = \begin{pmatrix} R\cos(\omega t) \\ R\sin(\omega t) \\ bt \end{pmatrix}$ mit $R, b, \omega = \text{const.}$ Die ersten beiden Komponenten entsprechen einer gleichförmigen Kreisbewegung.

Auch $\vec{v}$ und $\vec{a}$ müssen um eine Komponente erweitert werden.

Kreisbewegungen können im Raum um unterschiedliche Achsen erfolgen. Daher beschreibt man die Winkelgeschwindigkeit durch einem Vektor, dessen Betrag mit $\dot{\varphi}(t)$ und dessen Richtung mit der Richtung der Drehachse übereinstimmt. Aus dem Ortsvektor $\vec{r}$ und dem **Vektor der Winkelgeschwindigkeit** $\vec{\omega}$ lässt sich der Geschwindigkeitsvektor mithilfe des Kreuzprodukts[1)] berechnen:

$$\vec{v} = \vec{\omega} \times \vec{r}.$$

[1)] vgl. Abschnitt B.1 im Anhang

Konsequenterweise beschreibt man auch die Winkelbeschleunigung durch einen Vektor. Dieser ist durch

$$\vec{\alpha} := \frac{d\vec{\omega}}{dt}$$

definiert (**Vektor der Winkelbeschleunigung**).

Aufgaben

1.1.2-1 Ein Teilchen bewegt sich mit der Beschleunigung $\begin{pmatrix} 4 \\ 3 \end{pmatrix}$ m/s^2. Es befindet sich zur Zeit $t = t_0 = 0$ am Ort $x = 4$ m und $y = 3$ m. Seine Geschwindigkeit ist im gleichen Zeitpunkt durch $\begin{pmatrix} 2 \\ -9 \end{pmatrix}$ m/s gegeben. Berechnen Sie

a) seine Geschwindigkeit zur Zeit $t = 2$ s!
b) seinen Ort zur Zeit $t = 4$ s,

Lösung: $\begin{pmatrix} 10 \\ -3 \end{pmatrix}$ m/s, $\begin{pmatrix} 44 \\ -9 \end{pmatrix}$ m

1.1.2-2 Die Fallgeschwindigkeit mittelgroßer Regentropfen beträgt bei Windstille ca. 8 m/s. Welche Geschwindigkeit hat ein Zug, an dessen Wagenfenstern die Tropfen Spuren hinterlassen, die um 70° von der Senkrechten abweichen?

Lösung: 79 km/h

1.1.2-3 Vom Dach eines 12 m hohen Hauses wird ein Stein steil nach oben geworfen. Dieser fällt 6,4 s nach dem Abwurf in 32 m Entfernung auf den Erdboden. Mit welcher Anfangsgeschwindigkeit und unter welchem Winkel wurde er abgeschleudert?

Lösung: 29,94 m/s, 80,4°

1.1.2-4 Ein Körper wird mit der Anfangsgeschwindigkeit 35 m/s unter einem Winkel von

60° abgeschleudert. Bestimmen Sie die Wurfweite, Wurfhöhe und Flugdauer!

Lösung: 108,1 m, 46,8 m, 6,18 s

1.1.2-5 Mit welcher Geschwindigkeit bewegt sich ein Punkt auf der Erdoberfläche
a) am Äquator
b) in Hamburg
relativ zum Sternenhimmel? (Erdumfang ca. 40 000 km, Hamburg liegt auf ca. 54° nördliche Breite, Bahnbewegung der Erde etc. vernachlässigen)

Lösung: ca. 1667 km/h, 980 km/h

1.1.2-6 Bei einer Fluggeschwindigkeit von 420 km/h legt die Nabe der Luftschraube während jeder Umdrehung die Strecke 3,6 m zurück. Welche Drehzahl hat die Luftschraube?

Lösung: 32,4 Hz

1.1.2-7 Ein Elektromotor mit der Drehzahl 4000 min^{-1} läuft innerhalb von 8 s bis zum Stillstand aus. Wie viele Umdrehungen führt er dabei aus?

Lösung: 266,7

1.1.2-8 Ein Teilchen bewege sich auf einer Kreisbahn gemäß $\varphi = at^2 + bt$ ($a = 3\,\text{rad/s}^2$, $b = 2\,\text{rad/s}$). Berechnen Sie die Winkelgeschwindigkeit und die Winkelbeschleunigung zur Zeit $t = 4$ s!

Lösung: 26 rad/s, 6 rad/s^2

1.1.2-9 Ein Elektromotor führt innerhalb der ersten 10 s nach dem Anlassen 280 Umdrehungen aus, wobei die Drehbewegung 5 s gleichförmig beschleunigt und danach gleichförmig ist. Welche Drehzahl hat der Motor erreicht?

Lösung: 37,3 Hz

1.1.2-10 Bestimmen Sie den Beschleunigungsvektor eines Teilchens, das sich auf der durch $\vec{r}(t) = \begin{pmatrix} A\sin(\omega t) \\ bt^3 \end{pmatrix}$ beschriebenen Bahnkurve bewegt zur Zeit $t_1 = 10$ s ($A = 10$ cm, $\omega = 2\,\text{s}^{-1}$ und $b = 0{,}01\,\text{m/s}^3$).

Lösung: $\begin{pmatrix} -0{,}3652 \\ 0{,}6000 \end{pmatrix}$ m/s^2

1.2 Dynamik

1.2.1 Newtonsche Axiome

Wie bereits erwähnt, befasst sich die Kinematik mit der mathematischen Beschreibung von Bewegungsvorgängen. Die Dynamik ist die Lehre vom Zusammenhang zwischen Bewegung und deren Ursache, der Kraft. Zu den zentralen Begriffen Teilchenort, Geschwindigkeit und Beschleunigung kommen die Begriffe Kraft und Masse hinzu.

Den Widerstand eines Körpers gegen Bewegungsänderung (d. h. gegen Beschleunigung) nennt man **Trägheit**. Das Maß für die Trägheit heißt Masse. Eine experimentelle Anordnung zur Bestimmung der Masse ist in Abb. 1.9 dargestellt. Auszumessende und Referenzmasse werden durch eine Feder beschleunigt.

Je träger ein Körper ist, umso mehr wird er versuchen, seine Anfangsgeschwindigkeit $v = 0$ beizubehalten. Die **Masse** eines Körpers ergibt sich aus

$$m := m_0 \frac{v_0}{v}.$$

Dabei ist m_0 eine Referenzmasse (Kilogrammprototyp) und v_0 deren Geschwindigkeit. v ist die Geschwindigkeit des Körpers, dessen Masse bestimmt werden soll. (Einem Körper, der mit großer Geschwindigkeit weg gestoßen wird, wird nach der obigen Formel offenbar eine kleine Masse zugeschrieben.)

Diese etwas ungewöhnliche Art, die Masse einzuführen, hat den Vorteil, dass der Zusammenhang mit der Trägheit sehr deutlich wird und außerdem nur Größen verwendet werden, die vorher definiert worden sind.

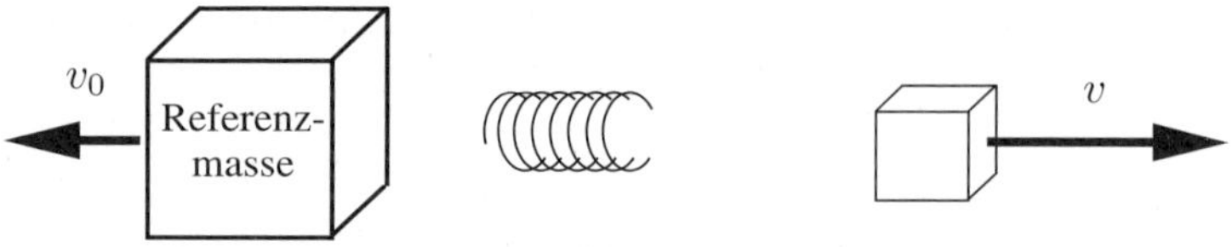

Abb. 1.9: Zur Definition der trägen Masse. Eine Feder wird zwischen einem Referenzkörper und dem Körper, dessen Masse zu bestimmen ist, gestaucht. Beide Körper werden gleichzeitig losgelassen. Dies kann so eingerichtet werden, dass sie sich in genau entgegengesetzte Richtungen auseinander bewegen. Reibungseffekte müssen vernachlässigbar klein sein.

Körper gleicher Masse nehmen bei unterschiedlicher stofflicher Zusammensetzung verschiedene Volumina ein. Um diesen Sachverhalt quantitativ zu erfassen, führt man die **Dichte** ein. Im einfachsten Fall der homogen[1] aufgebauten Körper ist die Dichte das Verhältnis aus Masse und Volumen

$$\rho := \frac{m}{V}.$$

Newton[2] hatte die Vorstellung, dass sich alle Erscheinungen der Mechanik (zumindest im Prinzip) aus wenigen Axiomen[3] ableiten lassen sollten. Die drei **Newtonschen Axiome** lauten:

1. Axiom (Trägheitsgesetz[4]) Jeder Körper verharrt in einem Zustand der Ruhe oder gleichförmig geradlinigen Bewegung, wenn er nicht durch einwirkende Kräfte gezwungen wird, seinen Zustand zu ändern.

Bis Galilei glaubte man, dass alle Gegenstände zur Ruhe kommen, wenn keine äußeren Kräfte wirken[5]. Durch Galilei verändert sich der Standpunkt grundsätzlich: bewegte Körper kommen aufgrund der immer vorhandenen Reibungskräfte zur Ruhe.

2. Newtonsches Axiom (Dynamisches Grundgesetz, Aktionsgesetz) Das Dynamische Grundgesetz

$$\vec{F}_{\text{res}} = m\vec{a} \qquad (**)$$

kann als Definitionsgleichung für die physikalische Größe **Kraft** aufgefasst werden. m und $\vec{a}$ sind zuvor definiert worden. Somit lässt sich über die Messung der Beschleunigung schließen, welche resultierende Kraft auf einen Körper wirkt ($[\vec{F}] = \frac{\text{kg m}}{\text{s}^2}$ =: Newton (N)).

Viel bedeutender ist das Dynamische Grundgesetz in einer anderen Funktion (**Hauptaufgabe der Mechanik**): Beachtet man, dass die Beschleunigung als erste Ableitung des Geschwindigkeitsvektors nach der Zeit definiert ist, so ist klar, dass (**) als Differenzialgleichung[6] aufgefasst werden kann. Wenn die auf einen Körper wirkende Kraft als Funktion von $\vec{r}$, $\vec{v}$, t und evtl. weiterer Variablen gegeben ist und Anfangsbedingungen der Art $\vec{r}(t_0) = \vec{r}_0$, $\vec{v}(t_0) = \vec{v}_0$ vorliegen, so liefert die Lösung der Differenzialgleichung $\vec{v}(t)$ und $\vec{r}(t)$, d. h. die Bahnkurve des Körpers. Die Bewegung von Körpern lässt sich also mit mathematischen Mitteln aus den wirkenden Kräften bestimmen! Im Zusammenhang mit

[1] homogen: überall gleich beschaffen
[2] Sir Isaac Newton, 1643-1727
[3] Axiom: Grundsatz, der ohne Beweis als wahr angenommen wird.
[4] geht auf Galileo Galilei,1564 - 1642, zurück
[5] Aristoteles, 384 – 322 v. Chr.
[6] vgl. Anhang B.4

diesem Problemkreis wird (**) auch **Bewegungsgleichung** genannt.

(Hinweis: (**) lässt sich umstellen zu $\vec{a} = \vec{F}/m$. Gemäß dem im Abschnitt Kinematik Gesagten erhält man $\vec{r}(t)$ durch zweifaches Integrieren. Wozu braucht man also das Dynamische Grundgesetz? Das Verfahren mit der Integration funktioniert nur, wenn die Beschleunigung als Funktion der Zeit bekannt ist. Dies ist aber häufig nicht der Fall.)

Das Dynamische Grundgesetz ist die wichtigste Formel der Physik!

Newton hat das Dynamische Grundgesetz in einer allgemeiner gültigen Form angegeben:

$$\vec{F}_{\text{res}} = \frac{d\vec{p}}{dt}$$

mit

$$\vec{p} := m\vec{v} \qquad \textbf{(Impuls)}.$$

Diese Formel ist auch dann gültig, wenn sich die Masse im Laufe der Bewegung ändert, z. B. beim Start einer Rakete (Treibstoffausstoß).

3. Axiom (Wechselwirkungsgesetz) Übt ein Körper 1 auf einen anderen Körper 2 eine Kraft $\vec{F}_{12}$ aus, so wirkt eine gleich große, aber entgegen gerichtete Kraft von Körper 2 auf Körper 1, also

$$\vec{F}_{12} = -\vec{F}_{21}.$$

Aufgaben

Hinweis: Auf Körper in der Nähe der Erdoberfläche wirkt die Gewichtskraft mg, die senkrecht nach unten in Richtung Erdmittelpunkt wirkt (vgl. Abschnitt 1.3.2).

1.2.1-1 Welche Kraft wirkt im Halteseil eines Aufzugs von 1500 kg Masse beim Anfahren nach oben/unten, wenn die Beschleunigung in beiden Fällen 1,5 m/s² beträgt?

Lösung: ca. 17,0 kN, 12,5 kN

1.2.1-2 Eine Person trägt ein 10 kg schweres Postpaket an einer Schnur (Reißfestigkeit 150 N) und betritt einen Aufzug. Welche Beschleunigung darf beim Anfahren des Aufzugs nicht überschritten werden, damit die Schnur nicht reißt?

Lösung: 5,19 m/s²

1.2.1-3 Auf einen Körper wirke eine konstante Kraft $\vec{F}_0$. Geben Sie die allgemeine Lösung der zugehörigen Bewegungsgleichung an (nicht rechnen, nachdenken!).

1.2.1-4 Die resultierende Kraft auf einen Körper der Masse m sei $F = F_0 - kt$ (F_0, k Konstanten, t Zeit). Geben Sie die Teilchenposition als Funktion der Zeit an!

Lösung: $x(t) = \frac{F_0}{2m}t^2 - \frac{k}{6m}t^3 + v_0 t + x_0$

1.2.1-5 Auf einen geöffneten Fallschirm, der mit der Geschwindigkeit v fällt, wirkt eine Kraft cv^2 entgegen der Bewegungsrichtung. Wie groß ist die konstante Endgeschwindigkeit eines Fallschirmspringers?

Lösung: $\sqrt{mg/c}$

1.2.1-6 Ein Auto ($m = 1000$ kg) fährt mit konstanter Geschwindigkeit ($v_0 = 120$ km/h) auf einer ebenen Straße. Welche Strecke legt es innerhalb von 20 s zurück, wenn der Motor plötzlich ausgekuppelt wird? Welche Geschwindigkeit hat es 20 s nach dem Auskuppeln?
(Man nehme an, dass der Luftwiderstand und alle Reibungskräfte näherungsweise durch den Ansatz $F_R = -cv^2$ mit $c = 0{,}8$ kg/m beschreibbar seien!).

Lösung: 21,7 m/s, 534 m

1.2.1-7 Ein Mann (Masse 75 kg) und ein Kind (Masse 25 kg) befinden sich auf einem zugefrorenen See. Sie ziehen an den Enden eines Seils. In welchem Verhältnis stehen die Beschleunigungen von Mann und Kind?

Lösung: 1 : 3

1.2.2 Dynamik starrer Körper

Häufig können ausgedehnte Körper näherungsweise als starr (d. h. nicht verformbar) angesehen werden (Modellvorstellung des **starren Körpers**). Die Bewegung starrer Körper lässt sich als Überlagerung einer **Translationsbewegung** (der Körper nimmt zu allen Zeiten zur Anfangslage parallele Lagen ein) des Schwerpunktes[1)] und einer **Rotationsbewegung** um den Schwerpunkt auffassen. Bei der Behandlung der Bewegungsgesetze spielen Kreisbewegungen eine wichtige Rolle, da alle Bestandteile eines rotierenden Körpers auf Kreisbahnen umlaufen. Das Dynamische Grundgesetz kann in eine Form gebracht werden, die zur Behandlung von Kreisbewegungen besonders geeignet ist.

Versucht man einen drehbar gelagerten Körper in Rotation zu versetzen, so stellt man fest, dass die erzielte Wirkung (die Winkelbeschleunigung) nicht nur von der aufgewändeten Kraft, sondern genauso stark vom Abstand Drehachse – Wirkungslinie (dem **Hebelarm**) der Kraft abhängt (Abb. 1.10).

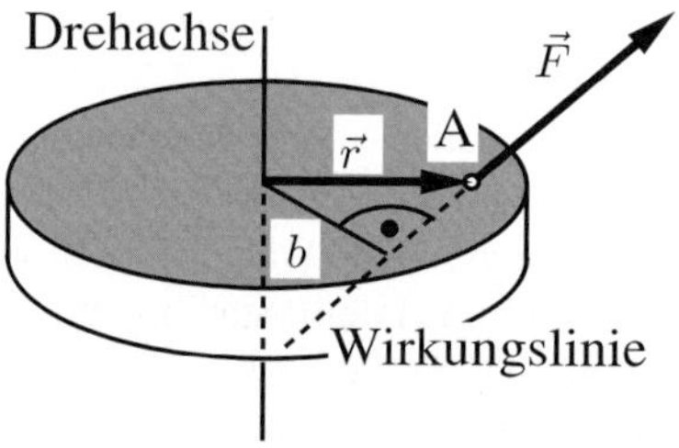

Abb. 1.10: Drehmoment einer Kraft $\vec{F}$ mit Angriffspunkt A

Das Produkt aus diesen beiden Einflussfaktoren nennt man **Drehmoment**

$$M = bF$$

oder vektoriell

$$\vec{M} := \vec{r} \times \vec{F}.$$

Im Folgenden wird ein Massenpunkt betrachtet, der sich unter der Wirkung einer Kraft auf einer Kreisbahn vom Radius r bewegt. Die Kraft $\vec{F}$ wird analog zur Beschleunigung in zwei Komponenten zerlegt (vgl. Abb. 1.11).

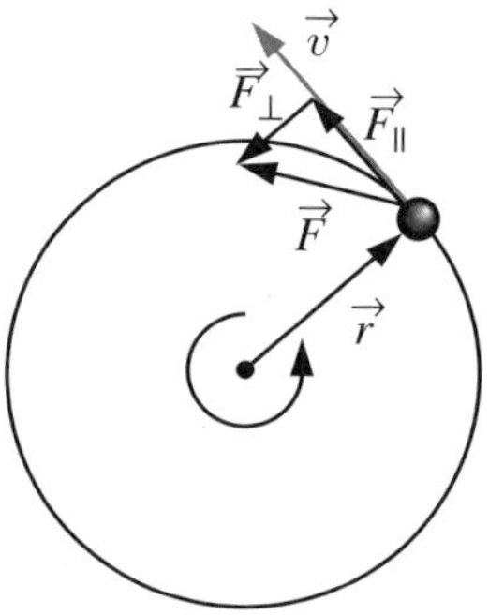

Abb. 1.11: Kraftzerlegung bei der Kreisbewegung

Die **Zentripetalkraft** $\vec{F}_\perp$ wirkt zum Drehzentrum hin und ist für die Richtungsänderung des Geschwindigkeitsvektors $\vec{v}$ verantwortlich. Offenbar gilt (vgl. Kinematik der Kreisbewegung):

$$F_\perp = ma_\perp = -mr\omega^2.$$

Ebenso

$$F_\parallel = ma_\parallel = mr\alpha$$

und daher

$$M = rF_\parallel = mr^2\alpha.$$

Dieser Formel ist zu entnehmen, dass die Winkelbeschleunigung umso kleiner ausfällt, je weiter die Masse von der Drehachse entfernt ist. Die Trägheit eines Körpers hängt bei Drehbewegungen also nicht nur von der Masse, sondern auch von deren Abstand zur Drehachse ab.

1) Der **Schwerpunkt** oder **Massenmittelpunkt** eines Körpers lässt sich experimentell ermitteln, indem man den Körper nacheinander an mindestens zwei verschiedenen Punkten an einem Faden aufhängt. Denkt man sich den Faden jeweils nach unten verlängert, so ergibt der Schnittpunkt der Verlängerungslinien die Lage des Schwerpunkts.

Betrachtet man einen starren Körper, der aus mehreren näherungsweise punktförmigen Massen zusammengesetzt ist (vgl. Abb. 1.12), so gilt die obige Überlegung für jede der Massen.

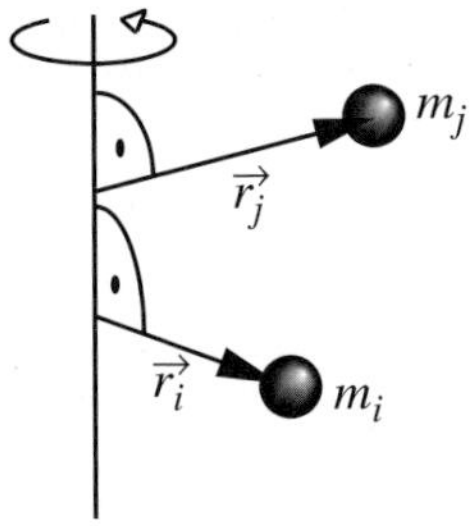

Abb. 1.12: Starrer Körper, der aus punktförmigen Massen zusammengesetzt ist

Da diese alle mit der selben Winkelgeschwindigkeit ω rotieren, gilt

$$M_{\text{res}} = J\alpha,$$

wobei J **Massenträgheitsmoment** genannt wird und durch

$$J := \sum_{\text{alle Teilchen}} m_i r_i^2$$

gegeben ist.

Bei kontinuierlichen Massenverteilungen tritt in der obigen Formel anstelle der Summe ein Integral (vgl. Abb. 1.13):

$$J := \int_{\text{Volumen}} r^2\, dm.$$

Wichtig ist, dass das Massenträgheitsmoment keine feste Eigenschaft des rotierenden Körpers ist, sondern immer nur in Bezug auf eine bestimmte Drehachse angegeben werden kann. Für einfache Körper sind Trägheitsmomente bezüglich verschiedener Achsen tabelliert (vgl. Tabelle 1.1).

Tabelle 1.1: Massenträgheitsmomente bezüglich einiger Symmetrieachsen einfacher Körper. Die Formeln für Vollzylinder und Vollkugel sind als Spezialfälle enthalten. Auch das Trägheitsmoment eines langen, dünnen Stabes bezüglich einer Schwerpunktachse senkrecht zur Stabachse lässt sich leicht ablesen.

Quader	Hohlzylinder	Hohlkugel
$\frac{1}{12}m(a^2+b^2)$	$\frac{1}{2}m(R^2+r^2)$ für A_1 $\frac{1}{4}m(R^2+r^2+\frac{1}{3}l^2)$ für A_2	$\frac{2}{5}m\frac{R^5-r^5}{R^3-r^3}$
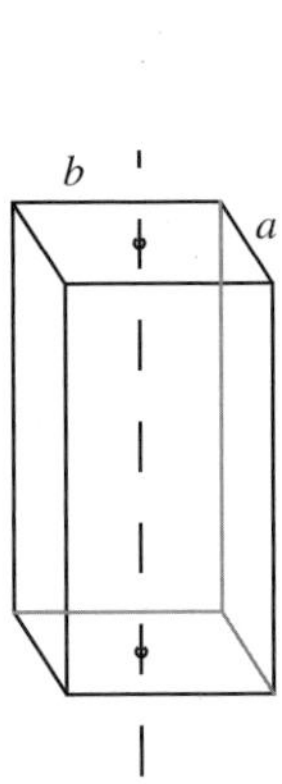	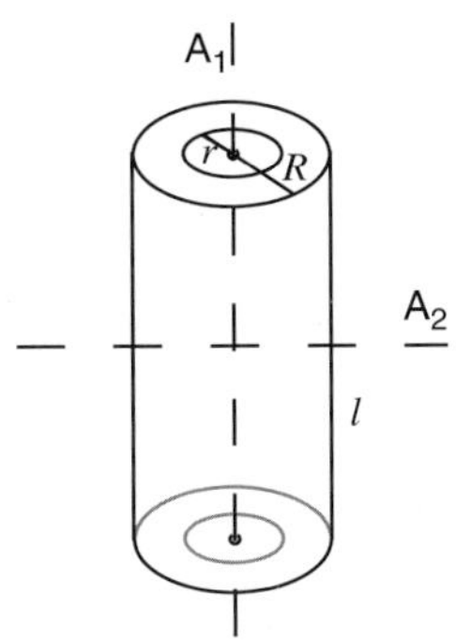	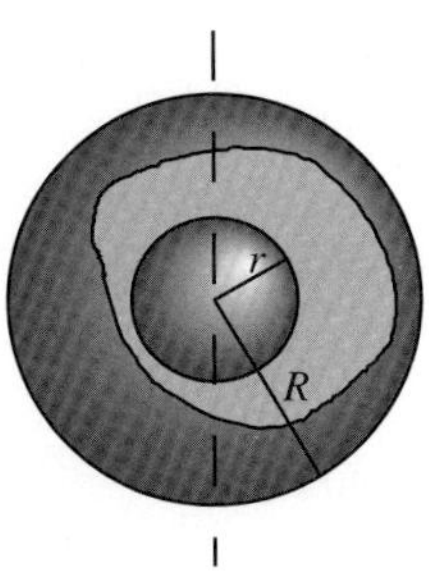

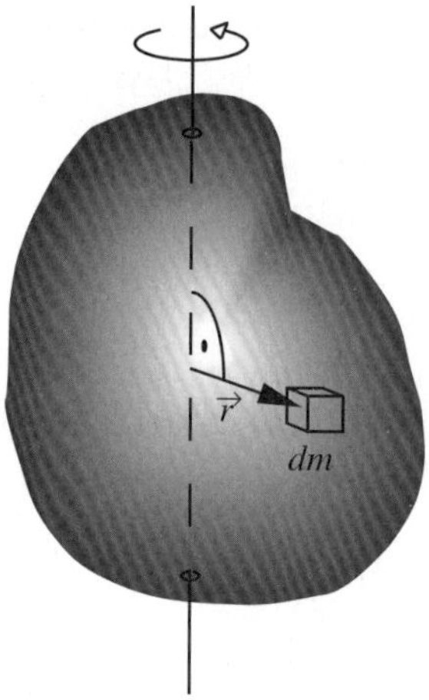

Abb. 1.13: Starrer Körper bei kontinuierlicher Massenverteilung

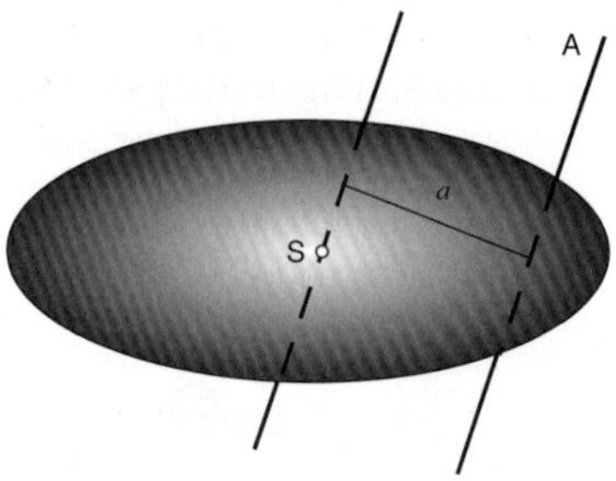

Abb. 1.14: Zwei zueinander parallele Rotationsachen im Abstand a. Eine der beiden Achsen geht durch den Schwerpunkt des Körpers.

Für andere Achsen kann das Trägheitsmoment häufig mithilfe des **Steinerschen Satzes** berechnet werden: Das Trägheitsmoment eines Körpers der Masse m bezüglich einer Achse A sei J_A. Das Trägheitsmoment des Körpers bezüglich der Achse, die durch den Körperschwerpunkt S und parallel zu A verläuft, sei J_S (vgl. Abb. 1.14). Haben die beiden Achsen den Abstand a voneinander, so gilt

$$J_A = J_S + ma^2 .$$

Betrachtet man Tabelle 1.2, so stellt man fest, dass zu jedem Ausdruck in der linken Spalte ein ähnlicher Ausdruck in der rechten Spalte gehört – die Formeln für translatorische Bewegungen und für Rotationsbewegungen weisen eine große formale Ähnlichkeit auf.

Zum Beispiel lautet das Dynamische Grundgesetz der Drehbewegung in vektorieller Form

$$\vec{M}_{res} := J\vec{\alpha}.$$

Als Gegenstück zum Impuls wird der **Drehimpuls** eingeführt:

$$\vec{L} := J\vec{\omega}$$

Tabelle 1.2: Translations- und Rotationsgrößen. Der Punkt bedeutet wie üblich die Ableitung nach der Zeit.

Translationsgröße		**Rotationsgröße**	
Ortskoordinate	x	Drehwinkel	φ
Geschwindigkeit	$v = \dot{x}$	Winkelgeschwindigkeit	$\omega = \dot{\varphi}$
Beschleunigung	$a = \dot{v}$	Winkelbeschleunigung	$\alpha = \dot{\omega}$
Masse	m	Massenträgheitsmoment	J
Impuls	$p = mv$	Drehimpuls	$L = J\omega$
Kraft	$F = ma = \dot{p}$	Drehmoment	$M = J\alpha = \dot{L}$
Arbeit	$dW = F dx$	Arbeit	$dW = M d\varphi$
kinetische Energie	$E_{kin} = \frac{1}{2}mv^2$	Rotationsenergie	$E_{rot} = \frac{1}{2}J\omega^2$
Leistung	$P = Fv$	Leistung	$P = M\omega$

(gilt nur für Körper, die um die Drehachse symmetrisch sind). Die im vorigen Abschnitt angegebene allgemeinere Form des Dynamischen Grundgesetzes hat gleichfalls eine Entsprechung:

$$\vec{M}_{\text{res}} = \frac{d\vec{L}}{dt}.$$

Aufgaben

1.2.2-1 Mit welchem Drehmoment muss ein Kreisel vom Trägheitsmoment $J = 40\,\text{g m}^2$ angetrieben werden, der innerhalb von 15 s die Drehzahl $f = 4000\,\text{min}^{-1}$ erreichen soll?

Lösung: 1,12 Nm

1.2.2-2 Bestimmen Sie das Trägheitsmoment eines dünnen gleichförmigen 1 m langen Stabes mit einer Masse von 0,25 kg um eine Querachse
a) durch seinen Mittelpunkt (verwenden Sie Tabelle 1.1),
b) durch ein Stabende,
c) durch einen Punkt 40 cm vom Mittelpunkt entfernt!

Lösung: 20,8, 83,3, 60,8 (jeweils g m^2)

1.2.2-3 Um wie viel muss ein 75 cm langer, um seinen Mittelpunkt und senkrecht zu seiner Achse rotierender Stab verlängert werden, damit sich sein Trägheitsmoment verdoppelt?

Lösung: 19,5 cm

1.2.2-4 Ein 80 cm langer und 20 cm dicker Vollzylinder aus Stahl ($\rho = 7{,}6\,\text{g/cm}^3$) soll auf einer Drehmaschine eine Drehzahl von $180\,\text{min}^{-1}$ erhalten. Welche Kraft muss auf die Antriebsscheibe von 15 cm Radius übertragen werden, wenn die Anlaufzeit höchstens 5 s betragen darf? (Trägheitsmoment der Antriebsscheibe vernachlässigen!)

Lösung: 24 N

1.2.2-5 Berechnen Sie die Geschwindigkeit eines Vollzylinders/Hohlzylinders (Außendurchmesser $D = 4$ cm, Innendurchmesser $d =$ 2 cm), nachdem er eine Sekunde lang ohne Schlupf eine schiefe Ebene (Steigungswinkel $\varphi = 30°$) hinunter gerollt ist.
(Verwenden Sie $a_0 = \frac{mg\cdot\sin\varphi}{m+\frac{J}{R^2}}$)

Lösung: 3,27 m/s, 3,02 m/s

1.3 Kräfte – ein Überblick

1.3.1 Fundamentale Kräfte

Nach den Newtonschen Axiomen wird die Bewegung von Körpern durch Kräfte bestimmt. Nach heutigem Erkenntnisstand gibt es vier Arten von fundamentalen Kräften: die Gravitationskraft, die elektromagnetische Kraft, die Kernkraft, und die schwache Kraft. Alle anderen Kräfte sind auf die Wirkung dieser Kräfte zurückzuführen.

Gravitationskraft

Newton hat als Erster erkannt, dass Massen sich anziehen. Wie sie dies tun, lässt sich in einer einfachen Formel, dem **Gravitationsgesetz**, zusammenfassen:

$$\vec{F}_{\text{GK}} := -G\frac{m_1 m_2}{d^2}\vec{e}_{\vec{d}}\,.$$

Dabei ist $\vec{F}_{\text{GK}}$ die Kraft, die Körper 1 auf Körper 2 ausübt und m_1 bzw. m_2 die jeweilige Masse des Körpers. $\vec{d}$ zeigt vom Schwerpunkt des Körpers 1 zum Schwerpunkt des Körpers 2. d ist also der Abstand der Schwerpunkte. G heißt **Gravitationskonstante** ($G = (6{,}6743 \pm 0{,}0007) \cdot 10^{-11}\,\frac{\text{m}^3}{\text{kg}\cdot\text{s}^2}$). Die Wirkungslinie der Kraft verläuft entlang der Verbindungslinie der Schwerpunkte. Nach dem 3. Newtonschen Axiom übt Masse 2 auf Masse 1 eine ebenso große, entgegengesetzt gerichtete Kraft aus. Wegen des Minuszeichens sind $\vec{F}_{GK}$ und $\vec{e}_{\vec{d}}$ entgegen gerichtet – die Gravitationskraft ist anziehend.

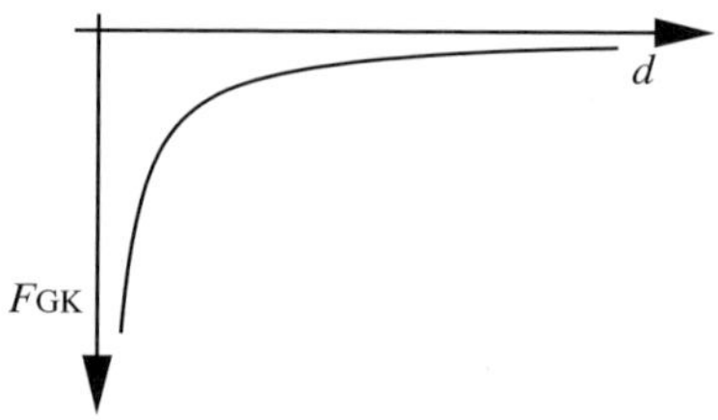

Abb. 1.15: Stärke der Gravitationskraft in Abhängigkeit vom Schwerpunktsabstand. Die negativen Werte zeigen an, dass die Kraft anziehend ist.

Das Gravitationsgesetz ist von Newton aus Beobachtungen abgeleitet worden. Es wird keine Aussage gemacht, warum sich Massen anziehen. Dies mag vielleicht unbefriedigend erscheinen. Legt man aber das Gravitationsgesetz als Berechnungsformel zu Grunde, so kann man viele unterschiedliche Naturerscheinungen in dem Sinne erklären, dass man das Gravitationsgesetz als ihre Ursache erkennt. So beschreibt das Gravitationsgesetz z. B. die

- Bahnen fallender Körper in der Nähe der Erdoberfläche,
- Gezeiten,
- Bewegung der Planeten um die Sonne,
- Stern- und Planetenentstehung,
- Bewegung der Galaxien.

Elektromagnetische Kraft

Eine weitere Erfahrungstatsache ist, dass elektrisch geladene Körper Kräfte aufeinander ausüben. Diese Kraft wird in Kapitel 3 behandelt. Daher sei hier nur auf einige ihrer Wirkungen hingewiesen. Die elektromagnetische Kraft bestimmt z. B. die

- Erscheinungen, die in der Elektrizitätslehre und Elektrotechnik behandelt werden,
- Entstehung und Ausbreitung von Licht, Rundfunkwellen, Röntgenstrahlung etc.,
- Chemie einschließlich Festigkeits- und Zähigkeitseigenschaften,
- Biologie.

Kernkraft

Die Kernkraft (auch starke Wechselwirkung) hält die Bestandteile der Atomkerne[1)] (Protonen und Neutronen) zusammen. Sie wirkt nur über kurze Entfernungen:

$$F_{KK} \approx 0 \quad \text{für} \quad d > 3 \cdot 10^{-15}\,\text{m}.$$

Für kurze Abstände wird sie dann stark (vgl. Abb. 1.16). Zwischen Protonen wirkt sowohl die elektromagnetische, wie auch die Kernkraft. Daher lässt sich für zwei Protonen die Stärke der Kernkraft mit der Stärke der elektromagnetischen Kraft vergleichen. Es gilt

$$F_{KK} \approx 10 \cdot F_{EM}$$
$$\text{für} \quad d \approx 3 \cdot 10^{-15}\,\text{m}.$$

Für noch kürzere Abstände wird die Kernkraft abstoßend. Eine einfache Formel lässt sich für sie nicht angeben.

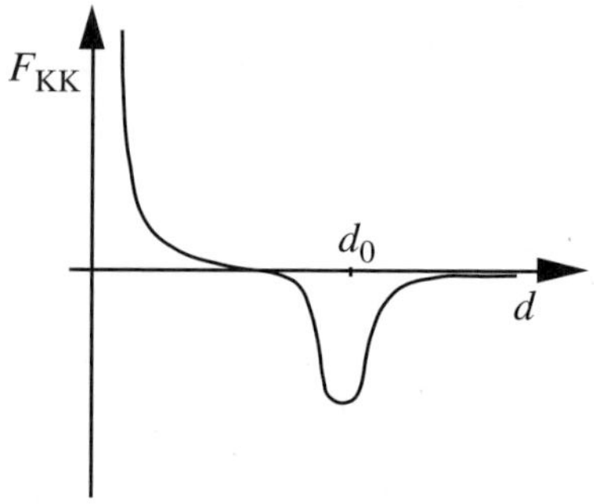

Abb. 1.16: Stärke der Kernkraft in Abhängigkeit vom Schwerpunktsabstand ($d_0 \approx 3 \cdot 10^{-15}$ m)

Schwache Kraft

Die am wenigsten bekannte und unanschaulichste Kraft ist die schwache Kraft (auch schwache Wechselwirkung). Auch sie hat eine

1) vgl. Abschnitt 7.3

kurze Reichweite von ca. 10^{-15} m. Ihre Stärke kann man aus

$$F_{SK} \approx 10^{-11} \cdot F_{KK}$$

abschätzen.

Die schwache Kraft ist verantwortlich für die sogenannten β-Zerfälle von Atomkernen (vgl. Kapitel 7.3.2). Sehr bedeutsam ist sie insbesondere deshalb, weil sie eine wichtige Rolle bei der Energieerzeugung in der Sonne spielt.

(Ergänzender Hinweis: Oben wurde behauptet, dass derzeit vier fundamentale Kräfte bekannt sind. Dies ist streng genommen nicht richtig. Ursprünglich hielt man die elektrische und die magnetische Kraft für völlig unzusammenhängend. In der zweiten Hälfte des 19. Jahrhunderts erkannte man, dass die beiden Kräfte verschiedene Erscheinungsformen ein und desselben Phänomens sind – daher der Begriff ‚elektromagnetische Kraft'. Inzwischen konnte die elektromagnetische Kraft in ähnlicher Weise mit der schwachen Kraft zusammengefügt werden (elektroschwache Kraft). Die Zusammenfassung aller fundamentalen Kräfte zu einer Einheit ist Gegenstand der aktuellen Forschung.)

Aufgaben

1.3.1-1 Berechnen Sie, welche Beschleunigung ein Körper in 100 km über dem Erdboden erfährt! (Erdumfang ca. 40 000 km, Erdmasse ca. $6 \cdot 10^{24}$ kg)

Lösung: ca. 9,58 $\mathrm{m/s^2}$

1.3.2 Nichtfundamentale Kräfte

Gewichtskraft

Die Gravitationskraft bewirkt, dass alle Körper von der Erde angezogen werden. Befinden sich die Körper nahe der Erdoberfläche, so kann man die Stärke der Kraft in guter Näherung mit

$$G = mg$$

berechnen. m ist die Masse des angezogenen Körpers, g die Erdbeschleunigung. Man spricht von Gewichtskraft.

Federkraft (Harmonische Kraft)

Manche Spiralfedern sind in der Lage, sowohl Zug- als auch Druckkräfte auszuüben. Solche Federn haben häufig die Eigenschaft, dass die Kraft, die sie ausüben, in sehr guter Näherung proportional zur Strecke s ist, um die sie ausgelenkt werden:

$$F_F = -ks\,.$$

Die Proportionalitätskonstante k heißt **Federkonstante** oder **Richtgröße**. Das Minuszeichen zeigt an, dass die Kraft der Auslenkung immer entgegen gerichtet ist.

Hängt man eine Masse an eine Spiralfeder, die nur Zugkräfte ausüben kann, so dehnt sie sich, bis sich ein Gleichgewichtszustand zwischen Gewichtskraft und Federkraft einstellt. Wird die Masse ausgelenkt, so wirkt eine rücktreibende Kraft zur Gleichgewichtslage hin – egal ob die Auslenkung nach oben oder nach unten erfolgt. Es lässt sich zeigen, dass die rücktreibende Kraft proportional zur Auslenkung ist. Das heißt, eine Zugfeder wirkt unter den beschriebenen Umständen wie eine Feder, die Zug- und Druckkräfte aufnehmen kann.

Coulombsche Reibungskraft

Zieht man einen Körper über eine ebene (nicht unbedingt horizontale) Unterlage, so hat man Reibungskräfte zu überwinden. Für diese Reibungskraft macht man häufig den formelmäßigen Ansatz (Coulombsche[1)] Reibungskraft)

$$F_R = \mu F_N\,.$$

1) Charles Augustin de Coulomb, 1736 – 1806

Dabei heißt μ je nach Umstand **Haft-, Gleit- oder Rollreibungskoeffizient**. F_N ist die **Normalkraft**, d. h. die Komponente der Gewichtskraft senkrecht zur Unterlage (F_H, die Komponente der Gewichtskraft parallel zur Unterlage, heißt **Hangabtriebskraft**).

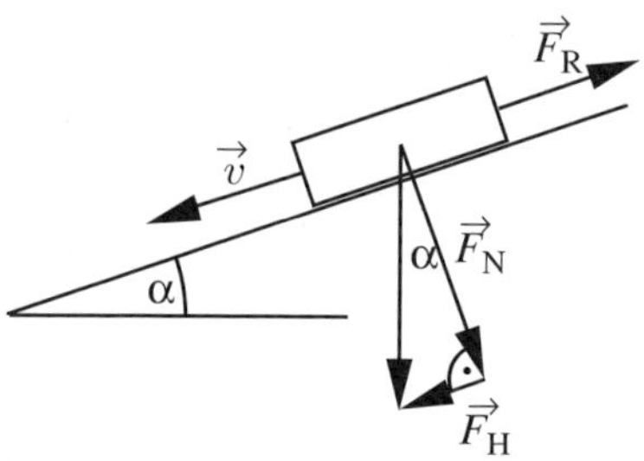

Abb. 1.17: Schiefe Ebene und Zerlegung der Gewichtskraft in Normal- und Hangabtriebskraft

Der Formel nach sollte F_R unabhängig von der Auflagefläche sein, und diese Aussage ist auch häufig zu lesen. Probiert man es aus, so stellt man oft Abweichungen hiervon fest. Durchgängig gilt aber: Haftreibungskoeffizient > Gleitreibungskoeffizient.

μ ist für viele Stoffpaare tabelliert. Einige Beispiele: Der Gleitreibungskoeffizient für Stahl auf Stahl ist etwa 0,12, der Rollreibungskoeffizient bei der Eisenbahn liegt bei ca. 0,002, der für Straßenfahrzeuge bei 0,015 bis 0,025. Dies hat erhebliche Konsequenzen für den Energieverbrauch im Transportwesen.

Strömungswiderstand

Körper bewegen sich i. Allg. nicht im Vakuum, sondern werden von Luft, Wasser oder anderen Fluiden[1] umströmt. Damit verbunden ist immer ein Strömungswiderstand. Allgemein kann man sagen, dass Strömungswiderstände von der Strömungsgeschwindigkeit v abhängen. Beispielsweise ist der Strömungswiderstand bei einer wirbelfrei (laminar) umströmten Kugel proportional zu v (**Stokesches Reibungsgesetz**):

$$F_S = 6\pi\eta R v\,.$$

Die hier auftretende Größe η heißt **dynamische Viskosität**. Sie ist ein Maß für die Zähflüssigkeit des Fluids. R ist der Kugelradius. Bilden sich beim Umströmen Wirbel (turbulente Strömung), so wächst der Strömungswiderstand proportional zum Quadrat von v:

$$F_S = \frac{1}{2} c_w \rho A v^2\,.$$

c_w ist der **Widerstandsbeiwert**, der hauptsächlich von der Form des umströmten Körpers abhängt. ρ steht für die Dichte des Fluids und A ist die größte, der Strömung entgegenstehende Querschnittsfläche.

Auftriebskraft

Körper, die Gase und insbesondere Flüssigkeiten verdrängen, erfahren eine Auftriebskraft. Diese ist gleich der Gewichtskraft des verdrängten Mediums (**Archimedisches Prinzip**):

$$F_A = V g \rho\,.$$

ρ ist die Dichte des verdrängten Mediums und V das verdrängte Volumen.

Aufgaben

1.3.2-1 a) Um wie viel Grad muss eine Rutschbahn gegen die Horizontale geneigt sein, wenn Pakete bei einer Haftreibungszahl $\mu_1 = 0{,}6$ darauf abgleiten sollen (**Haftreibungswinkel**)? b) Mit welcher Geschwindigkeit kommen die Pakete unten an, wenn die Bahn 15 m lang ist und die Gleitreibungszahl $\mu_2 = 0{,}4$ beträgt?

Lösung: ca. 31°, 7,10 m/s

1.3.2-2 Auf einer schiefen Ebene mit dem Neigungswinkel $\alpha = 5°$ wird ein Körper mit der Reibungszahl $\mu_1 = 0{,}0500$ losgelassen. Eine

[1] Gase und Flüssigkeiten

Sekunde später wird ein zweiter Körper mit der Reibungszahl $\mu_2 = 0{,}0275$ an der gleichen Stelle losgelassen. Wann und wo wird Körper 1 eingeholt?

Lösung: 4,77 s, 4,18 m

1.3.2-3 Ein Wagen (Masse 800 kg) rolle eine lange, um 6° geneigte Straße hinunter. Der Luftwiderstand bei der Bewegung des Wagens sei cv^2 mit $c = 1{,}2\,\mathrm{kg/m}$ und die Rollreibung betrage 100 N. Welche Endgeschwindigkeit erreicht der Wagen?

Lösung: 24,5 m/s

1.3.3 Scheinkräfte

Man stelle sich vor, dass sich zwei Personen gegenseitig einen Ball zuwerfen. Auch wenn der Ball aufgrund der Erdanziehung einen Bogen macht, erscheint die Bahn für einen Beobachter in der Draufsicht gerade. In einem passend gewählten kartesischen Koordinatensystem bewegt sich die Projektion des Balls auf die Horizontalebene entlang einer Koordinatenachse.

Man stelle sich nun weiter vor, dass der Ball über eine Drehscheibe (wie man sie häufig auf Kinderspielplätzen findet) geworfen wird. Auf die rotierende Plattform dieses Spielgeräts kann man auch ein kartesisches Koordinatensystem zeichnen. Verfolgt man die Projektion der Flugbahn auf der Drehscheibe, so verläuft die Bahn gekrümmt, da sich die Scheibe unter dem Ball wegdreht.

Das 1. Newtonsche Axiom besagt, dass jeder Körper in einem Zustand der Ruhe oder gleichförmig geradlinigen Bewegung verharrt, wenn er nicht durch einwirkende Kräfte gezwungen wird, seinen Zustand zu ändern. Da in horizontaler Richtung keine Kraft auf den Ball wirkt[1)], wird aus Sicht eines Beobachters, der das mit der Drehscheibe rotierende Bezugssystem verwendet, ein Widerspruch offensichtlich: Obwohl keine Kraft wirkt ist die Bahn gekrümmt, also nicht geradlinig. Offenbar sind die Newtonschen Axiome in rotierenden Systemen nicht anwendbar.

Man kann die Situation retten, indem man einen ‚Trick' anwendet: Es ist nämlich möglich, zusätzliche Kraftterme derart zu konstruieren und in die Berechnungen einzubeziehen, dass die Newtonschen Axiome auch in rotierenden Bezugssystemen richtige Resultate liefern. Da es sich nicht um echte Kräfte, sondern um künstlich geschaffene Kraftterme handelt, spricht man von Scheinkräften. Auch der Begriff **Trägheitskräfte** ist üblich.

In rotierenden Bezugssystemen braucht man zwei derartige Kräfte. Die scheinbar vorhandene seitliche Ablenkung wird durch die **Coriolis**[2)]**Kraft**

$$\vec{F}_\mathrm{C}' = 2m\vec{v}\,' \times \vec{\omega}$$

beschrieben. Hierbei ist $\vec{\omega}$ die Winkelgeschwindigkeit des rotierenden Bezugssystems. Im vorliegenden Abschnitt werden alle Größen, die in Bezug auf dieses System gemessen werden, durch einen Strich gekennzeichnet. $\vec{v}\,'$ ist also die Geschwindigkeit des abgelenkten Körpers, gemessen im rotierenden Bezugssystem. Weiterhin scheint in rotierenden Bezugssystemen die sogenannte **Zentrifugalkraft**

$$\vec{F}_\mathrm{ZF}' = +m\vec{r}_\perp'\omega^2 .$$

zu wirken. Hierbei ist $\vec{r}_\perp'$ derjenige Vektor, der von der Drehachse zum Schwerpunkt des Körpers zeigt und senkrecht auf ihr steht. Sie ist betragsmäßig gleich der Zentripetalkraft (vgl. Abschnitt 1.2.2), dieser aber entgegen gerichtet. Der Corioliskraftterm wird nur gebraucht,

---

1) Genau genommen wird der Flug durch die Luftreibung abgebremst. Auf die Berücksichtigung dieses Effekts kann hier verzichtet werden.

2) Gaspard Gustave Coriolis, 1792 – 1843

wenn sich ein Körper relativ zum rotierenden System bewegt, wenn $\vec{v}\,'$ also nicht null ist. Im Gegensatz dazu braucht man den Zentrifugalterm auch in diesem Fall.

Man könnte sich auf den Standpunkt stellen, dass man sich auf derartige Konstruktionen nicht einlassen möchte, und nur nichtrotierende Bezugssysteme verwenden. Dieses Vorgehen ist prinzipiell möglich, aber nicht immer zielführend. Manche Fragestellungen sind nämlich mithilfe von rotierenden Bezugssystemen und den dann benötigten Scheinkräften viel einfacher zu lösen als in nichtrotierenden Systemen und ohne Scheinkräfte. Wenn man beachtet, dass die Erde um ihre Achse rotiert und alle mit der Erde fest verbundenen Bezugssysteme mitrotieren, wird dies besonders deutlich. Aufgrund der relativ kleinen Winkelgeschwindigkeit der Erdrotation kann man die Scheinkräfte für viele Anwendungen näherungsweise zwar vernachlässigen, in anderen Fällen ist dies hingegen nicht möglich. Meteorologen prognostizieren das Wettergeschehen, indem sie das Dynamische Grundgesetz für die Berechnung der Bewegung von Luftmassen verwenden. Hierbei benützen sie mit der Erde rotierende Bezugssysteme. Die Bewegung der Luftmassen wird wesentlich durch Coriolis- und Zentrifugalkraft mitbestimmt. Zu beachten ist auch, dass wegen der Erdrotation der Gewichtskraft eine breitengradabhängige Zentrifugalkraft überlagert ist (vgl. Abbildung 1.18). Dies hat zur Folge, dass auch die Erdbeschleunigung breitengradabhängig ist: Pol: $g \approx 9{,}83\,\mathrm{m/s^2}$, Äquator: $g \approx 9{,}78\,\mathrm{m/s^2}$.

Sowohl Zentrifugalkräfte als auch Corioliskräfte treten nur in rotierenden Bezugssystemen auf. Raumpunkte, die in Bezug auf ein rotierendes System ruhen, bewegen sich aus Sicht eines nichtrotierenden Systems auf Kreisbahnen, d. h. sie bewegen sich beschleunigt. Daher spricht man bei rotierenden Bezugssystemen auch von **beschleunigten Bezugssystemen**. Nichtbeschleunigte Bezugssysteme nennt man **Inertialsysteme**, d. h. **Trägheitssysteme**. Um von Beschleunigung sprechen zu können, muss man immer angeben, gegen welches Bezugssystem sie gemessen wird. Inertialsysteme sind Bezugssysteme, die sich relativ zum Sternenhimmel entweder gar nicht, oder aber nicht beschleunigt bewegen.

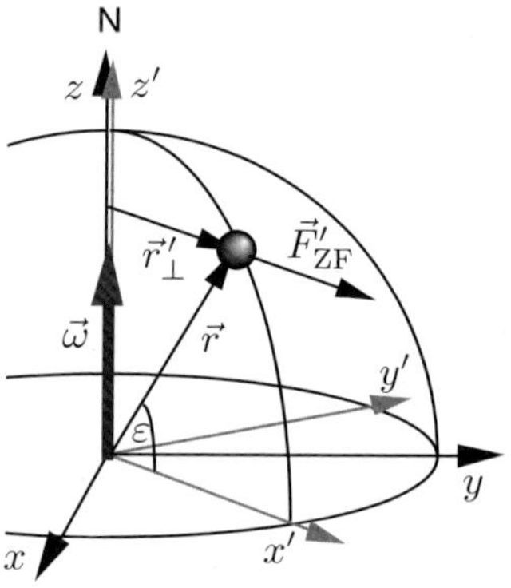

Abb. 1.18: Nordhalbkugel der Erde und Zentrifugalkraft

Immer wenn man zur Beschreibung physikalischer Vorgänge ein Nichtinertialsystem benutzt, treten Scheinkräfte auf. Es gibt auch nichtrotierende Bezugssysteme, die keine Inertialsysteme sind, z. B. Bezugssysteme, die mit anfahrenden oder bremsenden Fahrzeugen verbunden sind.

Aufgaben

Hinweis: Erdumfang ca. 40 000 km, Erdmasse ca. $6 \cdot 10^{24}$ kg

1.3.3-1 Berechnen Sie die Zentrifugalkraft, die auf einen Körper der Masse 10 kg an einem Ort der geographischen Breite 50° wirkt!

Lösung: 0,216 N

1.3.3-2 Wie schnell müsste sich die Erde um ihre Achse drehen, damit die Zentrifugalkraft am Äquator gerade die Erdanziehungskraft aufhebt?

Lösung: 17,1 Umdrehungen/Tag

1.3.3-3 In welcher Höhe über der Erdoberfläche muss sich ein Satellit befinden, damit er über einem bestimmten Punkt des Äquators stillzustehen scheint (**geostationäre Bahn**)?

Lösung: 35 940 km

1.3.3-4 Ein Körper der Masse 1 kg ist an einem 60 cm langen Seil befestigt. Er wird mit 60 Umdrehungen pro Minute auf einer vertikalen Kreisbahn herumgeschleudert. Berechnen Sie die Seilkraft, wenn

a) sich der Körper am höchsten Bahnpunkt befindet,

b) sich der Körper am niedrigsten Bahnpunkt befindet,

c) das Seil horizontal ausgerichtet ist!

d) Mit welcher Geschwindigkeit muss sich der Körper im höchsten Bahnpunkt bewegen, damit die Seilkraft null ist?

Lösung: 13,9/33,5/23,7 N,2,43 m/s

1.3.3-5 Sie sind auf dem Rummelplatz und fragen sich: Welche Haftreibungszahl ist erforderlich, damit eine Person nicht an der Innenwand eines mit der Umlauffrequenz von 0,64 Hz rotierenden Zylinders von 4 m Durchmesser abrutscht?

Lösung: 0,303

1.3.3-6 Ein Auto durchfährt eine Kurve vom Krümmungsradius 50 m. Bei welcher Geschwindigkeit kommt es ins Schleudern, wenn der Reibungskoeffizient 0,2 beträgt?

Lösung: 35,7 km/h

1.3.3-7 Wie groß ist die durch die Corioliskraft verursachte Beschleunigung auf ein Flugzeug, das mit der Geschwindigkeit $v' = 400\,\mathrm{km/h}$ horizontal über einen Ort der geographischen Breite 50° in jeweils eine der vier Himmelsrichtungen fliegt? Gleiche Frage für den Fall, dass das Flugzeug in Äquatornähe fliegt. Geben Sie für jeden Fall die Richtung an, in der die Kraft wirkt!

Lösung: Für $\varepsilon = 50°$: $12{,}4/16{,}2\,\mathrm{mm/s^2}$

1.4 Erhaltungssätze

1.4.1 Arbeit und Energie

Kräfte rufen Wirkungen hervor. Zum einen sind sie in der Lage, Körper zu verformen, zum anderen ihren Bewegungszustand zu ändern. Als Maß für die von einer Kraft hervorgerufene Wirkung führt man die physikalische Größe **Arbeit** ein. Die physikalische Arbeit hat viel mit dem umgangssprachlichen Arbeitsbegriff zu tun, ist aber nicht mit ihm identisch.

Die allgemeine Definitionsformel für die Arbeit ist[1)]

$$W(C_{\mathrm{AB}}) := \int_{C_{\mathrm{AB}}} \vec{F} \cdot d\vec{r}.$$

Hierbei steht C_{AB} als Symbol für einen beliebigen Weg im Raum mit Anfangspunkt A und Endpunkt B (Abb. 1.19). $\vec{F}$ ist die auf den Körper wirkende Kraft und $d\vec{r}$ ein infinitesimal kurzes Stück der Bahnkurve (Verschiebung).

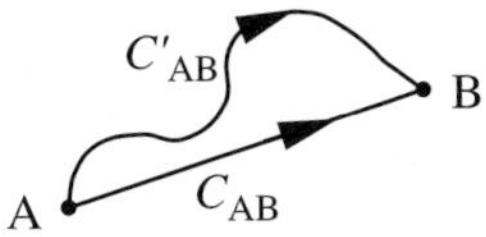

Abb. 1.19: Zwei Wege von A nach B

Zieht beispielsweise eine Lokomotive einen Waggon mit konstanter Kraft $\vec{F}_0$ auf einer horizontal verlaufenden Eisenbahnstrecke, so stimmen Kraftrichtung und Verschiebung zu jedem Zeitpunkt überein[2)]. Daher: $\vec{F}_0 \cdot d\vec{r} =$

1) Erläuterungen zum hier verwendeten Wegintegral finden sich im Anhang (Abschnitt B.3)

2) Die Lokomotive muss ziehen, damit der Waggon trotz der vorhandenen Rollreibung seine Geschwindigkeit beibehält

$F_0 dr \cos \angle(\vec{F}_0, d\vec{r}) = F_0 dr$[1]. Einsetzen in die Formel für die Arbeit ergibt

$$W(C_{AB}) = F_0 s.$$

In diesem einfachen Fall ist die von der Lokomotive verrichtete Arbeit gleich dem Produkt aus Kraft und zurückgelegter Strecke s. Gelangt die Eisenbahn auf einem Umweg von A nach B, so ist die aufzuwändende Arbeit entsprechend größer.

Bei manchen Kräften spielt es für die verrichtete Arbeit keine Rolle, auf welchem Weg die Verschiebung zwischen Start- und Zielpunkt zustande kommt. Solche Kräfte nennt man **konservativ**. Für die Arbeit gilt dann[2]

$$W_{AB} := \int_A^B \vec{F} \cdot d\vec{r}.$$

Wenn z. B. ein Körper unter der Wirkung der (konstanten) Gewichtskraft senkrecht nach unten fällt, so wird dabei Arbeit verrichtet. Gleitet der Körper stattdessen auf einer spiralförmigen Rutschbahn vom gleichen Anfangspunkt zum gleichen Zielpunkt, so ist die dabei verrichtete Arbeit die gleiche wie auf dem ersten Weg. Die Gewichtskraft ist also eine konservative Kraft. Reibungskräfte und Strömungswiderstände sind hingegen nichtkonservativ.

Auf den Waggon aus obigem Beispiel wirkt außer der von der Zugmaschine ausgeübten Kraft auch die Gewichtskraft. Die resultierende Kraft $\vec{F} = \vec{F}_0 + \vec{G}$ zeigt daher schräg nach unten. Da die Strecke horizontal verläuft, gilt $\vec{F} \cdot d\vec{r} = (\vec{F}_0 + \vec{G}) \cdot d\vec{r} = \vec{F}_0 \cdot d\vec{r} + \vec{G} \cdot d\vec{r} = \vec{F}_0 \cdot d\vec{r}$, denn $\vec{G}$ und $d\vec{r}$ bilden einen rechten Winkel. Offenbar erhält man für die verrichtete Arbeit das gleiche Ergebnis, wie wenn man die Gewichtskraft nicht berücksichtigt. Allgemein lässt sich sagen, dass das Skalarprodukt dafür sorgt, dass nur die Kraftkomponente in Richtung der Verschiebung zur Arbeit beiträgt!

Berechnet man die Arbeit, die zu verrichten ist, wenn ein Körper gegen die Gewichtskraft mit konstanter Geschwindigkeit von der Höhe h_1 auf die Höhe h_2 angehoben wird, so erhält man die **Hubarbeit**

$$W_H := mg(h_2 - h_1).$$

Beim Dehnen einer Feder mit Federkonstante k von der Anfangsauslenkung s_1 bis zur Endauslenkung s_2 muss die **Verformungsarbeit**

$$W_V := \frac{1}{2}k(s_2^2 - s_1^2)$$

verrichtet werden.

Der Motor der Lokomotive verrichtet im obigen Beispiel die **Reibungsarbeit**

$$W_R := \mu F_N s.$$

Dabei ist μ der Rollreibungskoeffizient und F_N die Normalkraft.

Aus der Definition des Geschwindigkeitsvektors folgt $d\vec{r} = \vec{v} dt$. Damit lässt sich die Arbeit so ausdrücken:

$$W(C_{AB}) = \int_{t_A}^{t_B} \vec{F} \cdot \vec{v}\, dt.$$

Die Integrationsgrenzen t_A und t_B ergeben sich gemäß Substitutionsmethode der Integralrechnung. Diese Formel ist häufig nützlich, z. B. bei der Berechnung der zur Beschleunigung eines Körpers aufgewendeten Arbeit. Gemäß dem Dynamischen Grundgesetz beschleunigt ein Körper, wenn die resultierende Kraft nicht

[1] vgl. Abschnitt B.1 im Anhang
[2] Das Ergebnis hängt nur von Anfangs- und Enpunkt des Wegs ab

verschwindet. Daher:

$$W = \int_{t_A}^{t_B} \vec{F}_{res} \cdot \vec{v}\, dt$$

$$= m \int_{t_A}^{t_B} \dot{\vec{v}} \cdot \vec{v}\, dt.$$

Mithilfe der partiellen Integration erhält man für die **Beschleunigungsarbeit**:

$$W := \frac{1}{2} m (v_B^2 - v_A^2).$$

v_A und v_B bezeichnen Anfangs- und Endgeschwindigkeit.

Das Maß, für die Fähigkeit eines physikalischen Systems Arbeit zu verrichten, bezeichnet man als **Energie** (schlagwortartig: Energie ist gespeicherte Arbeit). Arbeit kann auf vielerlei Arten gespeichert werden. Hebt man beispielsweise einen Körper um die Höhe h an, so wird die dabei verrichtete Arbeit dem Körper als **Lageenergie** zugeführt:

$$E_L := mgh.$$

Lässt man den Körper fallen, so wird die Lageenergie freigesetzt und Beschleunigungsarbeit verrichtet. Diese Arbeit wird dem Körper als **Bewegungsenergie** (**kinetische Energie**)

$$E_{kin} := \frac{1}{2} m v^2$$

zugeführt.

Weitere Beispiele sind **elastische Energie**

$$E_{elast} := \frac{1}{2} k s^2$$

(die Energie, die in einer um die Strecke s aus der Gleichgewichtslage ausgelenkten Feder mit Federkonstante k enthalten ist) und

Rotationsenergie

$$E_{rot} := \frac{1}{2} J \omega^2$$

(J Massenträgheitsmoment, ω Winkelgeschwindigkeit).

Es gibt viele weitere Energieformen, auf die z. T. in späteren Kapiteln eingegangen wird. Allgemein gilt, dass Energie weder vernichtet, noch aus Nichts entstehen kann. Sie kann sich in verschiedene Formen umwandeln oder zwischen verschiedenen Teilen des betrachteten Systems ausgetauscht werden.

Zusammengefasst wird diese Aussage im **Energieerhaltungssatz**: ‚In einem abgeschlossenen System ist der Energieinhalt konstant'. Dabei versteht man unter einem **abgeschlossenen System** ein System von Körpern, auf die keine äußeren Kräfte wirken (die Quellen aller Kräfte befinden sich im System selbst).

Hinweis: Will man den Energieerhaltungssatz auf fallende Gegenstände anwenden, so müsste man im Prinzip die Erde zum System hinzunehmen. Andernfalls ist die Gewichtskraft eine äußere Kraft. Aufgrund der riesigen Masse der Erde ist die Beschleunigung, die der Erdkörper erfährt, aber sehr klein, und die damit verbundene Änderung der kinetische Energie kann vernachlässigt werden.

Die Umwandlung von Energie in ihre verschiedenen Erscheinungsformen unterliegt z. T. gewissen Einschränkungen. Beispielsweise kann kinetische Energie beim Abbremsen vollständig in Wärmeenergie[1)] umgewandelt werden. Umgekehrt kann Wärmeenergie nur zu einem bestimmten Teil in kinetische Energie umgewandelt werden. Wie groß dieser Teil prozentual ist, wird durch den **Wirkungsgrad** η ausgedrückt.

[1)] Wärmeenergie ist die kinetische Energie der ungeordneten Bewegung der Atome oder Moleküle (vgl. Kapitel 2)

Insbesondere für technische Anwendungen ist die Angabe der Leistung (Energieübertragungsrate) wichtig. Man unterscheidet **mittlere Leistung**

$$\bar{P} := \frac{\Delta W}{\Delta t}$$

und **momentane Leistung**

$$P := \frac{dW}{dt}.$$

Hierbei steht W wieder für die verrichtete Arbeit.

Aufgaben

1.4.1-1 Ein Eisenbahnzug mit 10 je 17,5 t schweren Wagen und einer 35 t schweren Lokomotive durchläuft gleichförmig eine 10 km lange horizontale Strecke. Welche Arbeit muss die Maschine verrichten, wenn die Rollreibungszahl 0,003 beträgt?

Lösung: ca. 61,8 MJ

1.4.1-2 Welche Arbeit ist nötig, um 10 auf der Erde liegende Ziegelsteine von je 6,5 cm Höhe und 3,5 kg Masse aufeinander zu schichten?

Lösung: 100,4 J

1.4.1-3 Eine Stahlkugel der Masse m fällt aus der Höhe h auf eine Stahlplatte und springt danach auf eine Höhe $0{,}9h$. Wie groß ist ihre Geschwindigkeit unmittelbar vor/nach dem Aufprall?

Lösung: $\sqrt{2gh}$, $\sqrt{1{,}8gh}$

1.4.1-4 Ein Vollzylinder (Masse m, Radius R) rollt eine schiefe Ebene (Steigungswinkel φ) hinab. Mit welcher Geschwindigkeit bewegt er sich, wenn er eine Strecke s zurückgelegt hat?

Lösung: $\sqrt{\frac{4}{3}gs\sin\varphi}$

1.4.1-5 Mit welcher Geschwindigkeit trifft der Endpunkt einer 2,5 m langen, anfänglich senkrecht stehenden Stange beim Umfallen auf den Boden?

Lösung: 8,58 m/s

1.4.1-6 Ein Karussell mit 6 m Durchmesser macht in 5 s zwei Umdrehungen. Welche Arbeit muss eine Person der Masse 70 kg verrichten, wenn sie radial zum Mittelpunkt des Karussells geht?

Lösung: 1,99 kJ

1.4.1-7 Welche Endleistung muss der Motor aus Aufgabe 1.2.2-4 aufbringen?

Lösung: 67,9 W

1.4.1-8 Das Oberlandesgericht (OLG) Karlsruhe hat den Verkauf von Soft-Air-Waffen an Kinder verboten. Es erklärte den bisherigen Grenzwert von 0,5 J als zu unverbindlich; diese Bewegungsenergie der abgefeuerten Plastikkugeln entspricht einer Schussstärke, die Hautrötungen, blaue Flecken, aber auch schwere Verletzungen verursachen kann. Laut OLG gelten nur Soft-Air-Waffen bis zu 0,08 J als Spielzeug, das an Minderjährige verkauft werden darf.
a) Um ein Gefühl für die Verletzungsgefahr zu bekommen, berechnen Sie, aus welcher Höhe man eine 1-Euromünze (7,5 g) fallen lassen muss, damit die Bewegungsenergie die beiden angegebenen Werte annimmt.
b) Berechnen Sie, wie weit die Plastikkugeln (m = 0,2 g) bei horizontalem Abschuss aus 70 cm Höhe jeweils fliegen, bevor sie auf der Erde aufschlagen (Luftwiderstand ist zu vernachlässigen).

Lösung: 6,80/1,09 m, 26,7/10,7 m

1.4.2 Impuls und Drehimpuls

Die Newtonschen Axiome erlauben es, (im Prinzip) die Bahnen und Geschwindigkeiten eines Systems von Massenpunkten aus den wirkenden Kräften und Anfangsbedingungen zu bestimmen. Allerdings ist die Lösung derartiger Probleme wegen der mathematischen Komplexität nur in den einfachsten Fällen exakt durchführbar. Häufig sind auch die wirkenden Kräfte nicht bekannt (man denke etwa an die bei einem Autounfall auftretenden Kräfte). Eine wesentliche Erleichterung in der Behandlung dieser Probleme erreicht man durch Verwendung der im Folgenden diskutierten Begriffe.

Aus den Newtonschen Axiomen lässt sich der **Impulserhaltungssatz** ableiten. Er besagt, dass sich der Gesamtimpuls eines abgeschlossenen Systems nicht ändert:

$$\sum_{\text{alle Körper}} \vec{p}_i = \text{const.}$$

Der Impulserhaltungssatz ist besonders nützlich bei Stoßprozessen (Zusammenprall zweier Billardkugeln, Zusammenstoß zweier Autos, ...). Stoßprozesse werden nach verschiedenen Kriterien klassifiziert:

gerader/schiefer Stoß:
Die Geschwindigkeitsvektoren liegen auf einer Geraden/liegen nicht auf einer Geraden;

elastischer/unelastischer Stoß:
Die Summen der kinetischen Energien der Stoßpartner vor und nach dem Stoß sind gleich/verschieden;

vollkommen unelastischer Stoß:
Die Körper sind nach dem Stoß fest miteinander verbunden und bewegen sich deshalb nach dem Stoß mit gleicher Geschwindigkeit.

Reale Stöße sind nie vollkommen elastisch!

Auch der Gesamtdrehimpuls eines abgeschlossenen Systems ändert sich nicht (**Drehimpulserhaltungssatz**):

$$\sum_{\text{alle Körper}} \vec{L}_i = \text{const.}$$

Auf dieser Tatsache beruht das Wirkungsprinzip des Kreiselkompasses. Katzen wissen vermutlich nichts von der Drehimpulserhaltung und machen sie sich doch zu Nutze. Wenn sie nämlich versehentlich aus einem Baum abstürzen, führen sie schnelle Drehbewegungen mit dem Schwanz aus. Zum Ausgleich dreht ihr Körper in die entgegengesetzte Richtung. Auf diese Weise schaffen es Katzen, auf den Pfoten zu landen. Eiskunstläufer ziehen bei der Pirouette die Arme an den Körper. Dadurch verringern sie ihr Trägheitsmoment. Da der Drehimpuls gleich bleibt, muss sich die Umlauffrequenz erhöhen.

Jeder hat schon festgestellt, wie schwierig es ist, auf einem Fahrrad im Stand zu balancieren. Rollt das Fahrrad, ist es plötzlich ganz einfach. Der Grund liegt darin, dass mit den rollenden Rädern ein Drehimpuls verbunden ist. Für den Drehimpuls der Räder gilt $\vec{L} = J\vec{\omega}$, wobei die Richtung von $\vec{\omega}$ durch die Drehachse gegeben ist. Die Richtung des Drehimpulses ist also horizontal. Das Fahrrad kann nicht ohne weiteres kippen, da damit eine Änderung des Drehimpulsvektors verbunden wäre!

Aufgaben

1.4.2-1 Eine Person (Masse 70 kg) auf einem zugefrorenen See feuert ein Gewehr (Masse 3 kg) ab. Die Anfangsgeschwindigkeit der Kugel (Masse 10 g) beträgt 600 m/s (parallel zur Eisfläche). Mit welcher Geschwindigkeit gleitet die Person unmittelbar nach dem Schuss über das Eis?

Lösung: 0,082 m/s

1.4.2-2 In eine Lore von 800 kg Masse, die mit der Geschwindigkeit 1,5 m/s fährt, fallen senkrecht von oben 600 kg Schotter. Auf welchen Wert sinkt dadurch die Geschwindigkeit der Lore?

Lösung: 0,86 m/s

1.4.2-3 Ein sich mit 5 m/s nach Osten bewegender LKW (Masse 7500 kg) kollidiert mit einem PKW (Masse 1500 kg), der sich mit 20 m/s in Richtung 30° Südwest bewegt. Nach dem Unfall bleiben die Fahrzeuge ineinander verkeilt. Mit welcher Geschwindigkeit bewegen sie sich nach dem Stoß (Betrag und Richtung)?

Lösung: 2,10 m/s, 52,5° zur Ostrichtung

1.4.2-4 Ein Rammbär von 300 kg Masse fällt aus 2 m Höhe auf die Schiene einer Spundwand (Masse 160 kg) und schlägt sie dabei 1 cm tiefer in den Boden.
a) Mit welcher Geschwindigkeit trifft der Rammbär auf die Schiene?
b) Welche Geschwindigkeit besitzen Rammbär und Schiene unmittelbar nach dem völlig unelastischen Stoß?
c) Welche Verzögerung erfahren Rammbär und Schiene durch die Reibung am Erdreich?
d) Wie groß ist die Gleitreibungskraft und damit die Tragkraft der Schiene?

Lösung: 6,26 m/s, 4,08 m/s,
$8{,}33 \cdot 10^2$ m/s^2, 383 kN

1.4.2-5 Zwei Kinder (Masse jeweils 25 kg) sitzen an den entgegengesetzten Enden eines horizontal liegenden Balkens (Masse 10 kg, Länge 2,6 m). Der Balken rotiert mit 5 Umdrehungen pro Minute um die vertikale Achse durch seinen Schwerpunkt. Mit welcher Drehzahl rotiert der Balken, wenn sich beide Kinder um 60 cm zur Mitte hin bewegen, ohne dabei den Boden zu berühren?

Lösung: 15 1/min

1.4.2-6 Am Kupplungsprüfstand der HAW Hamburg wird eine Welle mit Hilfe eines Motors auf eine Drehzahl von 30,5 Hz beschleunigt (Trägheitsmoment von Welle einschließlich Motor 4,71 kg m^2). Anschließend wird der Motor ausgeschaltet und eine zweite Welle (Trägheitsmoment 1,80 kg m^2) über eine Kupplung mit der ersten verbunden. Berechnen Sie die Drehzahl des Strangs nach Abschluss des Kuppelvorganges. Wie viel Rotationsenergie wird während des Kuppelns in Reibungswärme umgewandelt?

Lösung: 23,9 kJ

1.4.2-7 Ein Mann steht auf einer Plattform, die mit 2 Umdrehungen pro Sekunde reibungsfrei dreht. Dabei hat er seine Arme ausgestreckt und hält schwere Massestücke in seinen Händen. Das Trägheitsmoment von Plattform und Mann mit ausgestreckten Armen (einschließlich Massenstücke) beträgt 5 kg m^2. Wenn der Mann die Massestücke an seinen Körper heranzieht, sinkt das Trägheitsmoment auf 2 kg m^2. Um wie viel steigt die Rotationsenergie des Systems? Woher kommt die Energie?

Lösung: 592 J

2 Thermodynamik

2.1 Ideale Gase

Um die Lage eines Teilchens, das sich entlang einer Geraden bewegt anzugeben, braucht man eine Koordinate. Kann sich das Teilchen in der Ebene bewegen, beschreibt man seine Lage durch Angabe der kartesischen Koordinaten x und y, durch Angabe der Polarkoordinaten r und φ[1)] oder durch ein anderes Paar von Koordinaten. Welche Koordinaten man verwendet, entscheidet man nach Zweckmäßigkeit – es werden aber immer zwei zusammengehörige sein. Ein Teilchen, das sich im Raum bewegt, erfordert die Angabe von drei Koordinaten. Stellt man sich die Aufgabe, die Position von mehreren (sagen wir N) Teilchen im Raum anzugeben, so sind dazu offenbar $3N$ Koordinaten erforderlich. Man sagt, das physikalische System hat $3N$ **Freiheitsgrade**.

Ein Gas enthält typischerweise etwa 10^{25} Atome oder Moleküle[2)] pro Kubikmeter. Dementsprechend ist die Zahl der Freiheitsgrade eines solchen Systems enorm groß. Es macht daher nicht den geringsten Sinn zu versuchen, die Lage der Teilchen auch nur für einen Zeitpunkt anzugeben. Selbst wenn man es könnte – für diese Datensammlung würde sich niemand interessieren! Um Systeme mit vielen Freiheitsgraden physikalisch zu beschreiben, benützt man statistische Methoden und gibt für die interessierenden Größen Mittelwerte an.

Wir betrachten einen würfelförmigen Behälter der Kantenlänge L (vgl. Abb. 2.1).

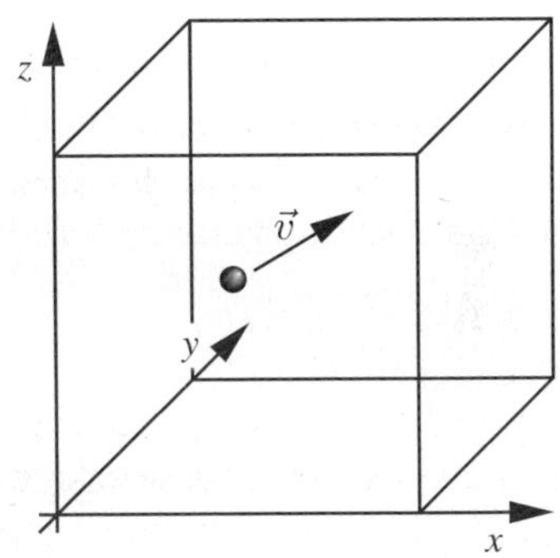

Abb. 2.1: Würfel der Kantenlänge L. Drei der Kanten werden zur Festlegung eines Koordinatensystems verwendet.

In dem Kasten befinde sich ein kleines Teilchen (ein Atom), das sich mit der Geschwindigkeit $\vec{v}$ bewegt. Nach kurzer Zeit stößt das Teilchen gegen die rechte Behälterwand. Dadurch kehrt sich die x-Komponente der Geschwindigkeit um. Die x-Komponente des Impulses vor dem Stoß ist $p_x = mv_x$ und nach dem Stoß $p_x = -mv_x$. Sie ändert sich beim Stoß also um $\Delta p_x = 2mv_x$. Nun fliegt das Teilchen ungebremst zur linken Behälterwand, führt dort gleichfalls einen Stoßprozess aus und bewegt sich daher wieder in Richtung der rechten Behälterwand. Dass es auf seinem Weg auch Stöße mit den vier anderen Behälterwänden ausführt, wirkt sich auf die x-Komponente der Geschwindigkeit nicht aus. Zwischen zwei

1) vgl. Abschnitt B.5 im Anhang
2) vgl. Kapitel 7

Stößen an der rechten Behälterwand vergeht die Zeit $\Delta t = 2L/v_x$. Das heißt in dieser Zeit wird auf die rechte Wand ein Impuls von $2mv_x$ übertragen. Der Impulsübertrag pro Zeiteinheit ist also mv_x^2/L.

Befinden sich in dem Behälter N gleichartige Atome der Masse m, so ergibt sich der Impulsübertrag pro Zeiteinheit auf die rechte Wand durch Aufsummieren:

$$\frac{\Delta p_x}{\Delta t} = \frac{m}{L}\sum_{i=1}^{N}(v_{x,i})^2$$

($v_{x,i}$ ist die x-Komponente der Geschwindigkeit des i-ten Atoms). Mithilfe des Mittelwerts des Geschwindigkeitsquadrats[1)]

$$\overline{v_x^2} := \frac{1}{N}\sum_{i=1}^{N}(v_{x,i})^2$$

lässt sich der Impulsübertrag so schreiben:

$$\frac{\Delta p_x}{\Delta t} = \frac{mN\overline{v_x^2}}{L}.$$

Nach dem Dynamischen Grundgesetz ist der Impulsübertrag pro Zeiteinheit gleich der wirkenden Kraft (vgl. Kapitel 1.2). Auf die rechte Behälterwand wirkt also die Kraft

$$F = \frac{mN\overline{v_x^2}}{L}.$$

Definiert man den **Druck**[2)] p als Kraft pro Flächeneinheit, d. h.

$$p := \frac{F}{A},$$

(Maßeinheit $\mathrm{N/m^2}$:= Pascal[3)] (Pa)) und beachtet, dass die Fläche einer Behälterwand durch L^2 gegeben ist, so folgt

$$pL^2 = \frac{mN\overline{v_x^2}}{L}.$$

Mit dem Behältervolumen $V = L^3$ erhält man daraus[4)]

$$pV = mN\overline{v_x^2}.$$

Die gleichen Überlegungen gelten offenbar für die y- und die z-Richtung. Aus der Tatsache, dass der Druck auf alle Behälterwände gleich groß ist[5)], kann man aus der obigen Formel schließen, dass

$$\overline{v_z^2} = \overline{v_y^2} = \overline{v_x^2}$$

gilt. Daher

$$\begin{aligned}\overline{v^2} &= \overline{v_x^2} + \overline{v_y^2} + \overline{v_z^2}\\ &= 3\overline{v_x^2}.\end{aligned}$$

$\overline{v^2}$ bezeichnet man üblicherweise als **mittleres Geschwindigkeitsquadrat** und $\sqrt{\overline{v^2}}$ als **mittlere quadratische Geschwindigkeit**. Mithilfe des Mittelwerts der kinetischen Energie $\overline{E}_{\mathrm{kin}} = \frac{1}{2}m\overline{v^2}$ folgt schließlich

$$pV = \frac{2}{3}N\overline{E}_{\mathrm{kin}}.$$

Diese Gleichung lässt sich z. B. folgendermaßen interpretieren: Bei konstantem Behältervolumen ist der Gasdruck proportional zur Anzahl und zur mittleren kinetischen Energie der Gasatome.

Bei der obigen Ableitung wurden die Gasatome behandelt, als wenn sie sich wie Miniaturbillardkugeln verhalten würden (Modell des **idealen Gases**). Reale Gase verhalten sich

---

1) Wichtig: Mittelwert der Quadrate ≠ Quadrat des Mittelwerts!

2) Leider ist für den Druck das gleiche Formelzeichen wie für den Impuls üblich

3) Blaise Pascal, 1623 – 1662

4) Die Atome führen außer an den Behälterwänden auch untereinander Stöße aus. Das ändert an den hier angestellten Überlegungen aber nichts.

5) Weicht ein System wegen eines Eingriffs von diesem Zustand ab, so geht es infolge der zwischenatomaren Stöße in kürzester Zeit wieder in den Zustand konstanten Drucks über.

bei geringem Druck und hoher Temperatur[1] näherungsweise wie ideale Gase.

Misst man die Geschwindigkeiten der einzelnen Gasatome, so stellt man fest, dass sie über einen sehr großen Bereich variieren. Da keine Bewegungsrichtung bevorzugt ist, folgt außerdem, dass der Mittelwert der Geschwindigkeit null ist, denn im Mittel bewegen sich gleich viele Teilchen in eine Richtung und in die Gegenrichtung. Der Energieinhalt U eines idealen Gases setzt sich aus den kinetischen Energien der einzelnen Atome zusammen. Daher gilt

$$U = N\overline{E}_{\text{kin}}.$$

Die mit der ungeordneten Bewegung der Atome verbundene Energie bezeichnet man als **innere Energie** (auch **Wärmemenge** oder **Wärmeenergie**).

Aufgaben

2.1-1 Welche mittlere quadratische Geschwindigkeit haben die Atome eines Gases, das beim Druck 100 Pa die Dichte 0,2 $\frac{\text{g}}{\text{m}^3}$ hat?

Lösung: 1,23 km/s

2.2 Temperatur

Die Begriffe ,warm' und ,kalt' stehen für Sinneseindrücke. Um diese Sinneseindrücke mit einer messbaren Größe in Verbindung zu bringen, wurde der physikalische Begriff **Temperatur** eingeführt. Zur Temperaturmessung bedient man sich der Tatsache, dass ein als warm empfundener Körper i. Allg. eine größere Ausdehnung besitzt als im kalten Zustand.

Ein auf dem Prinzip der Volumenänderung arbeitendes **Thermometer** ist in Abbildung 2.2 dargestellt.

Abb. 2.2: Prinzip eines Quecksilberthermometers

Quecksilber wird in eine kleine Glaskugel mit zylinderförmigem Fortsatz eingeschlossen. Schon eine kleine Volumenänderung führt in dem engen Zylinder zu einer leicht beobachtbaren Änderung des Pegels. Die **Celsius**[2]**-Temperaturskala** wird dadurch festgelegt, dass dem Pegelstand der Quecksilbersäule der Wert 0 °C zugeordnet wird, wenn sich die Glaskugel in Eiswasser, und 100 °C, wenn sie sich in kochendem Wasser befindet (jeweils bei einem Luftdruck von 101,325 kPa). Die Skala zwischen 0 °C und 100 °C wird äquidistant in 100 Gradschritte unterteilt.

In Versuchen stellt man fest, dass die relative Längenänderung eines Körpers bei einer Temperaturänderung näherungsweise proportional zur Temperaturdifferenz $\Delta\vartheta$ ist:

$$\frac{\Delta l}{l} = \alpha \Delta\vartheta.$$

Dabei bezeichnet l die Länge des Körpers vor der Temperaturänderung, Δl die absolute Längenänderung und α den **thermischen Längenausdehnungskoeffizienten**. Daraus ergibt sich (unter Vernachlässigung kleiner Beiträge) für die relative Volumenänderung

$$\frac{\Delta V}{V} = \frac{(l + \Delta l)^3 - l^3}{l^3} \approx 3\alpha\Delta\vartheta.$$

Thermometer von der oben beschriebenen Art haben einen entscheidenden Nachteil: Baut

1) vgl. nächster Abschnitt

2) Anders Celsius, 1701 – 1744

man nach dem gleichen Prinzip ein zweites Thermometer, ersetzt aber das Quecksilber durch eine andere Substanz, erhält man bei Temperaturmessungen abweichende Ergebnisse (außer natürlich an den beiden Eichpunkten). Unterschiedliche Stoffe zeigen wegen der leichten Temperaturabhängigkeit des Längenausdehnungskoeffizienten α ein unterschiedliches Temperaturausdehnungsverhalten.

Diesen Nachteil kann man weitgehend vermeiden, wenn man als Thermometersubstanz ein ideales Gas verwendet. Reale Gase, die man abkühlt, vollziehen eine **Phasenumwandlung** – sie werden zu Flüssigkeiten. Der Übergang erfolgt bei der stoff- und druckabhängigen **Siedetemperatur**. Gase verhalten sich bei Temperaturen weit oberhalb ihrer Siedetemperatur näherungsweise wie ideale Gase. Temperaturmessungen mit Gasthermometern, deren Thermometersubstanzen sich weit oberhalb ihrer Siedetemperaturen befinden, liefern nahezu identische Messergebnisse. Daraus folgt, dass Gase mit sehr niedrigen Siedetemperaturen als Thermometersubstanzen besonders geeignet sind. Gut eignet sich Helium (Siedetemperatur bei 101,3 kPa: −269 °C).

Für das Folgende erweist es sich als äußerst zweckmäßig, anstelle der Celsius-Temperaturskala die **absolute Temperatur** einzuführen. Ihre Maßeinheit ist das Kelvin[1] (K). Bezeichnet man die Celsius-Temperatur mit dem Formelzeichen ϑ und die absolute Temperatur mit T, so gilt die Umrechnungsformel

$$T/\mathrm{K} = \vartheta/{}^\circ\mathrm{C} + 273{,}15.$$

Wird nun der Zusammenhang zwischen Behältervolumen, Druck auf die Behälterwand und absoluter Temperatur an näherungsweise idealen Gasen experimentell untersucht, so findet man

$$pV = kNT$$

mit $k = 1{,}3807 \cdot 10^{-23}\ \mathrm{J/K}$ (**Boltzmann**[2] **Konstante**). Diese Gleichung heißt **thermische Zustandsgleichung** des idealen Gases. Häufig gibt man die Teilchenzahl N in Vielfachen der **Avogadrozahl**[3] N_A an: $N = nN_\mathrm{A}$. n heißt **Stoffmenge** (Maßeinheit Mol (mol)). N_A ist die Zahl der Teilchen in einem Mol ($N_\mathrm{A} = 6{,}022 \cdot 10^{23}\ 1/\mathrm{mol}$). Die thermische Zustandsgleichung wird dann in der Form

$$pV = nR_\mathrm{m}T$$

mit $R_\mathrm{m} := N_\mathrm{A}k = 8{,}3145\ \frac{\mathrm{J}}{\mathrm{mol\,K}}$ (**molare Gaskonstante**) geschrieben.

Vergleicht man die thermische Zustandsgleichung mit der Formel für die mittlere kinetische Energie der Atome (voriger Abschnitt), so sieht man:

$$\overline{E}_\mathrm{kin} = \frac{3}{2}kT$$

(die mittlere kinetische Energie für ein Atom eines idealen Gases ist direkt proportional zur absoluten Temperatur). Man kann dieses Ergebnis auch so ausdrücken: Jeder der $3N$ Freiheitsgrade des idealen Gases trägt zur Energie des Gesamtsystems im Mittel den Wert $\frac{1}{2}kT$ bei. Damit wird auch klar, dass der absoluten Temperatur unter allen denkbaren Temperaturskalen eine besondere Bedeutung zukommt: bei $T = 0\ \mathrm{K}$ verschwindet die kinetische Energie der Atome – d. h. sie ruhen! Allerdings verhindern quantenphysikalische Effekte, dass dieser Zustand wirklich eintritt.

Wegen $U = N\overline{E}_\mathrm{kin}$ lässt sich auch die innere Energie durch die Temperatur ausdrücken. Mit der oben angegebenen Formel für die mittlere kinetische Energie der Atome erhält man

[1] Sir William Thomson (Lord Kelvin of Largs), 1824 – 1907
[2] Ludwig Boltzmann, 1844 – 1906
[3] Amadeo Avogadro, 1776 – 1856

$U = \frac{3}{2}kNT$ und daher

$$U = \frac{3}{2}nR_mT.$$

Diese Formel wird als **kalorische Zustandsgleichung** des idealen Gases bezeichnet[1].

Bei hoher Temperatur lässt sich für chemisch einfach zusammengesetzte feste Körper ebenfalls eine kalorische Zustandsgleichung angeben. Die zugrunde liegende Modellvorstellung ist, dass die das Kristallgitter[2] aufbauenden Atome Schwingungen um ihre Gleichgewichtslage ausführen. Die damit verbundene mittlere kinetische Energie eines Atoms beträgt gleichfalls $3/2kT$. Wegen der Bindungskräfte ist aber auch eine gleich große elastische Energie vorhanden. Damit ergibt sich für die innere Energie dieser Körper der Ausdruck

$$U = 3nR_mT.$$

Diese Formel ist für viele chemisch einfach zusammengesetzte, kristalline Festkörper (z. B. Eisen, Silber, Blei) schon bei Zimmertemperatur näherungsweise gültig.

Aufgaben

2.2-1 Welchen Längenausdehnungskoeffizienten hat eine Glassorte, die sich bei Erwärmung um 65 K um 0,04 ‰ ausdehnt?

Lösung: $6{,}15 \cdot 10^{-6}\,K^{-1}$

2.2-2 In einer evakuierten Röntgenröhre vom Volumen 4 l herrscht bei 20 °C ein Restdruck von 1 Pa. Wie viel Luftmoleküle befinden sich in der Röhre[3]?

Lösung: ca. $1 \cdot 10^{18}$

2.2-3 Zehn Liter eines idealen Gases üben bei einer Temperatur von 25 °C einen Druck von 1,52 MPa aus. Bestimmen Sie die vorliegende Stoffmenge des Gases!

Lösung: 6,13 mol

2.3 Wärmeleitung

Befinden sich unterschiedliche Teile eines Körpers auf unterschiedlichen Temperaturen, so fließt Wärmeenergie von den Orten mit höherer Temperatur zu den Orten tieferer Temperatur. Dadurch kommt es zu einem Temperaturausgleich. Um die Temperaturdifferenz aufrecht zu erhalten, muss an den wärmeren Stellen Wärmeenergie zugeführt und an den kälteren Stellen Wärmeenergie abgeführt werden. Gelingt es so, die Temperaturdifferenz ΔT zwischen jeweils zwei Orten konstant zu halten, so spricht man von **stationärer Wärmeleitung**.

Im Folgenden betrachten wir den einfachen Fall der stationären Wärmeleitung entlang eines zylinderförmigen Körpers mit Querschnittsfläche A und Länge l, zwischen dessen Grund- und Deckfläche eine Temperaturdifferenz ΔT herrscht. Der **Wärmestrom** Φ, das ist die pro Zeiteinheit transportierte Wärmeenergie, ist dann proportional zu ΔT:

$$\Phi = G_{th}\Delta T.$$

Die Proportionalitätsgröße G_{th} heißt **Wärmeleitwert**. Ihr Kehrwert ist der **Wärmewiderstand** R_{th}. Mit ihm lautet das **Ohmsche**[4] **Gesetz der Wärmelehre**

$$\Delta T = R_{th}\Phi.$$

Der Wärmewiderstand ist proportional zur Zylinderlänge und umgekehrt proportional zur

[1] Sind die Gasteilchen keine Atome sondern Moleküle, so ergeben sich in den Formeln einige Änderungen. Diese werden in Abschnitt 7.4 behandelt.

[2] vgl. Kapitel 8

[3] Die Luftmoleküle können hier wie Atome behandelt werden

[4] vgl. Abschnitt 3.2

Querschnittsfläche

$$R_{th} = \rho_{th} \frac{l}{A}.$$

Die stoffabhängige Proportionalitätsgröße ρ_{th} heißt **spezifischer Wärmewiderstand** und ihr Kehrwert λ **Wärmeleitfähigkeit** (Tabelle 2.1).

Tabelle 2.1: Wärmeleitfähigkeit ausgewählter Stoffe

Material	$\lambda / \frac{W}{m\,K}$
Aluminium	220
Asbestplatten	0,7
Beton	ca. 1,0
Eisen	74
Glas	ca. 0,8 – 1,3
Kupfer	384

Wärmestrom und elektrischer Strom zeigen ein formal sehr ähnliches Verhalten. Alle in diesem Abschnitt eingeführten Größen und Formeln haben ein Gegenstück im Abschnitt 3.2.

Aufgaben

2.3-1 Schätzen Sie die Wärmeenergie, die täglich durch eine 24 m^2 große Wand von 43 cm Dicke geht, wenn die Wandtemperatur innen 20 °C und außen −5 °C beträgt und die Wärmeleitfähigkeit den Wert 0,694 $\frac{W}{Km}$ hat?

Lösung: 83,7 MJ

2.4 Zustandsänderungen

Thermodynamische Prozesse

Im vorliegenden Abschnitt soll untersucht werden, wie ein Gas reagiert, wenn es unterschiedlichen Manipulationen unterworfen wird. Dabei ist Folgendes zu beachten: Mehr noch als in anderen Teilgebieten der Physik ist man in der Thermodynamik auf Idealisierungen angewiesen. Das heißt, die in Natur und Technik tatsächlich ablaufenden Prozesse liefern Messwerte, die oft erheblich von den berechneten Werten abweichen. Die theoretisch erzielten Ergebnisse sind dann als Näherungswerte oder im Sinne von streng gültigen Ober- und Untergrenzen aufzufassen.

Drei Möglichkeiten zur Beeinflussung eines Gases sind schematisch in Abbildung 2.3 dargestellt.

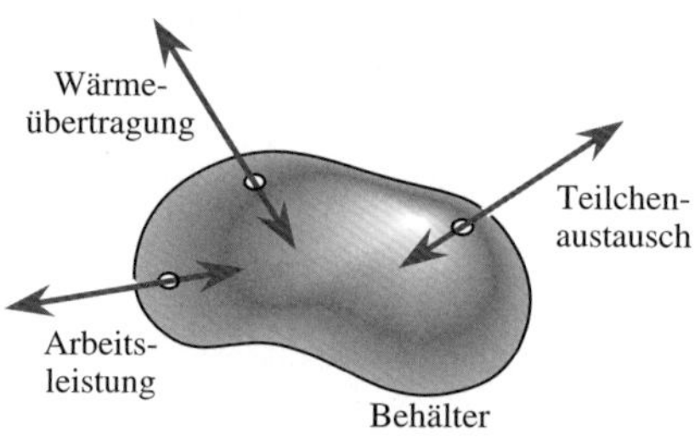

Abb. 2.3: Manipulationsmöglichkeiten bei einem Gas

Für technische Belange sind die Zu- und Abführung von Gasteilchen sowie chemische Reaktionen (insbesondere Verbrennungsprozesse) sehr bedeutsam[1]. Dennoch können diese Prozesse im Folgenden nicht behandelt werden. Die dann noch verbleibenden Möglichkeiten zur Beeinflussung des Gases können mit der in Abbildung 2.4 dargestellten ‚Maschine' ausgeführt werden.

Arbeitsleistung: Der Druck im Gasbehälter bewirkt, dass auf den Stempel von unten eine Kraft $F = pA$ wirkt. Ist F größer als F_S, so bewegt sich der Stempel nach oben. Dabei wird auf einem infinitesimal kleinen Wegstück die Arbeit $dW = F\,dz = pA\,dz$ verrichtet. Wegen

[1] Man denke z. B. an Verbrennungsmotoren

$V = Az$ gilt $dV = A\,dz$ und folglich

$$dW = p\,dV.$$

Wärmeübertragung: Unterscheidet sich die Temperatur der Arbeitssubstanz (das ist das Gas) von der der Thermostatflüssigkeit, so setzt ein Energiefluss in Richtung des kälteren Stoffes ein – im Falle $T_T > T$ wird der Flüssigkeit also Energie entzogen und dem Gas zugeführt. Energie, die einem System aufgrund einer Temperaturdifferenz zugeführt oder entzogen wird, bezeichnet man als **Wärme**. Die dem Gas zugeführte Wärme und die dadurch verursachte Temperaturänderung des Gases sind zueinander proportional:

$$dQ = C\,dT.$$

Die Proportionalitätsgröße C ist stoffabhängig und heißt **Wärmekapazität**.

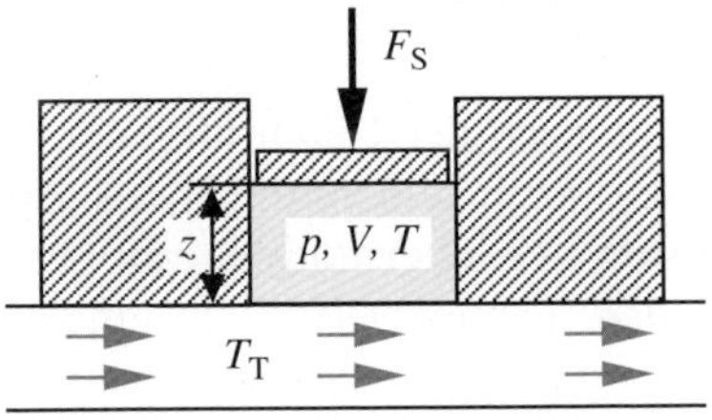

Abb. 2.4: Schematischer Aufbau einer Maschine zur Manipulation eines Gases (Druck p, Temperatur T). Die schraffierten Teile sind wärmeundurchlässig. An der wärmedurchlässigen Unterseite des Gasbehälters strömt eine Flüssigkeit mit beliebig einstellbarer Temperatur T_T vorbei (Thermostatflüssigkeit). Das Volumen lässt sich mittels eines beweglichen Stempels mit Querschnittsfläche A variieren.

Natürlich gilt auch bei diesen Prozessen der Energieerhaltungssatz. Im vorliegenden Zusammenhang wird er als **Erster Hauptsatz der Thermodynamik** bezeichnet:

$$dU = dQ - dW.$$

Das Minuszeichen ist notwendig, weil dW die Arbeit bezeichnet, die das Gas an der Umgebung leistet. Das System verliert bei diesem Prozess Energie, wohingegen es durch den Zufluss von Wärme Energie gewinnt.

Reversible und irreversible Prozesse

Als nächstes stelle man sich den folgenden Prozess vor: Der Stempel sei in einer bestimmten Lage fixiert. Das Gas habe die Temperatur der Thermostatflüssigkeit angenommen ($T = T_T$) und folglich findet kein Wärmeaustausch mehr statt. Wird nun plötzlich die Temperatur der Flüssigkeit geändert, so setzt ein Wärmefluss ein, der zu einer Angleichung der Temperaturen führt. Diese Temperaturangleichung wird aber einige Zeit in Anspruch nehmen. In dieser Zeit herrscht im Behälter keine einheitliche Temperatur – es liegt ein Temperaturfeld vor[1]. Dies hat zur Folge, dass bei Berechnungen die Zustandsgleichungen nicht angewendet werden können, denn diese enthalten die über den gesamten Behälter als konstant angenommene Gastemperatur sowie den gleichfalls als konstant angenommenen Gasdruck (**Gleichgewichtszustand**). Damit fehlt eine wichtige Voraussetzung für eine rechnerische Behandlung von thermodynamischen Prozessen.

Aus diesem Dilemma befreit man sich, indem man bei der rechnerischen Behandlung von thermodynamischen Prozessen nur infinitesimal kleine Temperaturdifferenzen zwischen Thermostatflüssigkeit und Gas zulässt. Dann kann man näherungsweise davon ausgehen, dass sich das Gas zu jedem Zeitpunkt praktisch im Gleichgewichtszustand befindet und die Zustandsgleichungen dürfen verwendet werden.

[1] vgl. Anhang, Abschnitt B.2

Löst man die Fixierung des Stempels, so muss man aus dem analogen Grund fordern, dass sich die Kräfte F und F_S nur infinitesimal wenig unterscheiden. Prozesse, die durch infinitesimal kleine Ursachen angetrieben werden, und bei denen sich folglich das Gas immer im Gleichgewicht befindet, nennt man **reversibel**[1]. Für Prozesse, die mit der Maschine aus Abbildung 2.4 vollzogen werden, kann man die Bedingung für Reversibilität formelmäßig so ausdrücken:

$$F_S - F \approx 0$$
$$T_T - T \approx 0.$$

In der Praxis spielen reversible Prozesse keine Rolle, denn aufgrund der verschwindend kleinen Antriebskräfte laufen sie unendlich langsam ab. Da Prozesse in der Praxis immer in endlicher Zeit ablaufen müssen, sind sie **irreversibel**[2].

Zusammenfassend: Bei der rechnerischen Behandlung eines irreversiblen Prozesses zwischen einem Anfangszustand A und einem Endzustand B ist es zunächst erforderlich, einen reversiblen Prozess zu finden, der die gleichen Zustände verbindet (**reversibler Ersatzprozess**). Die benötigten Größen werden dann mithilfe dieses Ersatzprozesses berechnet.

Viele Prozesse, die energetisch möglich wären, laufen in Natur und Technik nicht ab. Beispielsweise könnte man versuchen, die Wärmeenergie, die bei einem Bremsvorgang entsteht, beim Wiederanfahren zu verwenden. Eine solche Vorrichtung, die Wärme in mechanische Energie umwandelt, heißt **Wärmekraftmaschine**. Im Idealfall, d. h. wenn man die gesamte Wärmeenergie in Bewegungsenergie umwandeln könnte, wäre ein großer Energieeinspareffekt möglich. Es zeigt sich aber, dass es eben nicht möglich ist, Wärme vollständig in kinetische Energie umzuwandeln. Mithilfe einer Größe, die man **Entropie** S nennt, lässt sich entscheiden, ob ein ins Auge gefasster Prozess möglich ist. Dazu braucht man den Wert der Entropie gar nicht zu kennen – es genügt die Entropiedifferenz zwischen Anfangszustand A und Endzustand B zu berechnen:

$$\Delta S \doteq \int_{\mathrm{A}}^{\mathrm{B}} \frac{dQ}{T} .$$

Diese Gleichung gilt nur für reversible Prozesse! Der Punkt über dem Gleichheitszeichen soll daran erinnern, dass vor Anwendung dieser Gleichung geprüft werden muss, ob es sich im jeweils vorliegenden Fall um einen reversiblen Prozess handelt. Handelt es sich hingegen um einen irreversiblen Prozess, so muss für die Berechnung der Entropiedifferenz ein reversibler Ersatzprozess gesucht und angewendet werden.

Die Frage nach der Durchführbarkeit eines Prozesses, kann nun mithilfe des **Zweiten Hauptsatz der Thermodynamik** beantwortet werden. Dieser besagt: ‚In einem abgeschlossenen System[3] kann die Entropie nicht abnehmen', formelmäßig:

$$\Delta S \geq 0.$$

Das Gleichheitszeichen gilt bei reversiblen Prozessen. Bei irreversiblen Prozessen nimmt die Entropie des Systems immer zu ($\Delta S > 0$).

Spezielle Prozesse

Auf der Basis der vorangestellten Überlegungen sollen nun spezielle reversible Prozesse behandelt werden. Dabei wird als Arbeitssubstanz zunächst eine feste Menge eines idealen Gases zu Grunde gelegt (n = const). Innere

[1] d. h. ‚umkehrbar'
[2] ‚irreversibel' bedeutet ‚nicht umkehrbar'
[3] vgl. Seite 29

Energie und Temperatur sind in diesem Fall durch $U = \frac{3}{2} n R_m T$ miteinander verbunden und folglich gilt

$$dU = \frac{3}{2} n R_m \, dT .$$

Damit nimmt der Erste Hauptsatz die Form

$$dQ = \frac{3}{2} n R_m \, dT + p \, dV$$

an.

Die thermische Zustandsgleichung verknüpft die drei **Zustandsgrößen** p, V und T miteinander. Bei einer Vorgabe von zwei Zustandsgrößen ist deshalb die dritte eindeutig festgelegt[1]. Welche beiden Zustandsgrößen als unabhängige (d. h. frei wählbare) Variablen gewählt werden ist egal. Es gibt also drei Möglichkeiten:

$$p = f_1(T, V) = n R_m \frac{T}{V},$$

$$V = f_2(T, p) = n R_m \frac{T}{p},$$

$$T = f_3(p, V) = \frac{pV}{n R_m}.$$

Im Folgenden wird das Gas jeweils noch einer zusätzliche Bedingung unterworfen. Dadurch reduziert sich die Zahl der freien Variablen auf eins.

Isochore Prozesse

So werden Prozesse genannt, bei denen sich das Volumen nicht ändert ($V = V_0 = \text{const}$, d. h. $dV = 0$). Dies wird erreicht, indem der Stempel der in Abb. 2.4 dargestellten Maschine festgehalten wird. Sowohl die thermische Zustandsgleichung als auch die Bedingung $V = V_0 = \text{const}$ definieren eine Fläche im $p - V - T$-Raum (vgl. Abb. 2.5).

Die Schnittkurve dieser beiden Flächen ist eine Gerade und definiert die Menge der Zustände, die diese beiden Bedingungen erfüllen. Wählt man als unabhängige Variable den Druck p, so wird diese Schnittgerade formelmäßig durch

$$T = T(p) = \frac{V_0}{n R_m} p$$

beschrieben.

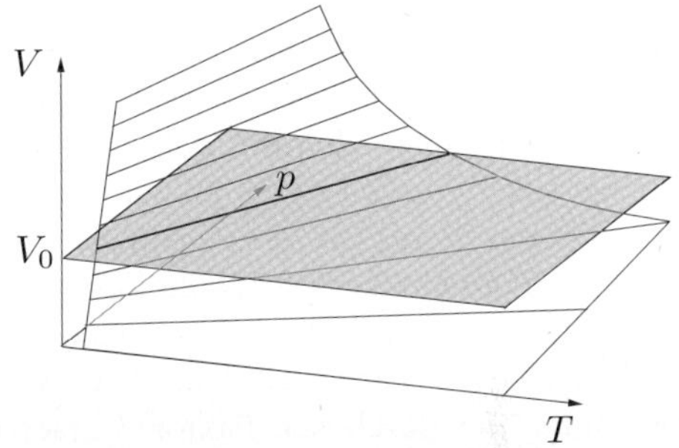

Abb. 2.5: Die zur thermischen Zustandsgleichung in der Form $V = f_2(T, p)$ gehörige Fläche. Weiterhin ist die zu $V = V_0$ gehörige ebene Fläche dargestellt.

Wegen $dV = 0$ ist auch $dW = 0$. Aus dem Ersten Hauptsatz und $dQ = C \, dT$ folgt dann für die Wärmekapazität

$$C_V = \frac{3}{2} n R_m,$$

wobei der Index andeutet, dass dieser Ausdruck nur bei konstant gehaltenem Volumen gültig ist. Für die aufgenommene (oder abgegebene Wärme) ergibt sich hieraus

$$\Delta Q = \frac{3}{2} n R_m (T_B - T_A)$$

und für die Entropiedifferenz

$$\Delta S = \frac{3}{2} n R_m \int_{T_A}^{T_B} \frac{dT}{T}$$

und somit

$$\Delta S = \frac{3}{2} n R_m \ln \frac{T_B}{T_A}.$$

[1] natürlich nur, wenn ein Gleichgewichtszustand vorliegt!

Da wir reversible Prozessführung vorausgesetzt haben, muss die Änderung der Entropie des idealen Gases durch eine entgegengesetzt gleich große Änderung der Entropie der Thermostatflüssigkeit kompensiert werden.

Feste Körper ändern ihr Volumen bei Temperaturänderungen relativ wenig, denn ihr Längenausdehnungskoeffizient (vgl. Abschnitt 2.2) liegt typischerweise bei ca. $10^{-5}\,1/\mathrm{K}$. Häufig vernachlässigt man daher die Volumenänderung bei festen Stoffen ganz und hat es dann mit isochoren Prozessen zu tun. Die oben angegebenen Formeln für C_V, ΔQ und ΔS lassen sich auf chemisch einfach zusammengesetzte kristalline Festkörper anwenden, wenn man den Faktor $3/2$ durch den Faktor 3 ersetzt. Dies folgt aus der in Abschnitt 2.2 angegebenen Formel für die innere Energie fester Körper ($U_{\mathrm{FK}} = 2U_{\mathrm{iG}}$).

Isobare Prozesse

Prozesse, die so ablaufen, dass während der ganzen Zeit der Gasdruck den gleichen Wert p_0 hat, nennt man isobar. Dies kann man z. B. erreichen, indem man auf den Stempel eine passend gewählte Masse stellt. In diesem Fall ist die thermische Zustandsgleichung in der Form $p = f_1(T, V)$ zweckmäßig. Die zugehörige Fläche im $p-V-T$-Raum wird von der $p = p_0$-Ebene wieder entlang einer Geraden geschnitten. Mit T als unabhängiger Variable erhält man

$$V = V(T) = \frac{nR_{\mathrm{m}}}{p_0}T.$$

Hieraus folgt

$$dV = \frac{nR_{\mathrm{m}}}{p_0}\,dT.$$

Setzt man die infinitesimale Volumenänderung in dieser Form in den Ersten Hauptsatz ein, so findet man

$$dQ = \frac{5}{2}nR_{\mathrm{m}}\,dT,$$

d. h.

$$C_p = \frac{5}{2}nR_{\mathrm{m}}$$

und

$$\Delta Q = \frac{5}{2}nR_{\mathrm{m}}(T_{\mathrm{B}} - T_{\mathrm{A}}).$$

Bei isobaren Prozessen ändert sich die innere Energie und gleichzeitig wird die Arbeit

$$\Delta W = p_0(V_B - V_A)$$

geleistet. Daher ist die Wärmekapazität bei konstantem Druck größer als bei isochoren Prozessen. Für die Änderung der Entropie erhält man analog zum isochoren Prozess

$$\Delta S = \frac{5}{2}nR_{\mathrm{m}}\ln\frac{T_{\mathrm{B}}}{T_{\mathrm{A}}}.$$

Isotherme Prozesse

Jetzt soll die Temperatur auf einem konstanten Wert T_0 gehalten werden. Dazu muss die Temperatur der Thermostatflüssigkeit konstant auf diesen Wert eingestellt werden. Nun ist die dritte Form der thermischen Zustandsgleichung angemessen: $T = f_3(p, V)$ (vgl. Abb. 2.6).

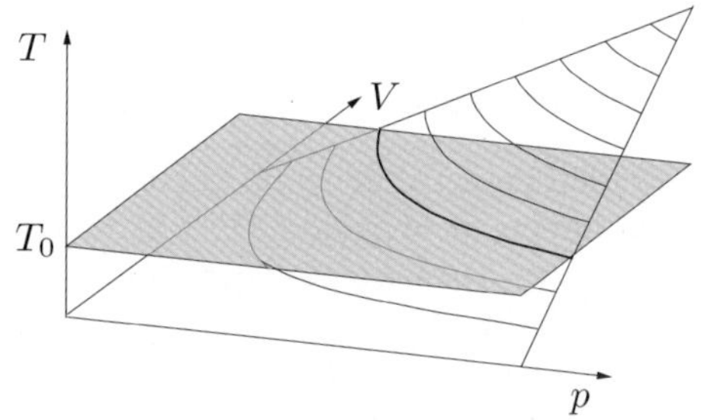

Abb. 2.6: Die zur thermischen Zustandsgleichung $T = f_3(p, V)$ und zu $T = T_0$ gehörigen Flächen

Die Schnittmenge der beiden Flächen besteht in diesem Fall aus einer Hyperbel. Wählt man als unabhängige Variable das Volumen, so folgt

$$p = p(V) = nR_{\mathrm{m}}T_0\frac{1}{V}.$$

Dies, zusammen mit $dT = 0$, in den Ersten Hauptsatz eingesetzt, ergibt

$$dQ = nR_{\mathrm{m}}T_0\frac{dV}{V}.$$

Man erhält

$$\begin{aligned}\Delta W &= \Delta Q\\ &= +nR_{\mathrm{m}}T_0 \ln\frac{V_{\mathrm{B}}}{V_{\mathrm{A}}}.\end{aligned}$$

Die Entropiedifferenz lässt sich bei isothermen Prozessen besonders leicht berechnen:

$$\begin{aligned}\Delta S &= \int_{\mathrm{A}}^{\mathrm{B}}\frac{dQ}{T_0}\\ &= \frac{1}{T_0}\int_{\mathrm{A}}^{\mathrm{B}} dQ,\end{aligned}$$

also

$$\Delta S = \frac{\Delta Q}{T_0}.$$

Adiabatische Prozesse

Schließlich soll noch untersucht werden, wie sich das System verhält, wenn ein Wärmeaustausch mit der Thermostatflüssigkeit unterbunden wird. Dazu muss der Gasbehälter aus Abbildung 2.4 auch an der Unterseite wärmeundurchlässig abgeschlossen werden[1)].

Zunächst ergibt sich aus dem Ersten Hauptsatz unter Berücksichtigung von $dQ = 0$

$$\begin{aligned}\Delta W &= -\Delta U\\ &= -\frac{3}{2}nR_{\mathrm{m}}(T_{\mathrm{B}} - T_{\mathrm{A}}).\end{aligned}$$

Da der Austausch von Wärme unterbunden ist, wird die geleistete Arbeit direkt in eine Änderung der Temperatur umgesetzt.

Mit $p = f_1(T, V)$ folgt aus dem Ersten Hauptsatz weiter

$$\frac{3}{2}nR_{\mathrm{m}}\, dT = -nR_{\mathrm{m}}\frac{T}{V}\, dV.$$

Dies ist eine Differenzialgleichung, was man vielleicht besser erkennt, wenn man sie in die Form

$$\frac{dV(T)}{dT} + \frac{3}{2}\frac{V(T)}{T} = 0$$

bringt[2)]. Ihre Lösung ist

$$V = V(T) = \frac{c}{T^{3/2}}$$

Die Konstante c ist aus den Werten V_{A} und T_{A} des Anfangszustands zu bestimmen.

Wegen $dQ = 0$ gilt auch $dS = 0$ und daher

$$\Delta S = 0.$$

Daher nennt man adiabatische Prozesse häufig auch **isentropische Prozesse**. Es soll nochmals betont werden, dass aus $dQ = 0$ nur für reversible Prozesse $dS = 0$ gefolgert werden kann!

Kreisprozesse

Jetzt soll eine bestimmte Menge eines idealen Gases einer Reihe von aufeinander folgenden Prozessen unterworfen werden. Die Teilprozesse sollen so gewählt sein, dass sich das Gas am Ende wieder im gleichen Zustand befindet wie zu Beginn. Bei einer derart beschaffenen Prozessfolge spricht man von einem **Kreisprozess**. Diese sind sehr bedeutsam, weil alle kontinuierlich arbeitenden Maschinen wie z. B.

[1)] Schnell ablaufende Prozesse werden häufig näherungsweise als adiabatisch aufgefasst, auch wenn keine Wärmeisolierung vorhanden ist. Voraussetzung ist, dass die Prozessgeschwindigkeit wesentlich größer ist als die Geschwindigkeit des Temperaturausgleichs.

[2)] man hätte auch V als unabhängige Variable wählen können

Motoren im Betrieb ständig Kreisprozesse durchlaufen.

Im Folgenden soll die Maschine aus Abbildung 2.4 als Wärmekraftmaschine betrieben werden. Dies kann durch eine Folge von etwas künstlich wirkenden Maßnahmen erreicht werden (**Carnotscher**[1] **Kreisprozess**):

Man denke sich auf dem Stempel ein mit Sand gefülltes Gefäß. Die Gesamtmasse von Stempel, Gefäß und Sand sei m. Im Gleichgewicht nimmt die Gastemperatur den Wert $T = T_1 = \text{const}$ an. Der sich einstellende Gasdruck p_A muss die Gewichtskraft im Gleichgewicht halten: $p_A = mg/A$ (A ist wieder die Querschnittsfläche des Stempels). Die Stempelhöhe stellt sich so ein, dass das Gasvolumen den Wert $V_A = nR_m T_1/p_A$ hat. p_A, V_A und T_1 sind die Zustandsgrößen des Anfangszustands. Die einzelnen Schritte im nun folgenden Kreisprozess können anhand von Abbildung 2.7 nachvollzogen werden.

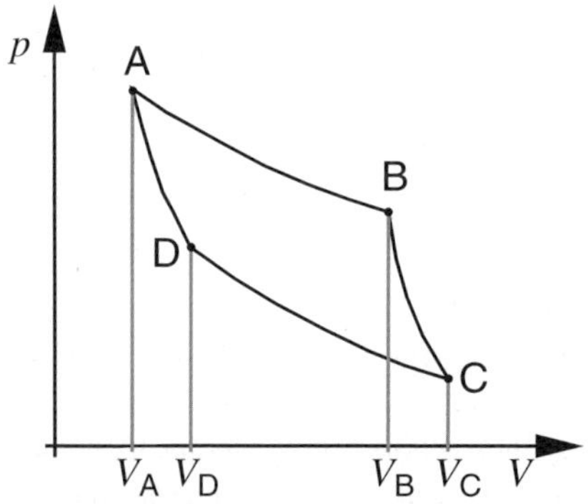

Abb. 2.7: Carnotscher Kreisprozess im p-V-Diagramm. Die Teilprozesse von A nach B und von C nach D sind isotherm, die von B nach C und von D zurück nach A adiabatisch.

A→B Eine kleine Menge Sand wird aus dem Gefäß genommen. Die Gewichtskraft verringert sich um einen entsprechenden kleinen Betrag. Um wieder ins Gleichgewicht zu kommen bewegt sich der Stempel ein kleines Stück nach oben. Das Gasvolumen vergrößert sich entsprechend und der Druck sinkt auf den Wert, der der verkleinerten Gewichtskraft entspricht. Die Entnahme kleiner Sandmengen wird so lange wiederholt, bis das Gas ein vorgegebenes Volumen V_B einnimmt[2]. Das Gas verrichtet bei diesem Vorgang Arbeit, denn es hebt den Stempel samt Gefäß und jeweiliger Sandmenge an. Die verrichtete Arbeit lässt sich sofort formelmäßig angeben, denn es handelt sich offenbar um einen isothermen Prozess:

$$\begin{aligned}\Delta W_{AB} &= \Delta Q_{AB} \\ &= nR_m T_1 \ln \frac{V_B}{V_A}.\end{aligned}$$

ΔQ_{AB} ist die Wärme, die während des Vorgangs von der Thermostatflüssigkeit in das Gas übergeht.

B→C Nun wird der Gasbehälter an der Unterseite thermisch abgeschlossen und anschließend in der gewohnten Weise Sand entnommen. Der Stempel steigt weiter – das Volumen vergrößert sich auf den Wert V_C. Da es sich jetzt um einen adiabatischen Prozess handelt ist klar, dass die Energie für die dabei verrichtete Arbeit dem Gas entzogen wird. Daher sinkt die Gastemperatur auf einen Wert T_2 und es gilt

$$\begin{aligned}\Delta W_{BC} &= -\Delta U_{BC} \\ &= -\frac{3}{2} nR_m (T_2 - T_1)\end{aligned}$$

und

$$V_C = V_B \left(\frac{T_1}{T_2}\right)^{3/2}.$$

[1] Nicolas Leonard Sadi Carnot, 1796-1832

[2] Da die Sandentnahme in infinitesimal kleinen Mengen erfolgt, befindet sich das Gas immer im Gleichgewichtszustand (reversible Prozessführung)

C→D Im dritten Schritt wird zunächst die Temperatur der Thermostatflüssigkeit auf den konstanten Wert T_2 eingestellt. Dann wird die Wärmeisolierung an der Unterseite des Gasgefäßes entfernt. Anschließend wird Sand in kleinen Mengen in das Gefäß zurück gelöffelt. Unter der Wirkung der zunehmenden Gewichtskraft sinkt der Stempel – die Gewichtskraft leistet Arbeit am Gas. Da es sich wiederum um einen isothermen Prozess handelt, gilt

$$\begin{aligned}\Delta W_{\mathrm{CD}} &= \Delta Q_{\mathrm{CD}} \\ &= nR_{\mathrm{m}}T_2 \ln \frac{V_{\mathrm{D}}}{V_{\mathrm{C}}}.\end{aligned}$$

Die Wärmemenge ΔQ_{CD} wird vom Gas an die Thermostatflüssigkeit[1)] abgegeben.

D→A Im letzten Schritt unterbindet man den Wärmeaustausch von Gas und Umgebung wieder vollständig. Der restliche Sand wird in das Gefäß zurückgelöffelt und das Gas nimmt wieder seinen Anfangszustand ein – der Kreisprozess ist abgeschlossen. Für den adiabatisch verlaufenden letzten Schritt gilt

$$\begin{aligned}\Delta W_{\mathrm{DA}} &= -\Delta U_{\mathrm{DA}} \\ &= -\frac{3}{2}nR_{\mathrm{m}}(T_1 - T_2)\end{aligned}$$

und[2)]

$$V_{\mathrm{D}} = V_{\mathrm{A}}\left(\frac{T_1}{T_2}\right)^{3/2}.$$

Wie man sieht, ist die geleistete Arbeit im zweiten und dem letzten Teilprozess entgegengesetzt gleich:

$$\Delta W_{\mathrm{DA}} = -\Delta W_{\mathrm{BC}}.$$

Die bei einem vollständigen Umlauf verrichtete Arbeit ist

$$\begin{aligned}\Delta W &= \Delta W_{\mathrm{AB}} + \Delta W_{\mathrm{CD}} \\ &= nR_{\mathrm{m}}\left[T_1 \ln \frac{V_{\mathrm{B}}}{V_{\mathrm{A}}} + T_2 \ln \frac{V_{\mathrm{D}}}{V_{\mathrm{C}}}\right]\end{aligned}$$

(ΔW_{BC} und ΔW_{DA} heben sich ja weg). Mit

$$V_{\mathrm{C}} = V_{\mathrm{B}}(T_1/T_2)^{3/2}$$

und

$$V_{\mathrm{D}} = V_{\mathrm{A}}(T_1/T_2)^{3/2}$$

wird daraus

$$\Delta W = nR_{\mathrm{m}}(T_1 - T_2)\ln \frac{V_{\mathrm{B}}}{V_{\mathrm{A}}}.$$

Definiert man den Wirkungsgrad einer Wärmekraftmaschine durch

$$\eta := \frac{\Delta W}{\Delta Q_{\mathrm{zu}}}$$

(geleistete Nettoarbeit durch zugeführte Wärme), so ergibt sich wegen $Q_{\mathrm{zu}} = Q_{\mathrm{AB}}$ für den Wirkungsgrad der **Carnot-Maschine**

$$\eta = 1 - \frac{T_2}{T_1}.$$

Weiterführende Überlegungen zeigen, dass der Wirkungsgrad der Carnot-Maschine eine exakte Obergrenze für den Wirkungsgrad von Wärmekraftmaschinen darstellt. Er ist umso größer, je größer der Temperaturunterschied der verwendeten Thermostatflüssigkeiten ist. Auch mit anderen Arbeitssubstanzen lassen sich keine höheren Wirkungsgrade erzielen. Technische Wärmekraftmaschinen arbeiten natürlich mit irreversibler Prozessführung[3)]. Daher ist ihr Wirkungsgrad wesentlich kleiner als der Carnotsche Wirkungsgrad. Außerdem wurden bei der Berechnung des Carnotschen

1) im technischen Anwendungsfall spricht man von Kühlflüssigkeit

2) Tatsächlich muss V_{D} mit dieser Formel vor der Ausführung von Schritt C→D berechnet werden, da sich der Gesamtprozess sonst nicht bei A schließt

3) sonst würden sie für einen Umlauf unendlich lange brauchen

Wirkungsgrads Reibungseffekte und die Arbeit, die man zum Pumpen der Thermostatflüssigkeit aufwänden muss u. Ä., nicht berücksichtigt.

Abschließend sei noch erwähnt, dass der oben diskutierte Prozess auch in umgekehrter Richtung durchlaufen werden kann. Dann ist die Nettoarbeit negativ (Arbeit wird am Gas geleistet) und der kälteren Thermostatflüssigkeit wird Wärme entzogen, die der wärmeren Thermostatflüssigkeit zugeführt wird (**Wärmepumpe**). Nach diesem Prinzip arbeitet ein Kühlschrank.

Aufgaben

2.4-1 Eine Flüssigkeit in einem Tank wird von einem Rührwerk der Leistung 2,24 kW ständig in Bewegung gehalten. Von der Tankoberfläche wird Wärme mit der Leistung 0,59 kW abgestrahlt. Um wie viel ändert sich die innere Energie des Systems Flüssigkeit und Tank pro Stunde?

Lösung: +5,94 MJ/h

2.4-2 Ein Mol Helium-Gas befinde sich bei Standardbedingungen (0 °C, 101,3 kPa) im Gasbehälter der Maschine aus Abbildung 2.4.
a) Welche Temperatur hat das Gas, wenn isochor solange Wärme entzogen wird, bis der Druck auf die Hälfte abgesunken ist?
b) Anschließend werde das Helium isobar auf das doppelte Volumen expandiert. Welche Arbeit leistet es dabei?
c) Welche Arbeit leistet das Gas, wenn es isotherm vom ursprünglichen Zustand in diesen Endzustand expandiert?

Lösung: 136,6 K, 1,14 kJ, 1,57 kJ

2.4-3 Das Helium aus der vorigen Aufgabe werde schlagartig (also irreversibel) auf das doppelte Volumen expandiert, indem die von oben auf den Stempel wirkende Kraft entsprechend verkleinert wird. Dabei sei der Gasbehälter adiabatisch abgeschlossen. Man stellt fest, dass sich die Gastemperatur bei diesem Prozess nicht ändert. Überlegen Sie, welches der einfachste reversible Ersatzprozess für diesen Prozess darstellt, und berechnen Sie die Änderung der Entropie.

Lösung: +5,76 J/K

2.4-4 Ein Aluminiumblock (37 mol entsprechend ca. 1 kg) der Temperatur 250 K wird mit einem Block Kupfer (47 mol entsprechend ca. 3 kg) der Temperatur 375 K in thermischen Kontakt gebracht. Welche gemeinsame Temperatur stellt sich ein, und wie groß ist die mit dem (natürlich irreversiblen) Ausgleichsprozess verbundene Entropieänderung?

Lösung: 320 K, +41,2 J/K

2.4-5 Der Wirkungsgrad einer Carnot-Maschine betrage 0,6. Bei der Temperatur von 900 K werde je Zyklus eine Wärme von 2 kJ zugeführt. Welche Wärme wird in jedem Arbeitszyklus abgeführt, und bei welcher Temperatur geschieht dies?

Lösung: 0,8 kJ, 360 K

3 Elektrizität und Magnetismus

3.1 Elektrostatik

3.1.1 Elektrische Ladung

Ein sehr umfangreiches Teilgebiet der Physik befasst sich mit Erscheinungen, die im Zusammenhang mit **elektrischen Ladungen** auftreten. Die Physik der ruhenden Ladungen nennt man Elektrostatik.

Der Ladungsbegriff wird anhand eines einfachen Experiments eingeführt (vgl. Abb. 3.1).

Aus dem Experiment zieht man folgende Schlüsse:

- Durch die Berührung mit den Stäben werden die Kugeln in einen Zustand versetzt, in dem sie Kräfte aufeinander ausüben. Diesen Zustand nennt man ‚elektrisch geladen'.
- Aus dem unterschiedlichen Ausgang des Versuchs bei Berührung mit gleichen bzw. unterschiedlichen Stäben folgt, dass es verschiedene Ladungszustände geben muss. Den Ladungszustand, der mit dem geriebenen Glasstab verbunden ist, nennt man **elektrisch positiv**, den mit dem Hartgummistab verbundenen Zustand nennt man **elektrisch negativ**.
- Unterschiedlich starkes Reiben führt zu unterschiedlich starker Abstoßung bzw. Anziehung. Das bedeutet, dass Ladung eine Mengengröße ist.

Ein weiteres Experiment (Millikans[1] Öltröpfchenversuch) führt zu dem Schluss, dass Ladungsmengen nur als ganzzahlige Vielfache der sogenannten **Elementarladung** auftreten:

$$Q = \pm ne,$$

mit $e = 1{,}602 \cdot 10^{-19}$ C (Elementarladung) und $n = 0, 1, 2, \ldots$. C steht hierbei für Coulomb, der SI-Einheit[2] der elektrischen Ladung. Beispielsweise tragen die für die Elektrotechnik so wichtigen Elektronen[3] die Ladung $-e$. Bei elektrischen Phänomenen sind aber üblicherweise so viele Elektronen beteiligt, dass man von der diskreten Natur der Ladung nichts bemerkt.

Nach heutigem Kenntnisstand ist elektrische Ladung immer an Materie gebunden (wo Ladung ist, ist auch Masse). Häufig bezeichnet man auch sehr kleine, elektrisch geladene Körper als ‚Ladungen'.

3.1.2 Coulombsches Gesetz

Als nächstes betrachten wir zwei Ladungen im Abstand d (Abb. 3.2).

Die Ladung Q übt auf die Ladung q eine Kraft aus. Stärke und Richtung dieser konservativen Kraft werden durch das **Coulombsche Gesetz** ausgedrückt:

$$\vec{F} = k\frac{qQ}{d^2}\vec{e}_{\vec{d}}.$$

---

[1] Robert Andrews Millikan, 1886 – 1953

[2] vgl. Anhang C

[3] vgl. Kapitel 7.1

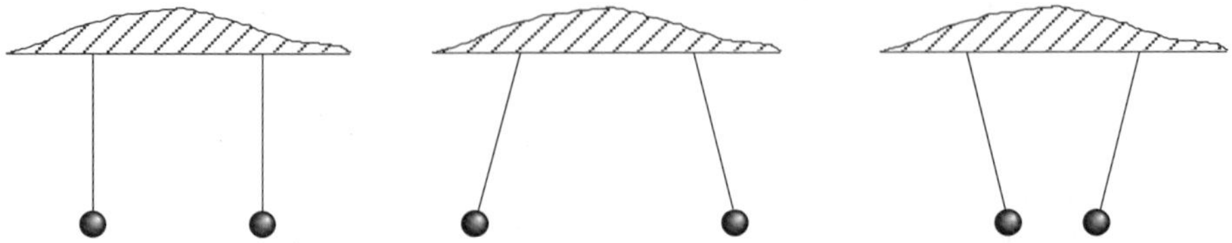

Abb. 3.1: Zwei Kugeln aus Kork oder Schaumstoff werden an dünnen Fäden aufgehängt. Berührt man beide Kugeln mit einem geriebenen Glasstab, so beobachtet man Abstoßung. Gleiches gilt, wenn man das Experiment mit einem Hartgummistab durchführt. Berührt man hingegen eine der Kugeln mit dem Glasstab, die andere aber mit dem Hartgummistab, so ziehen die Kugeln sich an.

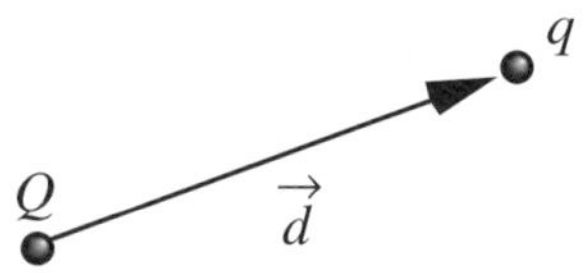

Abb. 3.2: Zwei Ladungen, die die Ladungsmenge Q und q tragen. Diese beiden Formelzeichen werden gleichzeitig als Symbole für Ladungen verwendet.

Die Proportionalitätskonstante k wird aus historischen Gründen in der Form $k := \frac{1}{4\pi\varepsilon_0}$ mit $\varepsilon_0 = 8{,}854 \cdot 10^{-12}\,\frac{\mathrm{C}^2}{\mathrm{Nm}^2}$ (**elektrische Feldkonstante**, Influenzkonstante) geschrieben. Man beachte, dass die Kraft abstoßend ist, wenn Q und q gleichnamig sind und anziehend, wenn Q und q ungleichnamig sind.

Es ist zweckmäßig, folgende Begriffe einzuführen: Die **felderzeugende Ladung** ist die Ladung oder Ladungsverteilung, deren Eigenschaften man untersuchen möchte. Zu diesem Zweck verwendet man eine punktförmige **Probeladung**, die in die Nähe der felderzeugenden Ladung gebracht wird. Man misst die Kraftwirkung, die die felderzeugenden Ladung auf die Probeladung ausübt. Zwischen felderzeugender Ladung und Probeladung besteht kein prinzipieller Unterschied, sondern nur ein Unterschied in der jeweiligen Funktion.

Da man sich i. Allg. für die Wirkung interessiert, die von der felderzeugenden Ladung ausgeht, wenn sich die Probeladung an einem bestimmten Ort befindet ist es wichtig, dass die Probeladung näherungsweise punktförmig ist, d. h. im Vergleich zu allen relevanten Abmessungen eine kleine Ausdehnung besitzt. Analog zur Modellvorstellung des Massenpunkts (vgl. Abschnitt 1.1.1) führt man die Modellvorstellung der **Punktladung** ein.

Eine Probeladung verspürt in jedem Punkt des Raumes eine von ihrer jeweiligen Lage abhängige Kraft, die von den übrigen Ladungen (der felderzeugenden Ladung) verursacht wird. Die Gesamtheit aller Kraftvektoren im Raum bildet ein **Kraftfeld**[1)].

Aufgaben

3.1.2-1 Bestimmen Sie die abstoßende Kraft zwischen zwei Protonen ($m = 1{,}673 \cdot 10^{-27}$ kg, $Q = +e$) in einem Wasserstoffmolekül, deren Abstand etwa $0{,}74 \cdot 10^{-10}$ m beträgt. Vergleichen Sie das Ergebnis mit der anziehend wirkenden Gravitationskraft.

Lösung: $4{,}21 \cdot 10^{-8}$ N, $3{,}41 \cdot 10^{-44}$ N

3.1.2-2 Zwei Punktladungen, die die Ladungsmengen −0,20 nC und −0,80 nC tragen, liegen 30 mm auseinander. An welchem Ort auf ihrer Verbindungslinie verschwindet die Kraft auf eine Probeladung?

Lösung: 10 mm von der −0,20 nC Ladung

1) vgl. Anhang B.2

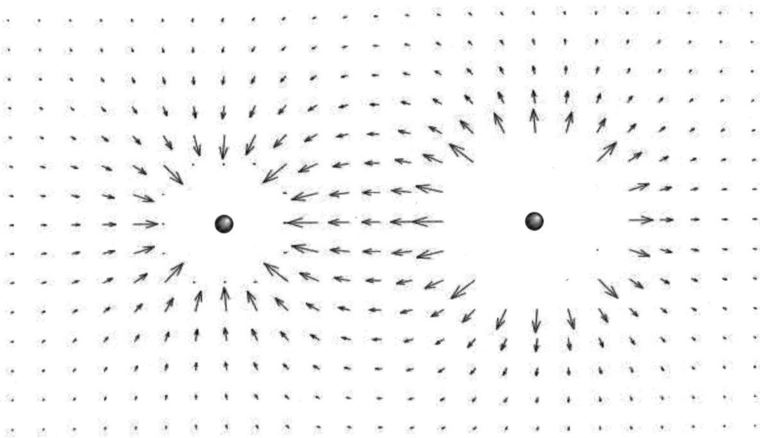

Abb. 3.3: Elektrisches Feld eines elektrischen Dipols (zwei dicht benachbarte felderzeugende Punktladungen mit entgegengesetzt gleicher Ladung). Nahe der Ladungen ist das Feld am größten. Um Überlappungen der zugehörigen Pfeile zu vermeiden, wird das Feld dort nicht dargestellt. Das Problem erkennt man am besten, wenn man sich das Feld in der Nähe der negativen Ladung vorstellt, wo die Pfeile zur Ladung hin zeigen.

3.1.2-3 Zwei Punktladungen ($Q_1 = Q_2 = 9\,\mu\mathrm{C}$) sitzen auf den Ecken eines gleichseitigen Dreiecks der Kantenlänge 30 cm. Welche Kraft üben sie auf eine Ladung ($q = -3\,\mu\mathrm{C}$) aus, die auf der verbleibenden Ecke sitzt!

Lösung: 4,67 N

3.1.3 Elektrische Feldstärke

Die Probeladung hat die Funktion eines ‚Werkzeuges' zur Ausmessung des Kraftfelds. Man möchte zu einer Beschreibung kommen, die unabhängig von den Eigenschaften dieses Werkzeuges ist. Daher definiert man die auf die Ladungseinheit normierte Kraft (**elektrische Feldstärke**) gemäß

$$\vec{E} := \frac{\vec{F}}{q}.$$

Die von einer felderzeugenden Punktladung mit Ladungsmenge Q verursachte Feldstärke ist daher

$$\vec{E} = \frac{Q}{4\pi\varepsilon_0 d^2}\vec{e}_{\vec{d}}.$$

Befinden sich in einem Gebiet mehrere felderzeugende Punktladungen, so überlagern sich die Feldstärken der einzelnen Ladungen zur Gesamtfeldstärke (**Superpositionsprinzip**):

$$\vec{E}(\vec{r}) = \sum_{i=1}^{N} \vec{E}_i(\vec{r}) = \frac{1}{4\pi\varepsilon_0} \sum_{i=1}^{N} Q_i \frac{\vec{d}_i}{d_i^3}.$$

Dabei beschreibt $\vec{r}_i$ den Sitz der Ladung Q_i und $\vec{d}_i := \vec{r} - \vec{r}_i$. Als Beispiel ist das elektrische Feld eines **elektrischen Dipols** dargestellt (Abb. 3.3).

In Abbildung 3.3 erkennt man, dass die elektrische Feldstärke zur grafischen Darstellung des Feldverlaufs nicht besonders geeignet ist.

In der Nähe der Ladungen ist das elektrische Feld groß und daher sind dort die Vektorpfeile lang. Will man Überlappungen vermeiden, so ist man gezwungen, nur die Pfeile an weit auseinander liegenden Punkten darzustellen. Das entstehende Bild gibt dann den Feldverlauf nur sehr grob wieder.

Zur besseren Veranschaulichung des elektrischen Feldes führt man daher **Feldlinien** ein: Als Feldlinie bezeichnet man die Trajektorie einer positiv geladenen Probeladung von verschwindend kleiner Masse, die sich unter der Wirkung eines elektrischen Feldes bewegt. Bringt man beispielsweise eine positive Probeladung in die Nähe der positiven felderzeugenden Punktladung, so wird sie abgestoßen und wandert radial nach außen. Dies ist in Abbildung 3.4 dargestellt.

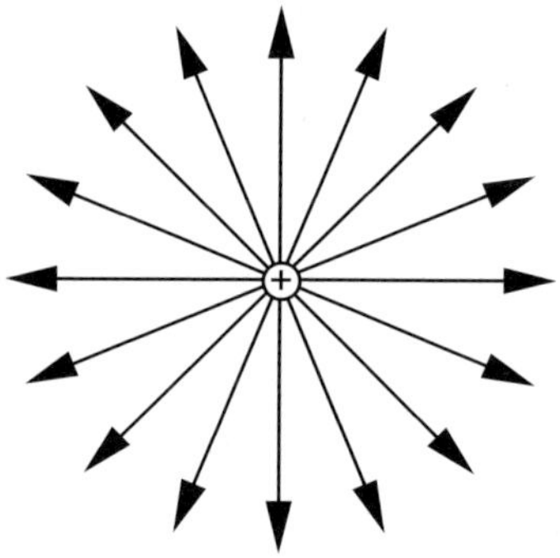

Abb. 3.4: Feldlinienbild einer positiv geladenen felderzeugenden Punktladung

Die Pfeilspitzen geben die Bewegungsrichtung der Probeladung und damit auch die Richtung der elektrischen Feldstärke an. Die Dichte der Feldlinien gibt Auskunft über die Stärke des Feldes. Aus der Definition von Feldlinien erkennt man, dass positive Ladungen Ausgangspunkte von Feldlinien darstellen. Ebenso macht man sich klar, dass Feldlinien in negativen Ladungen enden.

Aufgaben

3.1.3-1 In welcher Entfernung von einer Punktladung ($2 \cdot 10^{-7}$ C) hat die Feldstärke den Wert 200 N/C.

Lösung: 3 m

3.1.3-2 Das konstante elektrische Feld zwischen den Ablenkungsplatten eines Katodenstrahloszilloskops ist 30 kN/C. Welche Kraft wirkt auf ein Elektron ($m = 9{,}109 \cdot 10^{-31}$ kg), und welche Beschleunigung erfährt es?

Lösung: $4{,}81 \cdot 10^{-15}$ N, $5{,}28 \cdot 10^{15}$ m/s^2

3.1.4 Spannung und Potenzial

Der Arbeitsaufwand, der notwendig ist, um die Probeladung q im Feld der felderzeugenden Ladung Q auf einem beliebigen Weg von A nach B zu bewegen, ist gegeben durch

$$W_{\mathrm{AB}} := -\int_{\mathrm{A}}^{\mathrm{B}} \vec{F} \cdot d\vec{r} = -q \int_{\mathrm{A}}^{\mathrm{B}} \vec{E} \cdot d\vec{r}.$$

Das Minuszeichen rührt daher, dass man die Ladung entgegen dem wirkenden Kraftfeld verschiebt.

Wie bei der elektrischen Feldstärke möchte man von der Probeladung unabhängig sein. Daher definiert man die **elektrische Spannung**, das ist die auf die Ladungseinheit normierte Arbeit, gemäß

$$U_{\mathrm{AB}} := \frac{W_{\mathrm{AB}}}{q} = -\int_{\mathrm{A}}^{\mathrm{B}} \vec{E} \cdot d\vec{r}.$$

Die Einheit der Spannung heißt Volt[1] ($\frac{\mathrm{Nm}}{\mathrm{C}} =:$ Volt (V)).

Gilt für die Spannung zwischen zwei Punkten $U_{\mathrm{AB}} < 0$, so bewegt sich eine positive Probeladung unter dem Einfluss des E-Feldes von A

[1] nach Alessandro Volta, 1745 – 1827

nach B. Offenbar gilt $U_{BA} = -U_{AB}$ und daher auch

$$\oint_C \vec{E} \cdot d\vec{r} = 0.$$

Dabei bedeutet $\oint$ ... Integration über einen geschlossenen Weg C (C_{AB} mit A = B).

Häufig benützt man eine weitere Größe, die mit der Spannung eng verwandt ist, das **elektrische Potenzial**. Man wählt einen Bezugspunkt P (i. Allg. P = ‚Erde') und definiert das Potenzial durch

$$\Phi_A := U_{PA}.$$

Das Potenzial ist also die Spannung zwischen Bezugspunkt und dem Ort A. Spannungen lassen sich aus dem Potenzial berechnen:

$$U_{AB} = \Phi_B - \Phi_A$$

(Spannung = Potenzialdifferenz).

Neben den Feldlinien führt man als weiteres Hilfsmittel zur Veranschaulichung von elektrischen Feldern **Äquipotenzialflächen** ein. Äquipotenzialflächen sind Raumpunkte mit gleichem Potenzial (Analogie: Isobaren, Höhenlinien). Eine Probeladung auf einer Äquipotenzialfläche zu verschieben, erfordert keine Arbeit. Hieraus kann man schließen, dass Feldlinien immer senkrecht auf den Äquipotenzialflächen stehen. In Grafiken beschränkt man sich in der Regel auf die Darstellung des Feldlinienverlaufs in einer Ebene. Den Äquipotenzialflächen entsprechen dann Äquipotenziallinien (Abb. 3.5 und 3.6).

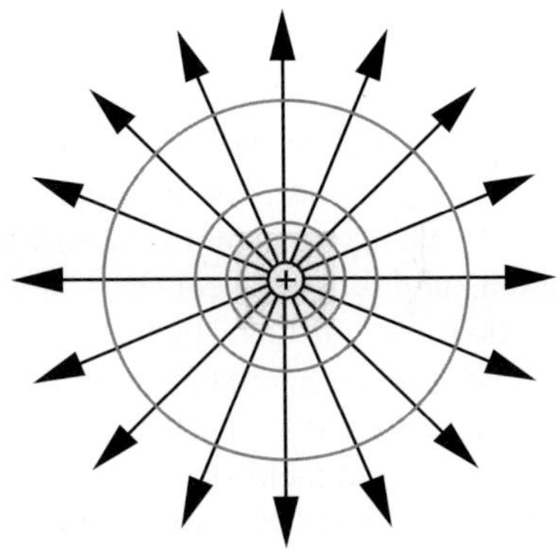

Abb. 3.5: Felderzeugende Punktladung: Feldlinien (schwarz) und Äquipotenziallinien (grau)

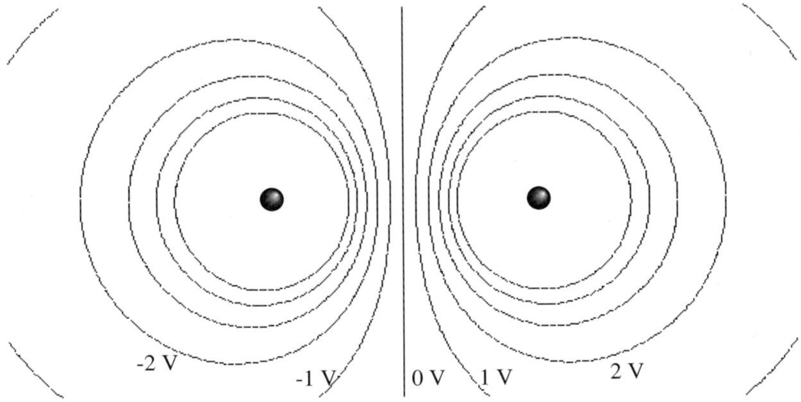

Abb. 3.6: Äquipotenziallinien beim elektrischen Dipol. Feldlinien stehen immer senkrecht auf den Äquipotenziallinien. In der Nähe der Ladungen verlaufen die Linien so nahe beieinander, dass sie sich wiederum nicht gut grafisch darstellen lassen. Wie bei den Feldlinien gilt: Wo die Äquipotenziallinien dicht verlaufen, ist die Feldstärke groß.

3.1.5 Kondensatoren

Metalle sind elektrische Leiter. Das heißt, dass sich ein Teil der Hüllenelektronen[1] ihrer atomaren Bausteine mehr oder weniger ungehindert durch das Metall bewegen kann (**Leitungselektronen**). Gleiches gilt für zusätzlich auf Metalle aufgebrachte Ladungen (Überschussladungen).

Sind solche Überschussladungen vorhanden, dann fließen solange Ladungen aus dem Metallinneren an die Oberfläche, bis das Innere des Körpers feldfrei ist. Mit der Umverteilung der Ladungen geht eine Veränderung des Feldes einher. Solange noch ein Feld vorhanden ist, wirken auf die frei beweglichen Ladungen Kräfte, die diese zur Oberfläche hin treiben. Folglich ist im stationären Gleichgewicht das Leiterinnere feld- und ladungsfrei[2]. Die Überschussladungen sammeln sich an der Metalloberfläche an (Schichtdicke einige Atomlagen).

Aus dem gleichen Grund muss die Tangentialkomponente des elektrischen Feldes unmittelbar außerhalb des Leiters verschwinden. Andernfalls würden ständig Ladungsverschiebungen in der Oberfläche stattfinden. Daraus folgt, dass sich die Ladungen an der Oberfläche solange umordnen, bis die Feldlinien senkrecht auf der Leiteroberfläche stehen. Die Oberfläche des Leiters ist daher eine Äquipotenzialfläche.

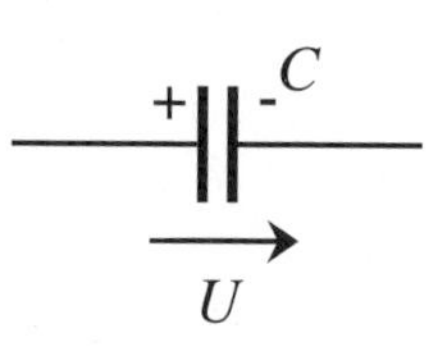

Abb. 3.7: Schaltsymbol eines Kondensators

Nun betrachten wir zwei Metallteile. Dem einen wird eine Ladungsmenge Q entzogen. Diese Ladung wird dem zweiten Metallteil hinzugefügt. Eine solche Anordnung heißt **Kondensator** (Schaltsymbol vgl. Abb. 3.7).

Zwischen den beiden Metallkörpern baut sich ein elektrisches Feld und damit eine Spannung $U = \Phi_2 - \Phi_1$ auf (Abb. 3.8). Es gilt[3]

$$Q = CU .$$

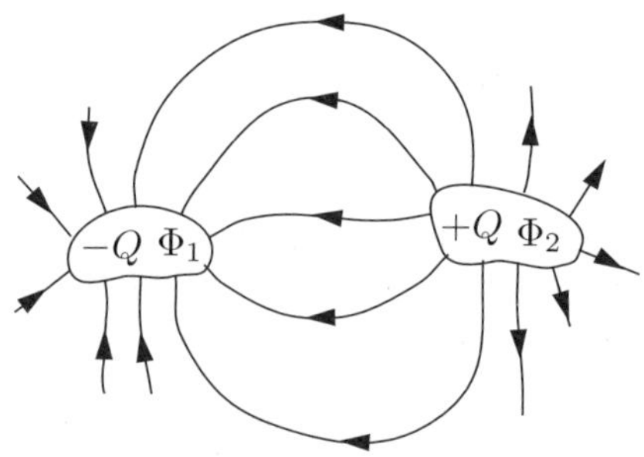

Abb. 3.8: Zwei entgegengesetzt geladene Metalle bilden einen Kondensator

Die Proportionalitätskonstante C heißt **Kapazität** der Anordnung (Maßeinheit $\frac{\mathrm{C}}{\mathrm{V}} =:$ Farad (F)[4]).

Die Kapazität C hängt vom geometrischen Aufbau des Kondensators ab. Die Verhältnisse sind beim **Plattenkondensator** am leichtesten zu durchschauen. Dieser besteht aus zwei gleich großen und gleich geformten ebenen Metallplatten, die sich parallel gegenüberstehen. Das elektrische Feld der einzelnen Platten sieht näherungsweise wie in Abbildung 3.9 dargestellt aus (Feldlinien stehen senkrecht auf den Metallplatten). Das Feld, das von beiden Platten gemeinsam erzeugt wird, ergibt sich aus dem Superpositionsprinzip. Man sieht, dass das Feld im Plattenzwischenraum ho-

[1] vgl. Kapitel 7
[2] Im Leiterinneren befinden sich viele Ladungen. Aber es sind genauso viele positive wie negative, sodass die Nettoladungsdichte hier null ist.
[3] Merkregel: ‚Kuh gleich Kuh'
[4] nach Michael Faraday, 1791 – 1867

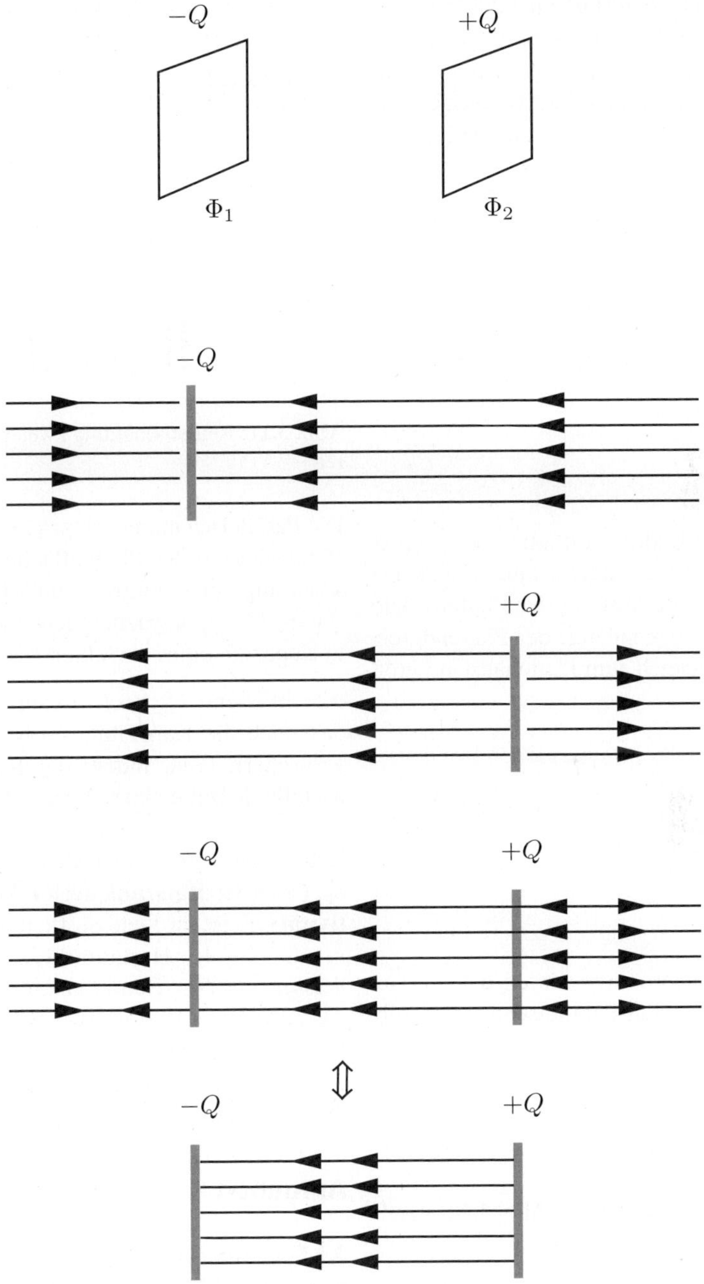

Abb. 3.9: Das elektrische Feld zwischen den Platten eines Plattenkondensators.

mogen (d. h. überall gleich groß und gleich gerichtet) ist. Die Feldstärke hat dort den doppelten Wert verglichen mit dem Feld, das von einer Platte erzeugt wird. Außerhalb des Kondensators existiert nur das hier vernachlässigte Streufeld. Im Plattenzwischenraum gilt

$$E = \frac{U}{d}$$

(d Plattenabstand).

Für die Kapazität eines im Vakuum eingebetteten Plattenkondensators mit Plattenfläche A ergibt sich

$$C = \varepsilon_0 \frac{A}{d}$$

(Die Fähigkeit Ladung aufzunehmen ist proportional zur Plattenfläche und umgekehrt proportional zum Abstand der Platten). Die Formel stimmt gut, solange der Plattendurchmesser im Vergleich zum Plattenabstand groß ist.

Der Energieinhalt eines geladenen Kondensators ist durch

$$E_C = \frac{1}{2} C U^2$$

gegeben.

Wichtig ist es außerdem zu wissen, dass die Gesamtkapazität bei der Parallelschaltung (Abb. 3.10) von Kondensatoren durch

$$C = \sum_{i=1}^{n} C_i$$

und bei der Reihenschaltung (Abb. 3.11) durch

$$\frac{1}{C} = \sum_{i=1}^{n} \frac{1}{C_i}$$

gegeben ist.

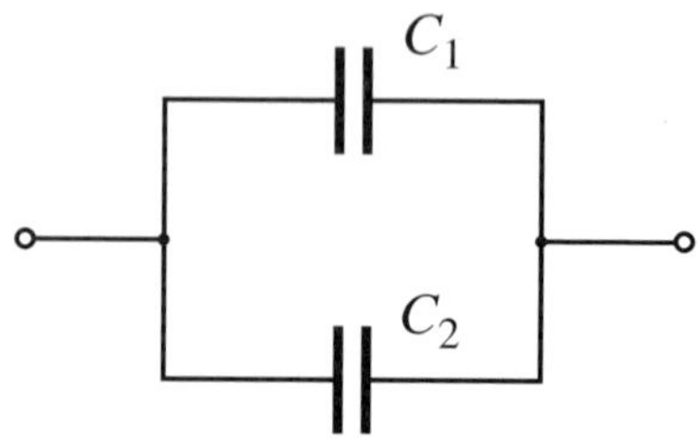

Abb. 3.10: Parallelschaltung zweier Kondensatoren

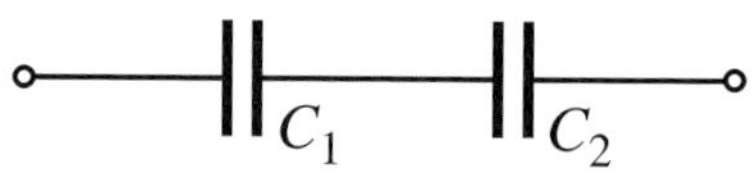

Abb. 3.11: Reihenschaltung zweier Kondensatoren

Die Parallelschaltung entspricht effektiv einer Vergrößerung der Plattenfläche, die Reihenschaltung einer Vergrößerung des Plattenabstands (Gesamtkapazität kleiner als die kleinste Kapazität eines einzelnen Kondensators).

Abschließend sei noch darauf hingewiesen, dass sich die Kapazität von Kondensatoren vergrößern lässt, indem der Raum um die Metallteile mit elektrisch nicht leitenden Materialien ausgefüllt wird. Die Kapazität erhöht sich dann um den materialabhängigen Faktor ε_r (**Permittivitätszahl**, auch **relative Permittivität**). ε_r ist für viele Stoffe tabelliert (Glas: ε_r ca. 3 bis 15, Hartgummi: ε_r ca. 3 bis 4, Wasser: $\varepsilon_r = 81$). Beim Plattenkondensator ist das elektrische Feld im Wesentlichen auf den Plattenzwischenraum beschränkt. Daher reicht es hier aus, den Plattenzwischenraum mit dem nicht leitenden Stoff auszufüllen.

Aufgaben

3.1.5-1 Zwei runde Platten mit einem Durchmesser von 12 cm stehen sich im Abstand von 18 mm gegenüber. Zwischen ihnen liegt eine Spannung von 270 V. Berechnen Sie die Feldstärke im Plattenzwischenraum, die Kapazität der Anordnung und die Ladung auf der positiv geladenen Platte!

Lösung: 15 kV/m, 5,56 pF, 1,50 nC

3.1.5-2 Welche Energie wird im Kondensator eines Blitzgeräts ($C = 100\,\mu F$) bei einer Spannung von 30 V gespeichert?

Lösung: 45 mJ

3.1.5-3 Ein 20-pF-Kondensator werde auf 3,0 kV aufgeladen, dann von der Spannungsquelle getrennt und mit einem ungeladenen 50-pF-Kondensator parallel geschaltet.
a) Welche Ladungen befinden sich dann auf den Platten des 20-pF-Kondensators und des 50-pF-Kondensators?
b) Berechnen Sie die gespeicherte Energie vor und nach dem Zusammenschalten!

Lösung: 17,1 nC, 42,9 nC, 90,0 µJ, 25,7 µJ

3.1.5-4 Ein Plattenkondensator (Kapazität 25 pF, Plattenabstand 8,0 mm) wird auf 1,0 kV aufgeladen. Anschließend wird eine 2 mm dicke Glasplatte zwischen die Platten geschoben, und diese werden fest an die Glasplatte gedrückt. Berechnen Sie die gespeicherte Ladung und die Feldstärke im Plattenzwischenraum vor, sowie die Kapazität der Anordnung nach Einbringen der Glasplatte ($\varepsilon_r = 6$)!

Lösung: 25 nC, 125 kV/m, 600 pF

3.2 Stationäre elektrische Ströme

3.2.1 Elektrischer Strom

Bisher wurden die elektrischen Ladungen als ruhend angesehen. Bewegen sie sich hingegen, so spricht man von **elektrischem Strom**.

Liegt zwischen zwei Punkten des Raumes eine Spannung, so baut sich ein elektrisches Feld auf. Sind freie Ladungen vorhanden, so setzen sich diese unter der Wirkung des Feldes in Bewegung – ein Stromfluss setzt ein. Die Ladungsträger ordnen sich solange um, bis die Spannung abgebaut ist (Ausgleichsstrom).

Möchte man die Spannung (und die damit verbundenen Ströme) dauerhaft aufrechterhalten, so benötigt man **Spannungsquellen** (vgl. Abb. 3.12).

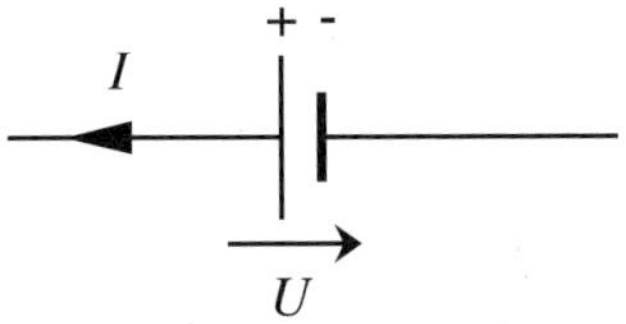

Abb. 3.12: Schaltsymbol für eine Gleichspannungsquelle. Am Pluspol herrscht Elektronenmangel, am Minuspol Elektronenüberschuss. Strom- und Spannungspfeil zeigen in entgegengesetzte Richtungen.

Es gibt eine Vielzahl von Möglichkeiten, Energie zur Erzeugung von Strom einzusetzen. Einige seien genannt: Bei galvanischen Elementen wird chemische Energie, bei Generatoren mechanische Energie und bei Solarzellen Lichtenergie in elektrische Energie umgewandelt.

Die Leitungselektronen eines Metalls führen ständig eine Wärmebewegung aus. Die Geschwindigkeit der Elektronen hat hierbei sowohl betrags- als auch richtungsmäßig statistischen Charakter. Erst wenn die Bewegung der Ladungsträger eine Vorzugsrichtung aufweist, spricht man von elektrischem Strom[1)].

Die **mittlere Stromstärke** ist durch

$$I := \frac{\Delta Q}{\Delta t}$$

definiert. Dabei ist ΔQ die Ladung, die in der Zeit Δt durch den Querschnitt eines Lei-

[1)] Wechselstrom hat zwar im zeitlichen Mittel keine Vorzugsrichtung, wohl aber momentan (vgl. Abschnitt 4.3).

ters fließt. Die Maßeinheit Ampere[1] ($[I] = \frac{\mathrm{C}}{\mathrm{s}} :=$ Ampere (A)) ist über die magnetische Wirkung des Stromes definiert (vgl. später!)[2].

Die **momentane Stromstärke** definiert man gemäß

$$i := \frac{dQ}{dt}.$$

Von einem **stationären Strom** spricht man, wenn $i(t) = \text{const}$ ist.

Vom stationären Strom ist der **Gleichstrom** zu unterscheiden. Dieser ist nicht unbedingt stationär, da er mit veränderlicher Stärke in eine Richtung fließen kann.

Als **Stromrichtung** hat man willkürlich die Bewegungsrichtung positiver Ladungen festgelegt. Ein Fluss von negativen Ladungen in eine Richtung ist dem Fluss positiver Ladungen in die Gegenrichtung in jeder Hinsicht gleichwertig. Technisch am wichtigsten ist der Ladungstransport in Metallen, d. h. die Bewegung der negativ geladenen Leitungselektronen. Folglich sind Stromrichtung und Bewegungsrichtung der Leitungselektronen entgegengesetzt.

Gelegentlich benützt man neben der Stromstärke noch die **mittlere Stromdichte**

$$\bar{j} := \frac{I}{A}$$

(A bezeichnet die Querschnittsfläche des Leiters) und die **Stromdichte** (wenn der Stromfluss an verschiedenen Orten des betrachteten Querschnitts verschieden ist, vgl. Abb. 3.13):

$$j := \frac{dI}{dA}.$$

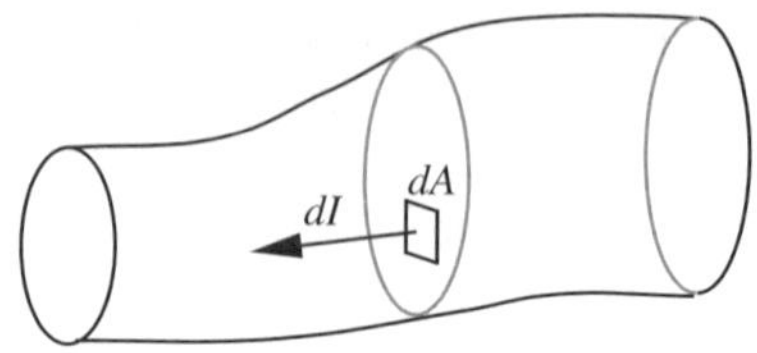

Abb. 3.13: Zur Definition der Stromdichte. Durch ein infinitesimal kleines Flächenelement fließt ein infinitesimal kleiner Strom.

3.2.2 Elektrischer Widerstand

Der Strom (Ladungstransport) in einem Medium wird je nach Werkstoff, Geometrie, Temperatur, ... unterschiedlich stark gehemmt. Um diese Hemmung quantitativ zu erfassen, definiert man den **elektrischen Widerstand**

$$R := \frac{U}{I}$$

(Maßeinheit: $[R] = \frac{\mathrm{V}}{\mathrm{A}} :=$ Ohm[3](Ω)).

Trägt man den sich einstellenden Strom über die verursachende Spannung auf, so erhält man die **Strom-Spannungs-Kennlinie** (Abb. 3.14).

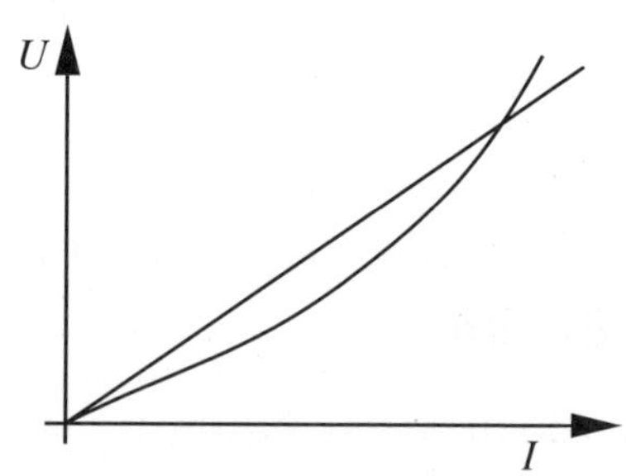

Abb. 3.14: Strom-Spannungs-Kennlinie für einen ohmschen (linearen) und einen nichtohmschen (nichtlinearen) Widerstand

[1] nach André-Marie Ampère, 1775 – 1836

[2] Im Grunde wäre es nahe liegend, das Coulomb als Basiseinheit einzuführen. Aus messtechnischen Gründen wird aber das Ampere als Basiseinheit verwendet.

[3] Georg Simon Ohm, 1787 – 1854

Häufig beobachtet man, dass bei konstanter Temperatur ein linearer Zusammenhang zwischen Spannung und Strom vorliegt. Der Widerstand ist dann unabhängig von der Spannung (**ohmsches Gesetz**):

$$R = \text{const.}$$

(Hinweis: Häufig wird die Definitionsformel für den Widerstand als ohmsches Gesetz bezeichnet. Dabei wird implizit davon ausgegangen, dass R einen konstanten Wert hat, was ja offenbar nicht immer der Fall ist.)

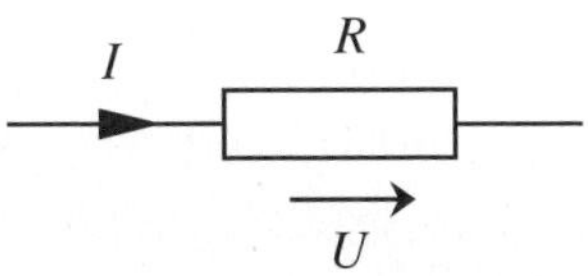

Abb. 3.15: Schaltsymbol für einen ohmschen Widerstand. Strom- und Spannungspfeil zeigen in die gleiche Richtung.

Den Kehrwert des Widerstands bezeichnet man als **Leitwert**

$$G := \frac{1}{R}$$

($[G] = \frac{1}{\Omega}$ =: Siemens (S)[1]).

Für einen Leiter mit konstanter Querschnittsfläche gilt

$$R = \rho \frac{l}{A}.$$

Der Widerstand ist also proportional zur Länge l und umgekehrt proportional zur Querschnittsfläche A des Werkstücks. Der **spezifische Widerstand** ρ ist eine temperaturabhängige Materialgröße. Ihr Kehrwert heißt **elektrische Leitfähigkeit** ($\kappa := \frac{1}{\rho}$). Mithilfe der Leitfähigkeit lässt sich das ohmsche Gesetz in einer alternativen Form ausdrücken:

$$\vec{j} = \kappa \vec{E}.$$

Dabei haben wir die Stromdichte zu einem Vektor gemacht, um die Bewegungsrichtung der Ladungen zu erfassen.

Die Temperaturabhängigkeit des Widerstandes lässt sich in vielen Fällen näherungsweise in der Form

$$\rho = \rho_0(1 + \alpha \Delta\vartheta)$$

darstellen. $\Delta\vartheta$ ist die Abweichung der Temperatur von einer Referenztemperatur (z. B. 20 °C) und ρ_0 der spezifische Widerstand bei der Referenztemperatur. Der **Temperaturkoeffizient** α ist für Metalle positiv (Widerstand steigt mit der Temperatur) und für Halbleiter[2] negativ (Widerstand sinkt mit der Temperatur).

Tabelle 3.1: Spezifischer Widerstand und Temperaturkoeffizient ausgewählter Leitermaterialien

Material	$\rho/10^{-8}\Omega\text{m}$	$\alpha/10^{-3}\text{K}^{-1}$
Gold	0,022	3,9
Graphit	8,0	−0,2
Kupfer	0,0172	3,9
Silber	0,016	3,8

Die Stoffe werden bezüglich ihres spezifischen Widerstandes in verschiedene Klassen eingeteilt:

- Leiter: $\rho_0 < 10^{-5}\ \Omega\text{m}$
- Halbleiter:
  $10^{-5}\ \Omega\text{m} \leq \rho_0 < 10^{+7}\ \Omega\text{m}$
- Nichtleiter: $\rho_0 > 10^{+7}\ \Omega\text{m}$.

Wird ein Bauteil mit Widerstand R von einem Strom I durchflossen, so wird Arbeit geleistet. Die zugeführte Energie wird in Wärmeenergie umgewandelt. Fällt an dem Widerstand die Spannung U ab, so ist die **elektrische Leistung** durch

$$P_{\text{el}} = UI$$

[1] Werner von Siemens, 1816 – 1892
[2] vgl. Kapitel 8

gegeben. Mithilfe des ohmschen Gesetzes findet man die gleichwertigen Ausdrücke

$$P_{\text{el}} = RI^2 = \frac{U^2}{R}.$$

Zur Berechnung von Strömen und Spannungen in einem Netzwerk von elektrischen Bauteilen bedient man sich der **Kirchhoffschen Regeln**.

Knotenregel: Die Summe der zu- und abfließenden Ströme an einem Knoten ergibt 0. Als Formel

$$\sum_{i=1}^{n} I_i = 0.$$

Dabei sind zufließende Ströme positiv und abfließende Ströme negativ zu nehmen (vgl. Abb. 3.16). An einem Knoten sammeln sich also keine Ladungen an.

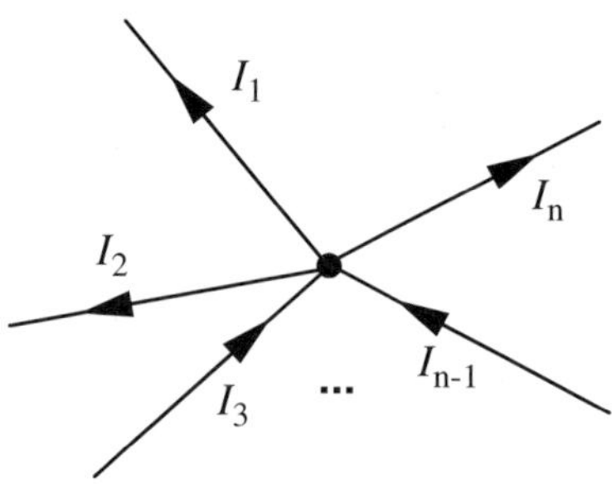

Abb. 3.16: Knoten in einem Netzwerk

Maschenregel: Die Summe der Spannungen entlang einer Masche ergibt 0. Unter einer Masche versteht man hierbei einen geschlossenen Weg in einem Schaltplan (Abb. 3.17). Formelmäßig:

$$\sum_{i=1}^{n} U_i = 0.$$

Entlang des Weges hat man alle Spannungen, deren Spannungspfeile in Laufrichtung zeigen, positiv, alle anderen negativ zu nehmen.

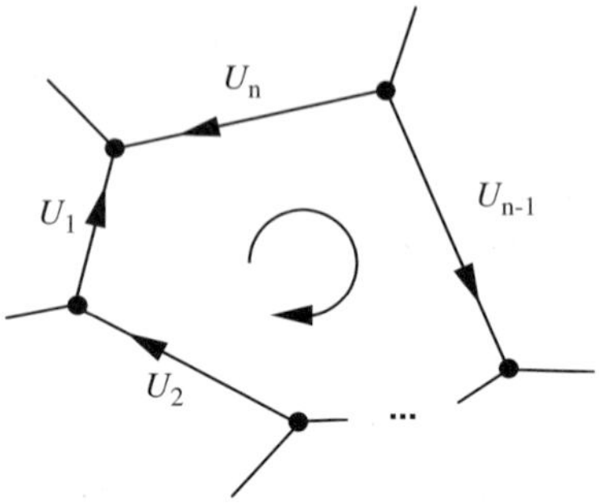

Abb. 3.17: Masche in einem Netzwerk. Die Spannungspfeile gehören entweder zu einer Spannungsquelle (Abb. 3.12) oder zu einem Widerstand (Abb. 3.15). Der Teilkreis zeigt die willkürlich gewählte Laufrichtung an.

Mithilfe dieser beiden Regeln findet man sofort, dass der Gesamtwiderstand bei der Reihenschaltung von Widerständen gleich der Summe der einzelnen Widerstände ist

$$R = \sum_{i=1}^{n} R_i$$

und sich bei der Parallelschaltung die Leitwerte zum Gesamtleitwert addieren. Ausgedrückt durch die Widerstände heißt dies

$$\frac{1}{R} = \sum_{i=1}^{n} \frac{1}{R_i}.$$

Bei der Auslegung von elektrischen Schaltkreisen muss häufig der **Innenwiderstand** der Spannungsquelle berücksichtigt werden. Dieser rührt daher, dass sich die Ladungsträger ja auch innerhalb der Spannungsquelle bewegen und sie dort, wie in jedem Material, in ihrer Bewegung behindert werden. Zur rechnerischen Erfassung des Innenwiderstands bedient man sich des in Abbildung 3.18 dargestellten Ersatzschaltbilds.

Verbraucher R_V und Innenwiderstand R_i sind offenbar in Reihe geschaltet. Die **Klemmenspannung** U_K ist kleiner als die **Ur-** oder

Leerlaufspannung U_0, da diese sich auf Innenwiderstand und Verbraucher aufteilt. Aus der Maschenregel folgt

$$U_K = U_0 - R_i I.$$

Wie man sieht, sinkt die Klemmenspannung proportional zum fließenden Strom.

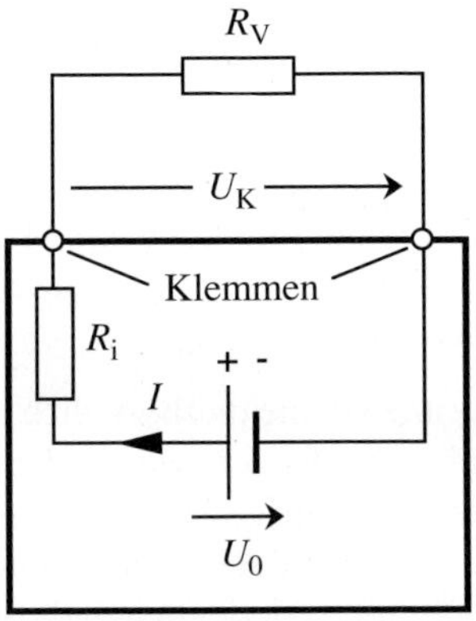

Abb. 3.18: Ersatzschaltbild einer belasteten Gleichspannungsquelle. Die Anschlüsse werden Klemmen genannt.

Verbindet man die Klemmen mit einem dicken Draht aus einem guten Leitermaterial, so fließt der sogenannte **Kurzschlussstrom**

$$I_{max} = \frac{U_0}{R_i}.$$

Der Kurzschlussstrom ist der höchstmögliche Strom, den die Spannungsquelle abgeben kann. Bei Kurzschluss fällt praktisch die gesamte Urspannung am Innenwiderstand ab.

Aufgaben

3.2.2-1 Welche Spannung besteht zwischen zwei um 50 cm voneinander entfernten Punkten eines 1 mm dicken Kupferdrahts ($\rho = 0{,}0178\,\frac{\Omega\,\text{mm}^2}{\text{m}}$), durch den ein Strom von 6 A fließt?

Lösung: 68,0 mV

3.2.2-2 Bei einer Heizwicklung soll zur Werkstoffauswahl der spezifische Widerstand ermittelt werden. Die Wicklung ist 5 m lang, 0,15 mm dick und muss bei einer Spannung von 220 V eine Stromstärke von 3 A tragen können.

Lösung: 0,26 $\Omega\text{mm}^2/\text{m}$

3.2.2-3 Ein 3,0 m langes Starthilfekabel bestehe aus 3 verdrillten Kupferkabeln mit je 2,0 mm Durchmesser ($\rho = 0{,}0178\,\frac{\Omega\,\text{mm}^2}{\text{m}}$).
a) Welchen Widerstand hat das Kabel?
b) Bei der Starthilfe fließe ein Strom von 90 A. Welche Spannung fällt dann über dem Kabel ab?
c) Welche Leistung wird im Starthilfekabel umgesetzt?

Lösung: 5,67 mΩ, 0,51 V, 45,9 W

3.2.2-4 Berechnen Sie den Gesamtwiderstand zwischen A und B ($R_1 = 200\,\Omega$, $R_2 = 100\,\Omega$, $R_3 = 100\,\Omega$, $R_4 = 50\,\Omega$, $R_5 = 200\,\Omega$)

Lösung: 63 Ω

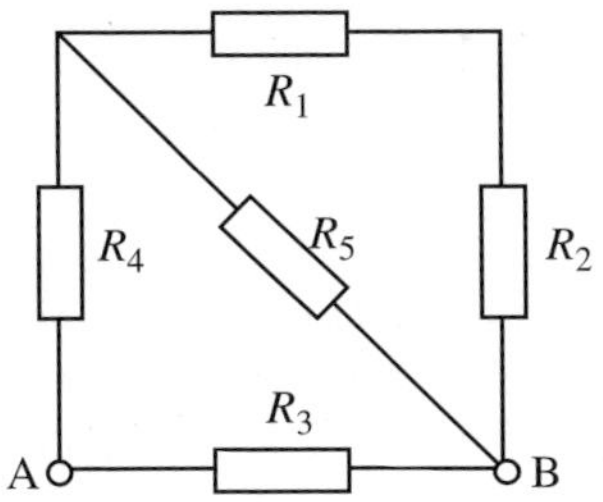

3.2.2-5 Eine Autobatterie hat eine Urspannung von 12,6 V und einen Innenwiderstand von 120 mΩ. Der Zuleitungswiderstand zum Anlasser beträgt 10 mΩ. Zum Anlassen wird eine Stromstärke von 60 A benötigt. Wie groß ist beim Beginn des Anlassens die Klemmenspannung an der Batterie und an den Klemmen des Anlassers? Wie groß ist der Widerstand des Anlassers?

Lösung: 5,4 V, 4,8 V, 80 mΩ

3.2.2-6 In welchem Widerstandsverhältnis müssen Verbraucher und Innenwiderstand stehen, damit der Spannungsquelle möglichst viel Leistung entnommen wird?

Lösung: $R_V = R_i$

3.3 Magnetostatik

3.3.1 Magnetfelder

Es ist eine jahrtausende alte Erfahrungstatsache, dass es Stoffe gibt, die in einer bestimmten Weise Kräfte aufeinander ausüben (magnetische Stoffe). Magnetische Stoffe erfüllen den sie umgebenden Raum mit einem Kraftfeld, ähnlich dem elektrischen Feld in der Nähe von Ladungen. Wir nennen dieses Feld **Magnetfeld** und bezeichnen es mit $\vec{B}(\vec{r})$ (veraltete Namen sind magnetische Flussdichte und magnetische Induktion). Vorsicht: $\vec{B}(\vec{r})$ heißt nicht ‚magnetische Feldstärke', denn dieser nahe liegende Name ist für etwas anderes reserviert.

Um einen ersten Überblick über die Feldverteilung im Raum zu bekommen, verwenden wir **Probemagneten**, das sind schwache, kleine, längliche Magnete (in der Praxis z. B. Eisenfeilspäne). Damit vermessen wir das Magnetfeld des **felderzeugenden Magneten**. Die Einstellrichtung eines frei drehbar aufgehängten Probemagneten nehmen wir als Richtung des Magnetfeldes. Richtungssinn und Betrag des Feldes bleiben vorläufig unbestimmt.

Elektrische Ladungen sind Ausgangs- und Endpunkt von elektrischen Feldlinien. Es erhebt sich die Frage, was Ausgangs- und Endpunkt von magnetischen Feldlinien sind. Betrachtet man die (sehr schematische) Darstellung des Stabmagneten in Abbildung 3.19, so könnte man vermuten, dass an den Enden des Magneten **magnetische Ladungen** sitzen.

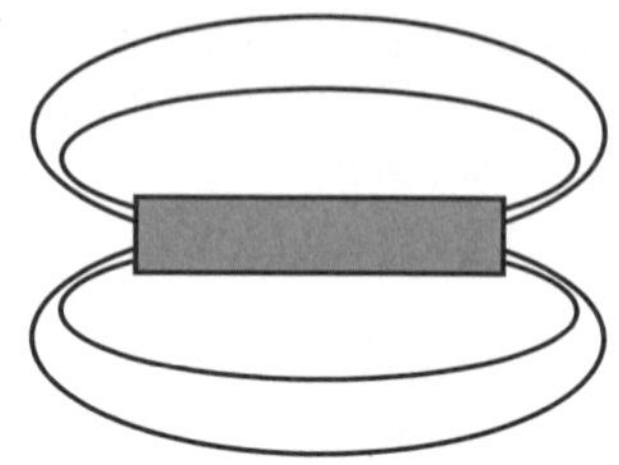

Abb. 3.19: Magnetfeld eines Stabmagneten

Zur Überprüfung dieser These kann man den Magneten zerbrechen. Ergebnis: die beiden Bruchstücke sind je von einem Magnetfeld umgeben, das wiederum aussieht wie das Feld in Abbildung 3.19.

Alle Experimente, die diesbezüglich bis heute durchgeführt wurden, erzwingen den Schluss, dass es keine magnetischen Ladungen gibt! Dies bedeutet auch, dass Magnetfeldlinien nirgendwo beginnen oder enden und dass sie in sich geschlossen sind.

Als Ursache für magnetische Felder wurden elektrische Ströme identifiziert. Stationäre Ströme erzeugen stationäre Magentfelder. Diese sind Gegenstand der Magnetostatik.

Die eben gemachte Aussage scheint im Widerspruch zum Vorhandensein von Magnetfeldern in der Nähe von Dauermagneten zu stehen. Das von Dauermagneten ausgehende Magnetfeld lässt sich aber auf inneratomare Kreisströme zurückführen[1].

Zusammenfassung:

- es gibt keine magnetischen Ladungen
- Magnetfeldlinien sind immer geschlossen
- Ursache von Magnetfeldern sind elektrische Ströme

Eine Formel, die von großer grundsätzlicher Bedeutung und u. U. nützlich zur Berechnung der Verteilung des Magnetfeldes im Raum ist, ist das **Amperesches Verkettungsgesetz**

[1] vgl. Kapitel 7

(auch Durchflutungsgesetz):

$$\oint_C \vec{B} \cdot d\vec{r} = \mu_0 I.$$

μ_0 ist die **magnetische Feldkonstante** ($\mu_0 = 1{,}257 \cdot 10^{-6}\,\frac{\mathrm{Vs}}{\mathrm{Am}}$) und I der Strom, der durch den geschlossenen Weg C hindurchfließt. Mithilfe des Ampereschen Verkettungsgesetzes ergibt sich für den Betrag des Magnetfeldes, das einen langen, geraden, Strom durchflossenen Leiter umgibt

$$B = \mu_0 \frac{I}{2\pi r}.$$

Die Feldlinien liegen konzentrisch um den Draht (vgl. Abb. 3.20).

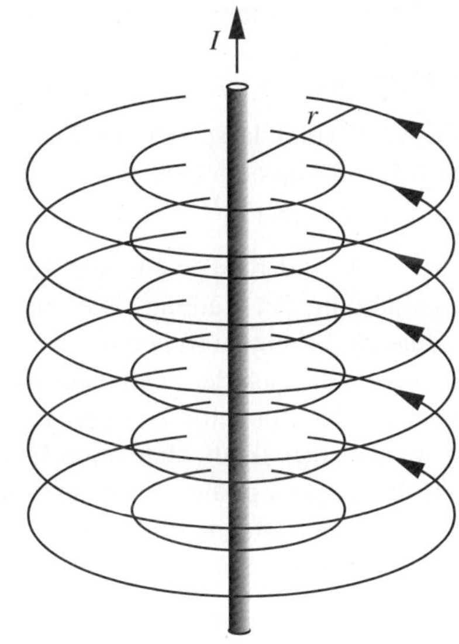

Abb. 3.20: Magnetfeld eines stromdurchflossenen, langen Drahtes

Ihr Richtungssinn ergibt sich aus der **Korkenzieherregel:** Schraubt man einen Korkenzieher in Richtung des fließenden Stromes vorwärts, so gibt sein Drehsinn die Richtung der Feldlinien an[1].

Für technische Anwendungen sind Zylinderspulen sehr wichtig (Abb. 3.21).

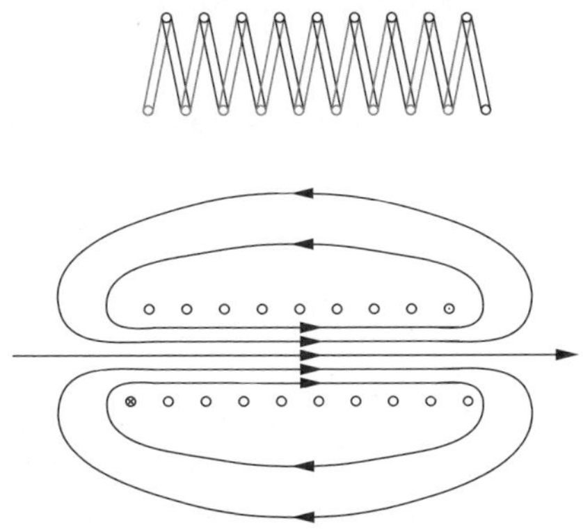

Abb. 3.21: Zylinderspule (oben) und zugehöriges Magnetfeld (unten)

Im Inneren von Zylinderspulen ist das Magnetfeld nahezu homogen und hat den Wert

$$B = \mu_0 \frac{NI}{l}.$$

N ist die Anzahl der Spulenwindungen und l die Länge der Spulenachse.

Biegt man eine lange Zylinderspule zu einem Ring (**Ringspule**), so ist im Außenraum gar kein Feld vorhanden.

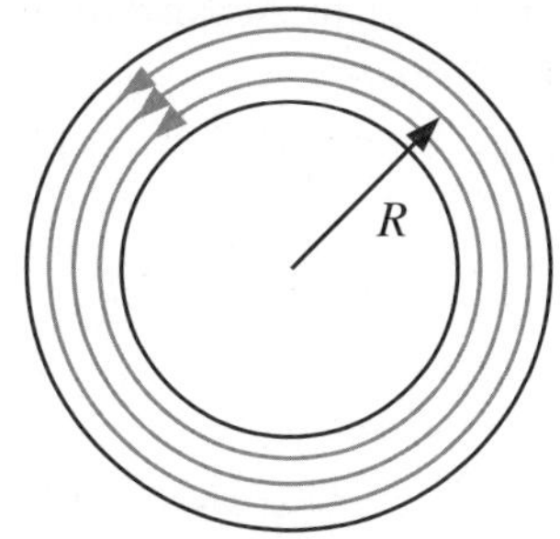

Abb. 3.22: Schematische Darstellung des Feldverlaufs bei einer Ringspule

[1] Bei Dauermagneten nennt man das Ende, an dem Feldlinien austreten, **Nordpol**

Im Spuleninneren hat das Feld näherungsweise den Wert

$$B \approx \mu_0 \frac{NI}{2\pi R}.$$

R bezeichnet den Radius des Kreises, auf dem die Spulenachse verläuft (Abb. 3.22).

Aufgaben

3.3.1-1 Fünf lange, gerade Drähte mit Isolierung bilden zusammen ein Kabel. In den einzelnen Drähten fließen die Ströme 20, −6, 12, −7 und 18 A (das Vorzeichen zeigt die Stromrichtung an). Welchen Wert hat das Magnetfeld in 10 cm Abstand vom Kabel? Skizzieren Sie die Drähte und das Magnetfeld einschließlich Richtungssinn!

Lösung: 74 µT

3.3.1-2 Zwei lange, gerade Drähte liegen im Abstand von 90 mm parallel zueinander. Sie werden von Strömen von 2 A bzw. 4 A in der gleichen Richtung durchflossen. Wo verschwindet das resultierende Magnetfeld?

Lösung: Auf der Verbindungslinie der Drähte, 30 mm vom 2 A Draht entfernt

3.3.1-3 In einem geraden Draht von 4 mm Durchmesser fließen 20 A. Wie groß ist das Magnetfeld in einem Abstand von 10 mm / 1 mm von der Achse?

Lösung: $4{,}00 \cdot 10^{-4}$ T, $1{,}00 \cdot 10^{-3}$ T

3.3.1-4 In einem Koaxialkabel (r_1 = 10 mm, r_2 = 30 mm) fließt im Innenleiter ein Strom von 10 A und im Außenleiter ein Strom von gleichfalls 10 A in die entgegengesetzte Richtung. Wie groß ist das Magnetfeld in einem Abstand von 2 cm / 4 cm von der Achse?

Lösung: $1{,}00 \cdot 10^{-4}$ T, 0 T)

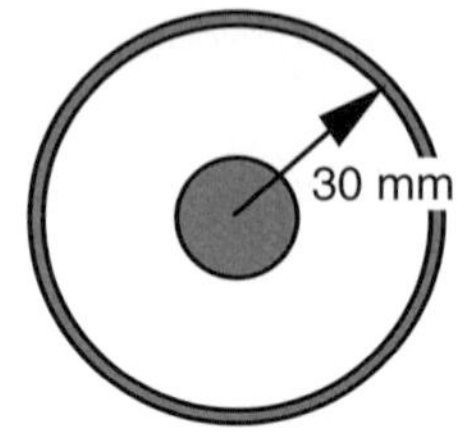

Abb. 3.23: Schnittzeichnung eines Koaxialkabels

3.3.2 Kraftwirkung von Magnetfeldern

Magnetfelder üben (wie elektrische Felder) auf Ladungen Kräfte aus, aber nur, wenn diese sich bewegen. Die Formel für die Magnetkraft (**Lorentzkraft**[1]) auf eine Ladung (Ladungsmenge q, Geschwindigkeit $\vec{v}$) ist

$$\vec{F} = q\vec{v} \times \vec{B}.$$

Aus dieser Formel lässt sich zunächst die Maßeinheit des Magnetfeldes ableiten: $[B] = \frac{[F]}{[q][v]} = \frac{\text{kg}}{\text{As}^2}$ =: Tesla (T)[2].

Offenbar wirkt die Kraft senkrecht zur Bewegungsrichtung der Ladung. Dies hat zur Folge, dass die Lorentzkraft keine Arbeit leistet. Ladungen, die sich durch ein Magnetfeld bewegen, werden nur seitlich abgelenkt – es wirkt eine Zentripetalkraft, aber keine Tangentialkraft. Eine Ladung, die sich senkrecht zu einem homogenen Magnetfeld bewegt, läuft auf einer Kreisbahn.

Fließt ein Strom I durch einen Draht, so bedeutet das, dass sich Ladungen im Draht bewegen. Folglich erfahren diese Ladungen (und mit ihnen der Draht) im Magnetfeld eine Kraft. Die Magnetkraft lässt sich für ein gerades Stück Draht der Länge l im homogenen Magnetfeld dann folgendermaßen ausdrücken:

$$\vec{F} = I\vec{l} \times \vec{B}.$$

[1] Hendrik Anton Lorentz, 1853 – 1928

[2] Nikola Tesla, 1856 – 1943

Dabei wurde ein Vektor $\vec{l}$ der Länge l eingeführt, dessen Richtung mit der Stromrichtung übereinstimmt.

Auf diesem Effekt beruht die Funktionsweise von **Elektromotoren**.

Aufgaben

3.3.2-1 Ein Magnetfeld von 1,75 T zeige in die positive z-Richtung. Bestimmen Sie die Kraft (nach Betrag und Richtung), die es auf ein Proton ($m = 1{,}673 \cdot 10^{-27}$ kg, $Q = +e$) ausübt, das sich mit der Geschwindigkeit $4{,}46 \cdot 10^6$ m/s in positiver x-Richtung bewegt.

Lösung: $-1{,}25 \cdot 10^{-12}\,\mathrm{N}\vec{e}_2$

3.3.2-2 Ein gerader Draht der Länge 50 mm wird von einem Strom der Stärke 1,5 A durchflossen. Bringt man ihn in ein homogenes Magnetfeld (90 mT), so wirkt auf ihn eine Kraft von 4,5 mN. Welchen Winkel schließen Draht und Magnetfeld ein?

Lösung: 42°

3.3.2-3 Ein elektrisches und ein magnetisches Feld seien senkrecht zueinander überlagert. Senkrecht zu beiden Feldern bewegt sich ein Elektron mit einer Geschwindigkeit von 10^7 m/s. Das elektrische Feld wird durch einen Plattenkondensator erzeugt (Plattenabstand 10 mm, Spannung 1 kV). Zur Erzeugung des homogenen Magnetfeldes wird eine Zylinderspule verwendet (Windungen/Spulenlänge = $4\,\mathrm{cm}^{-1}$). Wie groß muss der Spulenstrom sein, damit das Elektron keine Ablenkung erfährt?

Lösung: 20 A

3.3.2-4 Im Luftspalt eines Lautsprechermagneten ($B = 0{,}9$ T) befindet sich die Schwingspule (Durchmesser 19 mm, 45 Windungen).

Welche Kraft wirkt auf die mit der Spule verbundene Membrane bei einem Strom von 150 mA (vgl. Abb. 3.24)?

Lösung: 0,363 N

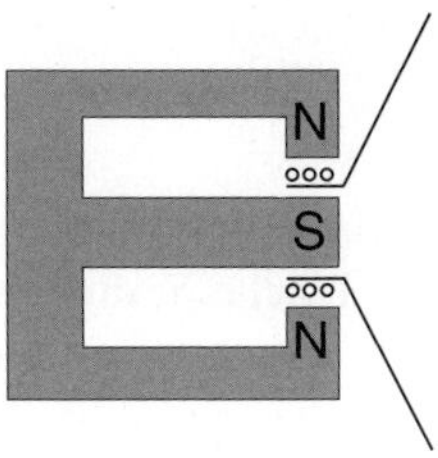

Abb. 3.24: Schnittzeichnung durch einen Lautsprecher

3.4 Elektromagnetische Induktion

3.4.1 Induktionsgesetz

Unter Verwendung einer Leiterschleife mit Galvanometer (Strommessgerät mit hoher Empfindlichkeit) kann man einen erstaunlichen Effekt nachweisen (vgl. Abb. 3.25):

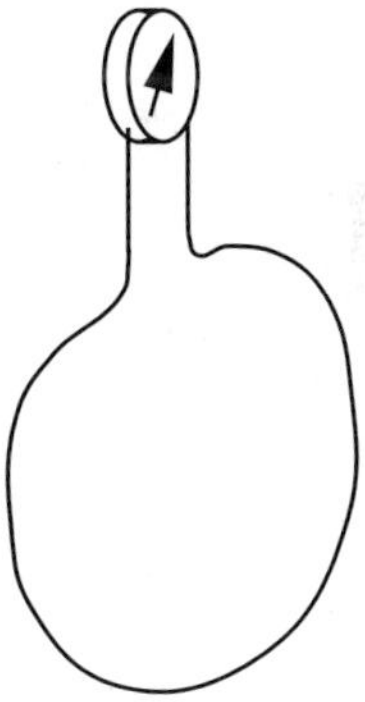

Abb. 3.25: Leiterschleife mit Galvanometer

Ändert sich das Magnetfeld, das durch die Drahtschleife hindurchgreift, so zeigt das Messgerät einen elektrischen Strom an. Es gibt eine ganze Reihe von Möglichkeiten, das durch die Schleife hindurchgreifende Magnetfeld zu ändern. Diese sollen anhand der Formel für den **magnetischen Fluss** ϕ_m ($[\phi_m] =$

$\mathrm{Tm}^2 =:$ Weber (Wb)[1])

$$\phi_\mathrm{m} := \int_S \vec{B} \cdot \vec{n}\, dA$$

erläutert werden. Das Integral erstreckt sich hierbei über die Fläche S, die von der Drahtschleife aufgespannt wird. $\vec{n}$ ist ein Normalenvektor, d. h. ein Einheitsvektor, der senkrecht auf der Fläche steht.

Der magnetische Fluss kann sich ändern, weil

- das Magnetfeld seine Stärke ändert,
- das Magnetfeld seine Richtung ändert,
- die Drahtschleife gegenüber dem Magnetfeld verdreht wird (Änderung von $\vec{n}$),
- die geometrische Form des Drahtes geändert wird (Änderung von S).

Der nachgewiesene Strom ist die Folge einer Spannung, die immer dann entsteht, wenn der magnetische Fluss wie oben beschrieben, eine Änderung erfährt. Formelmäßig wird dieser Sachverhalt im **Faradayschen**[2] **Induktionsgesetz** ausgedrückt:

$$U_\mathrm{ind} = \frac{d\phi_\mathrm{m}}{dt}.$$

Die Richtung der Spannung ergibt sich aus der **Lenzschen**[3] **Regel**: Das magnetische Feld eines induzierten Stromes wirkt der Änderung des verursachenden Magnetfeldes entgegen[4]. Wenn also z. B. das äußere Magnetfeld abnimmt, so wird ein Strom induziert, und das damit verbundene Magnetfeld ist genauso gerichtet wie das äußere Feld.

Hat die Drahtschleife N statt einer Windung, so lautet das Induktionsgesetz

$$U_\mathrm{ind} = N\frac{d\phi_\mathrm{m}}{dt}.$$

Aufgaben

3.4.1-1 Ein Elektromagnet wird durch eine Spule mit 2800 Windungen erregt, durch die ein Strom von 3,2 A fließt. Welcher Strom würde bei nur 650 Windungen denselben magnetischen Fluss erzeugen?

Lösung: 13,8 A

3.4.1-2 Welcher Strom fließt durch die 450 Windungen (2 cm Durchmesser) einer eisenfreien Ringspule von 10 cm mittlerem Durchmesser, in deren Inneren ein magnetischer Fluss von $200 \cdot 10^{-8}$ Wb besteht?

Lösung: 3,54 A

3.4.1-3 Aus Kupfer-Lackdraht ($\rho = 0{,}0178\,\frac{\Omega\,\mathrm{mm}^2}{\mathrm{m}}$, 0,5 mm Durchmesser) wird eine einlagige, eng gewickelte Zylinderspule mit 4 cm Durchmesser und 20 cm Länge hergestellt. Welche Spannung ist anzulegen, damit die Spule einen magnetischen Fluss von 5 μWb enthält?

Lösung: 7,21 V

3.4.1-4 Berechnen Sie den magnetischen Fluss durch den rechteckigen Drahtrahmen. Nehmen Sie an, dass der stromführende Leiter sehr lang ist.

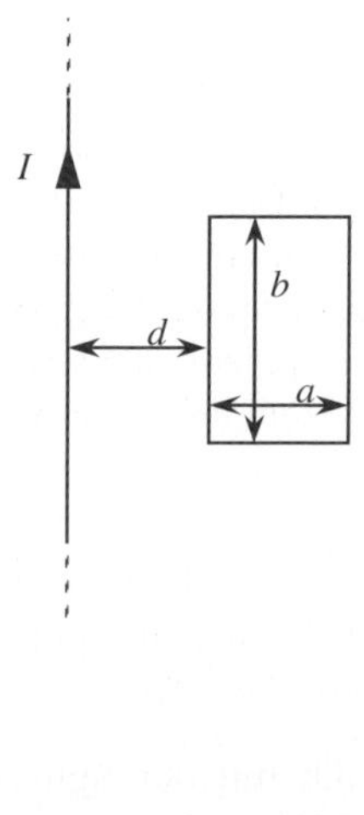

[1] Wilhelm Eduard Weber, 1804 – 1891

[2] Michael Faraday, 1791 – 1867

[3] Emil Heinrich Friedrich Lenz, 1804 – 1865

[4] Wegen dieses Sachverhalts wird das Induktionsgesetz häufig mit einem Minuszeichen auf der rechten Seite geschrieben

Lösung: $\mu_0 \frac{Ib}{2\pi} \ln(1 + a/d)$

3.4.1-5 Eine Spule habe 75 Windungen. Innerhalb von 3 s nimmt der die Spule durchsetzende magnetische Fluss um $5 \cdot 10^{-5}$ Wb zu. Welche Spannung wird während dieser Zeit induziert?

Lösung: 1,25 mV

3.4.1-6 Eine quadratische Drahtschleife der Seitenlänge 5 cm wird in Richtung einer Quadratseite mit 0,5 m/s aus einem homogenen Feld von 0,1 T gezogen, das unter 45° zur Schleifenfläche ausgerichtet ist. Welche Spannung wird induziert?

Lösung: 1,77 mV

3.4.2 Selbstinduktion

Bisher war die Rede von Leiterschleifen, die sich in einem äußeren magnetischen Feld befanden. Eine Leiterschleife, die von einem Strom durchflossen wird, erzeugt aber auch selbst ein Magnetfeld (Abb. 3.26).

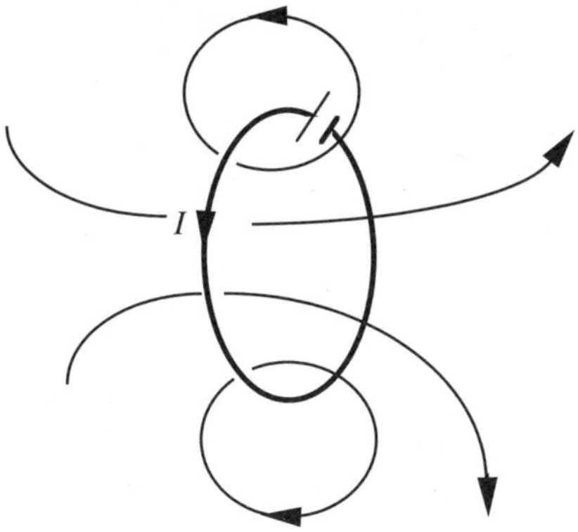

Abb. 3.26: Das Magnetfeld einer Strom duchflossenen Leiterschleife

Das vom Strom erzeugte Magnetfeld (internes Magnetfeld) hat einen magnetischen Fluss durch die Leiterschleife zur Folge und dieser Fluss ist proportional zum fließenden Strom:

$$\phi_{\mathrm{m}} = LI.$$

Die Proportionalitätskonstante L heißt **Induktivität** ($[\mathrm{L}] = \frac{\mathrm{Wb}}{\mathrm{A}} =:$ Henry (H)[1]). L hängt von der Geometrie der Leiterschleife ab. Für Ring- und lange Zylinderspulen hat man beispielsweise

$$L = \mu_0 \frac{AN^2}{l}$$

(N Windungszahl, l Länge der Spule, A Querschnittsfläche). Spulen und andere Bauteile, die eine nicht zu vernachlässigende Induktivität aufweisen, werden durch das Schaltsymbol aus Abbildung 3.27 dargestellt.

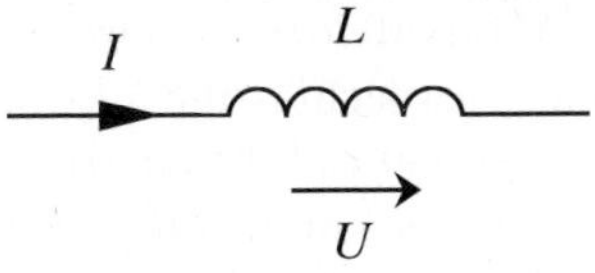

Abb. 3.27: Schaltsymbol für eine Induktivität. Die Bauteile selbst bezeichnet man ebenfalls als ‚Induktivitäten'

Eine Strom durchflossene Induktivität hat den Energieinhalt

$$E_L = \frac{1}{2} LI^2.$$

Ein sich zeitlich ändernder Strom hat ein sich zeitlich änderndes Magnetfeld zur Folge. Die dadurch verursachte Änderung des magnetischen Flusses induziert eine Spannung (**Selbstinduktion**)

$$U_{\mathrm{ind}} = L \frac{dI}{dt}.$$

Insbesondere bei Spulen mit vielen Windungen können, z. B. bei schlagartiger Änderung des Stromes, verursacht durch das Umlegen

[1] Joseph Henry, 1797 – 1878

eines Schalters, sehr hohe Spannungsspitzen entstehen.

Wie andere Bauteile auch werden **Induktivitäten** häufig zusammengeschaltet. Die Gesamtinduktivität einer Reihenschaltung ergibt sich aus

$$L = \sum_{i=1}^{n} L_i,$$

während für die Parallelschaltung

$$\frac{1}{L} = \sum_{i=1}^{n} \frac{1}{L_i}$$

gilt.

Befinden sich schließlich zwei Induktivitäten so nahe beieinander, dass die von ihnen ausgehenden Magnetfelder am Ort der jeweils anderen nicht vernachlässigbar klein sind, so kann es zur **Gegeninduktion** kommen: Änderung des Stromes in der einen Induktivität führt zur Induktion einer Spannung in der anderen Induktivität. Nach diesem Prinzip arbeiten z. B. **Transformatoren**.

Bei Kondensatoren hatten wir festgestellt, dass sich die Kapazität erhöhen lässt, wenn der umgebende Raum mit einem Nichtleiter ausgefüllt wird (vgl. Abschnitt 3.1.5). Analog ändert sich die Induktivität einer Leiteranordnung, die in ein Material eingebettet wird, um einen Faktor μ_r (**Permeabilitätszahl**). Die Permittivitätszahl ε_r ist für alle Materialien größer Eins. Im Gegensatz dazu kann μ_r, wenn auch nur geringfügig, kleiner Eins sein (**diamagnetische Stoffe**). Ist μ_r größer als Eins, so spricht man von **paramagnetischen Stoffen**. Wenn μ_r sehr viel größer als Eins ist, so werden die Materialien **ferromagnetisch** genannt. Bei Ferromagneten hängt der Wert der Permeabilitätszahl von der Vorgeschichte des Materials ab[1]. Zu den Ferromagneten gehören diejenigen Substanzen, aus denen Dauermagnete bestehen.

Wie es beim Plattenkondensator genügt, den Plattenzwischenraum mit einem Material auszufüllen um die Kapazität um den Faktor ε_r zu erhöhen[2], so genügt es, das Innere einer Ringspule mit einem Stoff auszufüllen, um ihre Induktivität um den Faktor μ_r zu ändern. Denn wie zuvor erwähnt, ist bei der Ringspule nur im Spuleninneren ein Magnetfeld vorhanden.

Tabelle 3.2: Permeabilitätszahl verschiedener Materialien bei Raumtemperatur. Bei den ferromagnetischen Stoffen sind die maximal erreichbaren Werte angegeben.

Stoff	μ_r
Diamagnetika	
Wasser	0,999 993
Stickstoff (Gas)	0,999 999 993 3
Gold	0,999 971
Paramagnetika	
Aluminium	1,000 024
Sauerstoff (Gas)	1,000 001 5
Ferromagnetika	
Baustahl	800 – 2 000
Eisen (rein)	10 000
Permalloy	70 000

Aufgaben

3.4.2-1 Welche Windungszahl und welche Länge muss eine eisenlose, aus Draht mit 0,1 mm Durchmesser hergestellte einlagige, eng gewickelte Spule mit 2 cm Durchmesser und einer Induktivität von 5 mH haben?

Lösung: 1267, 126,7 mm

3.4.2-2 Welche Spannung wird in dem Drahtrahmen von Aufgabe 3.4.1-4 induziert, der sich neben einem langen, geraden Leiter

[1] Ferromagnete haben ein ‚Gedächtnis'

[2] vgl. Seite 54

befindet? Nehmen Sie an, dass der Leiterstrom gemäß $I = ct$ mit $c = 0{,}1\,\mathrm{A/s}$ ansteigt. ($a = b = d = 10\,\mathrm{cm}$)

Lösung: 1,39 nV

3.4.3 Wechselstromgenerator

Rotiert eine Leiterschleife mit der Kreisfrequenz ω in einem konstanten, homogenen Magnetfeld, so wird in ihr eine Spannung induziert (Abb. 3.28).

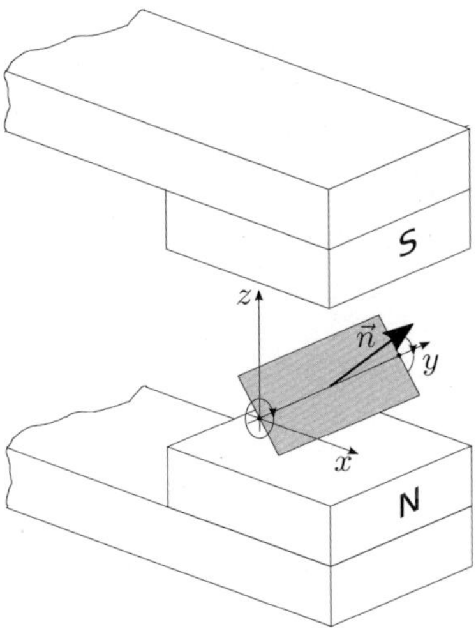

Abb. 3.28: Eine Leiterschleife rotiert in einem homogenen Magnetfeld. Die (nicht eingezeichneten) Feldlinien weisen vom Nord- zum Südpol. Die beiden Pole stelle man sich als die Enden eines hufeisenförmig gebogenen Stabmagneten vor. Die Rotationsachse fällt mit der y-Achse zusammen. Die Leiterschleife definiert eine ebene Fläche (grau) auf der der Normalenvektor $\vec{n}$ senkrecht steht.

Für den Normalenvektor gilt

$$\vec{n}(t) = \begin{pmatrix} \sin\varphi(t) \\ 0 \\ \cos\varphi(t) \end{pmatrix}.$$

$\varphi(t) = \omega t$ ist der Winkel zwischen $\vec{B}$-Feld und $\vec{n}$. Daraus erhält man für den magnetischen Fluss $\phi_\mathrm{m} = BA\cos\omega t$ (A ist der von der Leiterschleife aufgespannte Flächeninhalt). Dies eingesetzt ins Induktionsgesetz ergibt (bis auf das hier unwesentliche Vorzeichen): $U_\mathrm{ind} = \omega BA \sin\omega t$. Damit haben wir das Wirkungsprinzip von **Wechselstromgeneratoren** gefunden. In der Praxis benützt man statt Leiterschleifen Spulen mit N Windungen. Die erzeugte Spannung ist dann

$$U_\mathrm{ind} = U_0 \sin\omega t$$

mit

$$U_0 := \omega NBA$$

(Spannungsamplitude, vgl. nächstes Kapitel). Spannungen, die wie U_ind eine sinusförmige Zeitabhängigkeit aufweisen, heißen **Wechselspannungen**.

Aufgaben

3.4.3-1 Eine Spule mit 250 Windungen und einer Fläche von $3\,\mathrm{cm}^2$ rotiere mit 60 Hz in einem Magnetfeld von 0,4 T. Wie groß ist die Amplitude der induzierten Spannung?

Lösung: 11,3 V

3.4.3-2 Eine quadratische Leiterschleife mit 100 Windungen und Seitenlänge 10 cm rotiert mit der Drehfrequenz 50 Hz in einem homogenen Feld von 10 mT (Rotationsachse parallel zu einer Seite des Quadrats und senkrecht zum Feld). Welche maximale Stromstärke wird gemessen, wenn der Draht einen Widerstand von $10\,\Omega$ hat?

Lösung: 314 mA

4 Schwingungen

4.1 Freie harmonische Schwingungen

Federpendel

Ein Federpendel ist eine Spiralfeder, an die eine Masse (**Pendelkörper**) angehängt wird.

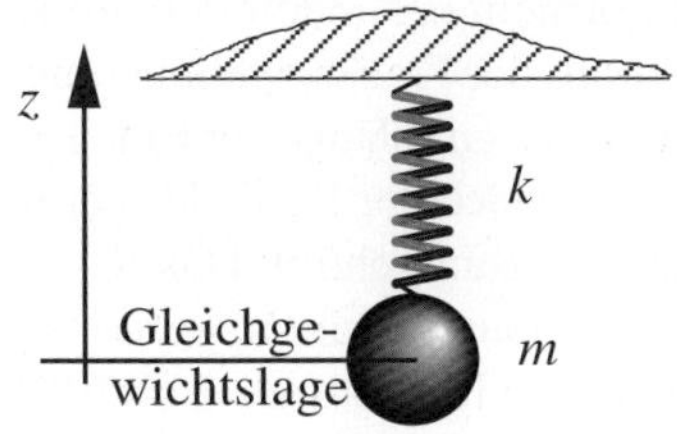

Abb. 4.1: Federpendel. Die z-Koordinate stimmt mit der Auslenkung aus der Gleichgewichtslage überein (**Elongation**).

Auf den Pendelkörper wirkt außer der harmonischen Federkraft noch die Gewichtskraft. Diese hat aber nur den Effekt, dass die Feder eine Vorspannung erfährt und auch Zugfedern Druckkräfte ausüben können (vgl. Abschnitt ‚Federkraft'). Daher wird die Gewichtskraft im Folgenden nicht berücksichtigt! Anwendung des Dynamischen Grundgesetzes ergibt $F_{\mathrm{res}} = -kz = ma$. Die Bewegungsgleichung wird üblicherweise in der Form

$$\ddot{z} + \frac{k}{m} z = 0$$

aufgeschrieben.

Die Masse soll jetzt um die Strecke z_1 aus der Gleichgewichtslage ausgelenkt und zur Zeit $t = 0$ losgelassen werden. Die mit dieser Situation verbundenen Anfangsbedingungen lauten (zwei Anfangsbedingungen für eine Differenzialgleichung 2. Ordnung):

$$v(t = 0) = 0$$
$$z(t = 0) = z_1$$

Im Experiment beobachtet man eine periodische Bewegung um die Gleichgewichtslage. Deshalb kommt man auf die Idee als Lösungsansatz für die Bewegungsgleichung die Funktion

$$z(t) = A\cos(\omega_0 t + \varphi)$$

auszuprobieren. Die **Amplitude** A, die **Eigenkreisfrequenz**[1] ω_0 und der **Nullphasenwinkel** φ sind zunächst unbekannte Konstanten.

Um zu überprüfen, ob dies wirklich eine Lösung der Bewegungsgleichung ist, muss $z(t)$ zweimal nach der Zeit abgeleitet werden. Einsetzen und Kürzen gemeinsamer Faktoren liefert $\omega_0^2 = \frac{k}{m}$. Aus der ersten der beiden Anfangsbedingungen ($v(t = 0) = \dot{z}(t = 0) = 0$) erhält man $\sin\varphi = 0$. Diese Gleichung lässt sich z. B. durch $\varphi = 0$ erfüllen. Die zweite Anfangsbedingung führt damit auf $A = z_1$ (Amplitude = Anfangsauslenkung).

Zusammengefasst: Der gemachte Ansatz erfüllt die Bewegungsgleichung, wobei die Ei-

[1] oft einfach als **Kreisfrequenz** bezeichnet

genkreisfrequenz durch

$$\omega_0 = \sqrt{\frac{k}{m}}$$

gegeben ist. Wie bei der Kreisbewegung gilt

$$f := \frac{1}{T} = \frac{\omega_0}{2\pi}.$$

f heißt **Frequenz** (Anzahl der Schwingungen pro Zeiteinheit) und T heißt **Schwingungsdauer** oder Periode (Zeit, die der Pendelkörper zur Ausführung einer vollständigen Schwingung benötigt, vgl. Abb. 4.2).

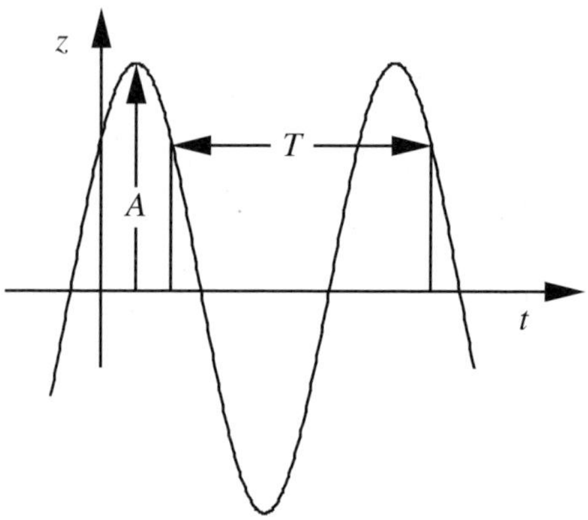

Abb. 4.2: Schwingungsdauer und Amplitude

Offenbar steigt die Schwingungsfrequenz mit der Härte der Feder (mit k) und sinkt mit der Masse m des Pendelkörpers. Bemerkenswert ist, dass die Frequenz nicht von der Amplitude abhängt!

Fadenpendel

Wenn man sich auf kleine Auslenkungen beschränkt, liegen beim **Fadenpendel**[1] ganz ähnliche Verhältnisse wie beim Federpendel vor (Abb. 4.3).

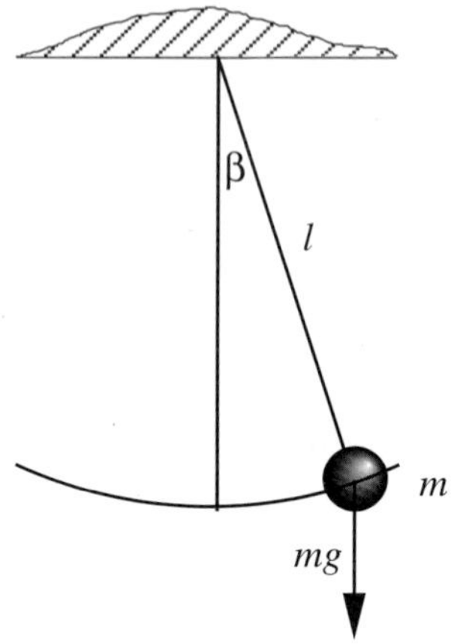

Abb. 4.3: Fadenpendel

Am bequemsten lässt sich das Fadenpendel mit den Formeln behandeln, die im Rahmen der Dynamik der Kreisbewegung angegeben worden sind. Denn solange der Faden gespannt bleibt, bewegt sich der Pendelkörper offenbar auf einem Kreisausschnitt. Das Dynamische Grundgesetz lautet dann $M = J\alpha$. Das Trägheitsmoment ist hier einfach $J = ml^2$. Für das Drehmoment (Hebelarm = Fadenlänge, Komponente der Gewichtskraft in Richtung der Bahn) gilt daher $M = -lmg \sin\beta$. Auch hier kommt durch das Minuszeichen zum Ausdruck, dass das Drehmoment rücktreibend ist. Einsetzen und Umstellen ergibt

$$\ddot{\beta} + \frac{g}{l} \sin\beta = 0.$$

Dies ist eine nichtlineare Differenzialgleichung (Dgl), deren Lösung nicht durch einfache Funktionen ausdrückbar ist. Beschränkt man sich aber auf kleine Winkelausschläge, so kann man $\sin\beta \approx \beta$ ausnützen[2] und die Lösung der entstehenden Dgl

$$\ddot{\beta} + \frac{g}{l}\beta \approx 0$$

ist plötzlich ganz einfach. Es ist nämlich die gleiche Dgl wie beim Federpendel, nur dass

[1] auch ‚mathematisches Pendel'
[2] vgl. Anhang B.6

andere Formelzeichen auftauchen. Die Lösung erhält man durch Anwendung der in Tabelle 4.1 angegebenen Übersetzungsregeln:

$$\beta(t) = \beta_0 \cos(\omega_0 t + \varphi)$$

mit

$$\omega_0 = \sqrt{\frac{g}{l}}.$$

Tabelle 4.1: Übersetzungstabelle Federpendel ↔ Fadenpendel

Federpendel	z	k	m
Fadenpendel	β	g	l

Physisches Pendel

Unter einem **physischen Pendel** versteht man einen Körper, der außerhalb seines Schwerpunktes S drehbar gelagert ist, sodass er Drehschwingungen ausführen kann (Abb. 4.4).

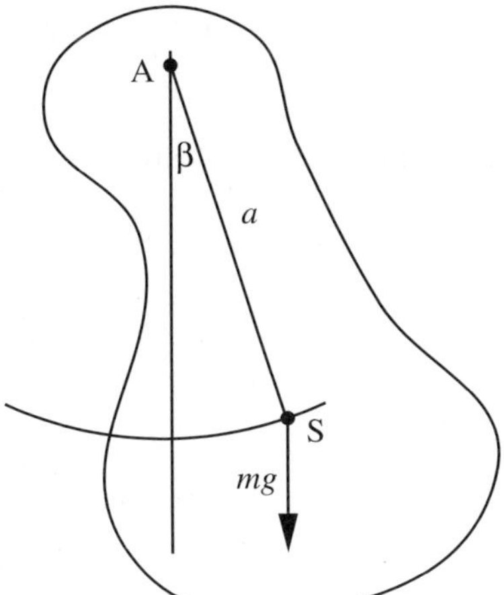

Abb. 4.4: Physisches Pendel. Der Körper ist in A drehbar gelagert. a ist der Abstand von Aufhängepunkt zum Schwerpunkt.

Die Verhältnisse sind ganz ähnlich wie beim Fadenpendel. Für das Trägheitsmoment ist das Trägheitsmoment des Körpers bezüglich der Drehachse durch A zu nehmen und das Drehmoment ist $M = -amg \sin \beta$. Die Lösung der Bewegungsgleichung kann natürlich auch hier nur für den Fall kleiner Winkel angegeben werden. Sie ist identisch mit der Lösung für das Fadenpendel, wobei die Eigenkreisfrequenz durch

$$\omega_0 = \sqrt{\frac{amg}{J_A}}$$

gegeben ist (Tabelle 4.2).

Tabelle 4.2: Übersetzungstabelle Federpendel ↔ physisches Pendel

Federpendel	z	k	m
physisches Pendel	β	amg	J_A

LC-Schwingkreis

Auch in elektrischen Schaltkreisen treten Schwingungen auf (Abb. 4.5).

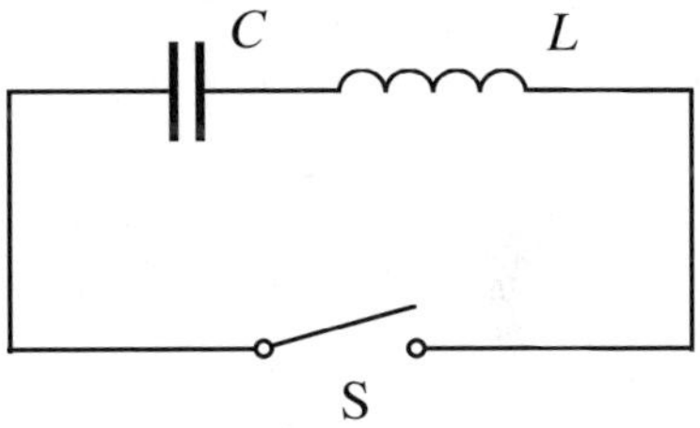

Abb. 4.5: LC-Schwingkreis

Wird nämlich der Schalter S geschlossen, so beginnt sich der (als geladen vorausgesetzte) Kondensator zu entladen - d. h. ein Strom beginnt zu fließen. Durch das Einsetzen des Stromflusses wird in der Induktivität ein Magnetfeld aufgebaut und eine Gegenspannung erzeugt (Lenzsche Regel, vgl. Abschnitt 3.4.1). Dadurch wird der Stromfluss behindert. Je weiter der Kondensator entladen ist, umso schwächer wird der Entladestrom. Die Abnahme des Stroms bewirkt die Abnahme des magnetischen Flusses in der Spule; jetzt wird eine Spannung induziert, die den Stromfluss aufrecht erhalten will. Dies führt dazu, dass der Kondensator wieder geladen wird, allerdings mit entgegengesetzter Polung. Der beschriebene Vorgang wiederholt sich – die Ladung auf den Kondensatorplatten schwingt.

Anwendung der Maschenregel $U_C - U_L = 0$ führt unter Berücksichtigung von $i = d\,q/d\,t$, $q = CU_C$ und $U_L = L\,d\,i/d\,t$ auf

$$\ddot{q} + \frac{1}{LC}q = 0.$$

Dies ist wieder die gleiche Dgl, wie sie zum ersten Mal beim Federpendel aufgetreten ist. Die Lösung ergibt sich mithilfe der Übersetzungstabelle 4.3 zu

$$q(t) = q_0 \cos(\omega_0 t + \varphi)$$

mit

$$\omega_0 = \frac{1}{\sqrt{LC}}.$$

Diese Gleichung heißt **Thomson Gleichung**[1].

Tabelle 4.3: Übersetzungstabelle Federpendel ↔ Schwingkreis. Die Größen κ, F_0, R und u_0 werden in den folgenden Abschnitten eingeführt.

Federpendel	z	k	m	κ	F_0
Schwingkreis	q	$1/C$	L	R	u_0

Aufgaben

4.1-1 Zeigen Sie, dass $z(t) = A\sin(\omega_0 t + \varphi)$, mit A, ω_0 wie oben, gleichfalls eine Lösung ist, und bestimmen Sie φ. Bedeutet dies, dass es zwei physikalisch verschiedenen Lösungen gibt?

Lösung: $\varphi = \pi/2$, nein

4.1-2 Die Atomkerne ($m \approx 1 \cdot 10^{-25}$ kg) in einem Stück Kupferdraht führen bei Zimmertemperatur Schwingungen um ihrer Gleichgewichtslage aus. Die Amplitude beträgt ca. 15 pm und die Frequenz 10 THz. Berechnen Sie die maximale Geschwindigkeit und die maximale Beschleunigung der Teilchen. Schätzen Sie die Größe der von den Bindungskräften verursachten ‚Federkonstante' ab.

Lösung: 942 m/s, $5{,}92 \cdot 10^{16}$ m/s², 395 kg/s²

4.1-3 Ein Körper der Masse 200 g schwingt unter dem Einfluss einer Feder mit Federkonstante 15 N/m. Der Körper wird in 6 cm Entfernung von der Gleichgewichtslage losgelassen. Wie weit ist er 0,14 s nach dem Loslassen von der Gleichgewichtslage entfernt?

Lösung: 2,1 cm

4.1-4 Eine Last hängt an der Laufkatze eines Krans und wird mit der Geschwindigkeit 1,0 m/s horizontal bewegt. Der Schwerpunktabstand der Last vom Aufhängepunkt beträgt 5,0 m. Beim plötzlichen Stoppen der Laufkatze beginnt die Last zu schwingen. Berechnen Sie die Schwingungsamplitude.

Lösung: 71 cm

4.1-5 Berechnen Sie die Schwingungsdauer einer dünnen Stange der Länge $L = 0{,}56$ m, die an einem Ende aufgehängt ist.

Lösung: 1,23 s

4.1-6 Aus einem Kondensator mit der Kapazität 365 pF und einer Spule soll ein Schwingkreis mit der Eigenfrequenz 728 kHz gebaut werden. Welche Induktivität muss die Spule haben?

Lösung: 0,131 mH

4.1-7 Eine Spule mit der Induktivität 1,89 mH und ein Kondensator sind zu einem Schwingkreis geschaltet. Schaltet man zu dem Kondensator einen zweiten mit der Kapazität 242 pF parallel, so sinkt die Eigenfrequenz des

[1] Lord Kelvin, vgl. Abschnitt 2.2

Schwingkreises auf die Hälfte ihres ursprünglichen Betrages. Wie groß waren Kapazität und Eigenfrequenz des ursprünglichen Schwingkreises?

Lösung: 80,7 pF, 408 kHz

4.2 Freie gedämpfte Schwingungen

Bisher wurde die immer vorhandene Reibung vernachlässigt. Im Folgenden werden Schwingungen unter Berücksichtigung einer geschwindigkeitsproportionalen Reibungskraft $F_{\text{Reib}} = -\kappa v$ am Beispiel des Federpendels behandelt. Die Proportionalitätskonstante κ heißt **Dämpfungskoeffizient**. Die Bewegungsgleichung des freien ungedämpften Pendels muss um den Dämpfungsterm erweitert werden. Beachtet man, dass die Geschwindigkeit als Ableitung der Ortskoordinate nach der Zeit definiert ist, so erhält man

$$\ddot{z} + \frac{\kappa}{m}\dot{z} + \frac{k}{m}z = 0.$$

Eine wichtige Größe ist der **Abklingkoeffizient**

$$\delta := \frac{\kappa}{2m},$$

denn das Verhältnis von δ zu $\omega_0 = \sqrt{k/m}$ bestimmt, welche Lösung die Bewegungsgleichung hat. Drei Fälle sind zu unterscheiden:

1. Schwingfall ($\delta < \omega_0$):

$$z(t) = Ae^{-\delta t}\cos(\omega t + \varphi)$$

mit

$$\omega := \sqrt{\omega_0^2 - \delta^2}.$$

Offenbar handelt es sich um Schwingungen mit exponentiell gedämpfter Amplitude (vgl. Abb. 4.6). Die Kreisfrequenz ω dieser Schwingung ist (geringfügig) kleiner als im ungedämpften Fall.

A und φ sind aus den Anfangsbedingungen zu bestimmen. Für $v(t = 0) = 0$ und $z(t = 0) = z_1$ erhält man $A = z_1\omega_0/\omega$ und $\varphi = -\arcsin(\delta/\omega_0)$.

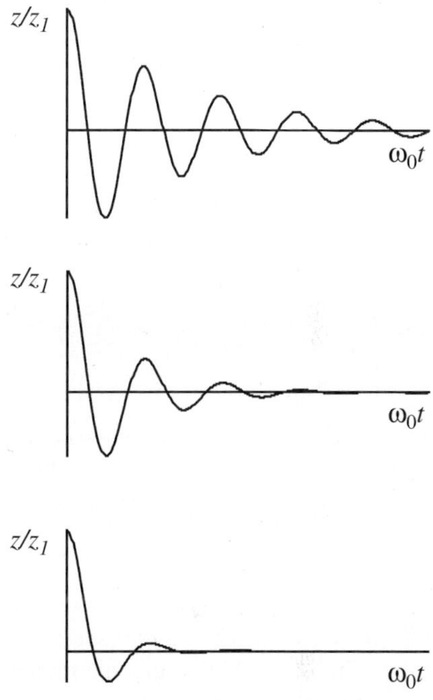

Abb. 4.6: Schwingfalllösungen für verschiedene Dämpfungen. Oben: $\delta = 0{,}1\omega_0$, Mitte $\delta = 0{,}2\omega_0$, unten $\delta = 0{,}4\omega_0$.

Das Verhältnis aufeinander folgender Maximalausschläge (**Dämpfungsverhältnis**) ist konstant ($i = 1, 2, 3, \ldots$):

$$q := \frac{z(iT)}{z((i+1)T)} = \text{const.}$$

Zur Bestimmung des Abklingkoeffizienten benötigt man gelegentlich das **logarithmische Dekrement**

$$\Lambda := \ln q.$$

2. Aperiodischer Grenzfall ($\delta = \omega_0$):

$$z(t) = z_1(1 + \delta t)e^{-\delta t}.$$

Das Weg-Zeit-Diagramm des aperiodischen Grenzfalls ist in Abb. 4.7 dargestellt.

Abb. 4.7: Aperiodischer Grenzfall

3. Kriechfall ($\delta > \omega_0$): Der Pendelkörper hat Mühe, wieder in die Gleichgewichtslage zurückzukriechen (Abb. 4.8).

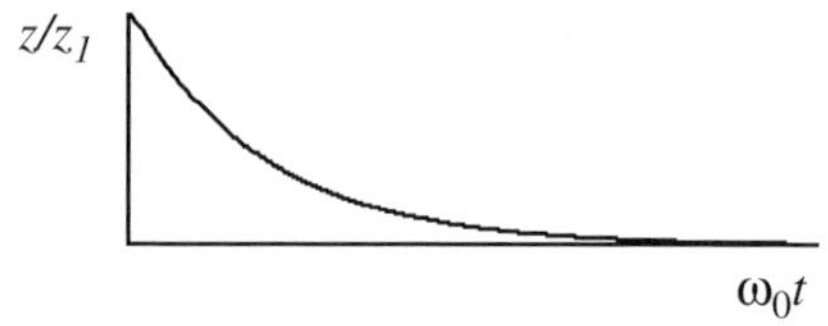

Abb. 4.8: Kriechfall

Messgeräte und Stoßdämpfer versucht man möglichst nahe am aperiodischen Grenzfall zu betreiben. In beiden Fällen möchte man nämlich erreichen, dass nach einer Störung der Gleichgewichtszustand möglichst schnell wieder eingenommen wird. Ist die Dämpfung zu gering, so sind Schwingungen um die Gleichgewichtslage die Folge. Zu starke Dämpfung ist auch ungünstig (siehe oben!).

Auch bei Schwingkreisen ist immer Dämpfung vorhanden. Denn selbst wenn kein Widerstand in die Schaltung eingebaut ist, hat man ohmsche Verluste durch die Drähte – insbesondere durch den Spulendraht. Das Schaltbild für den Schwingkreis mit Widerstand ist in Abbildung 4.9 dargestellt. Die zugehörige Dgl ergibt sich aus der Maschenregel zu

$$\ddot{q} + \frac{R}{L}\dot{q} + \frac{1}{LC}q = 0.$$

Daraus folgt, dass die Übersetzungsregeln um $\kappa \leftrightarrow R$ ergänzt werden müssen (vgl. Tabelle 4.3 auf Seite 72).

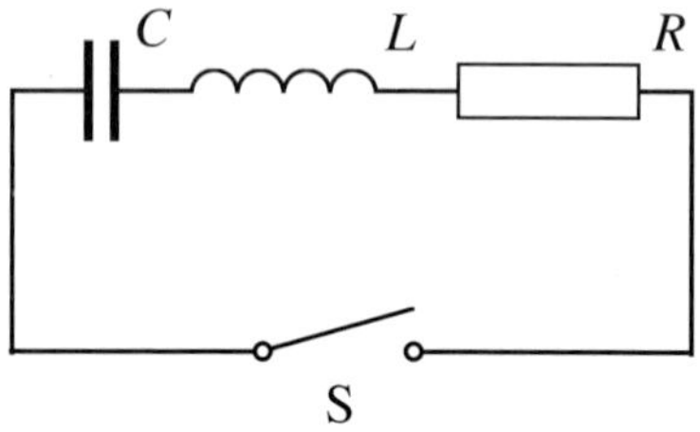

Abb. 4.9: Reihenschwingkreis

Aufgaben

4.2-1 Die Amplitude eines gedämpften Feder-Masse-Systems beträgt zu Beginn der Schwingung 0,1 m. Sie ist nach 20 Schwingungen noch halb so groß. Die Periode T ist 2 s.
Wie groß ist
a) $z(t = 0\,\text{s})/z(t = 2\,\text{s})$,
b) $z(t = 2\,\text{s})/z(t = 4\,\text{s})$,
c) $z(t = 4\,\text{s})/z(t = 6\,\text{s})$,
d) das logarithmische Dekrement?

Lösung: 1,035, 0,0347

4.2-2 Ein Federpendel ($m = 150\,\text{g}$) wird um 5 cm ausgelenkt und losgelassen. Im zeitlichen Abstand von 2,32 s werden in aufeinanderfolgenden Perioden diese Maximalauschläge gemessen: 4,00 cm, 3,20 cm, 2,56 cm und 2,05 cm. Berechnen Sie den Abklingkoeffizienten und die Federkonstante.

Lösung: $9{,}62 \cdot 10^{-2}\,\text{s}^{-1}$, $1{,}10\,\text{N/m}$

4.2-3 Ein Reihenschwingkreis wird zu freien Schwingungen angeregt. Mithilfe eines Oszilloskopes wird beobachtet, dass die Eigenschwingung mit der Frequenz 800 kHz stattfindet. Nach 20 Schwingungen hat die Amplitude noch ein Drittel des Anfangswertes. Der Kondensator hat die Kapazität 1 nF. Man berechne die Größe der übrigen Schaltelemente. Hinweis: Benützen Sie die Tatsache, dass die Schwingung schwach gedämpft ist und somit $\omega \approx \omega_0$ ist.

Lösung: 39,6 μH, 3,48 Ω

4.2-4 Der Abklingkoeffizient des Messwerks eines Drehspulinstruments, das im aperiodischen Grenzfall betrieben wird, hat den Wert 6,6 1/s. Wie viel Prozent ist der Zeiger 1 s nach dem Einschalten des Stroms vom Endausschlag entfernt?

Lösung: 1,03%

4.3 Erzwungene Schwingungen

Periodisch erregtes Federpendel

Bisher wurde der Fall betrachtet, dass ein schwingfähiges System aus der Gleichgewichtslage ausgelenkt und dann sich selbst überlassen wird. Im Folgenden soll auf das Pendel eine sinusförmige Kraft $F(t) = F_0 \sin \omega_e t$ einwirken[1]. Dass die erregende Kraft sinusförmig ist, kommt bei mechanischen Pendeln in der Praxis kaum vor. Allerdings sind die wirkenden Kräfte häufig näherungsweise sinusförmig. Außerdem bilden sinusförmige Kräfte den Ausgangspunkt für die mathematische Behandlung schwingfähiger Systeme unter dem Einfluss nichtsinusförmiger Kräfte (Fourier-Analyse).

Die Bewegungsgleichung lautet in der üblichen Form

$$\ddot{z} + \frac{\kappa}{m}\dot{z} + \frac{k}{m}z = \frac{F_0}{m}\sin \omega_e t.$$

ω_e heißt **Erregerkreisfrequenz**.

Beobachtet man ein sinusförmig erregtes Pendel, so stellt man fest, dass der Pendelkörper nach einer Einschwingzeit eine sinusförmige Schwingung mit der Erregerfrequenz ausführt.

Tatsächlich hat die Lösung der Bewegungsgleichung die Form

$$z(t) = A \sin(\omega_e t + \varphi).$$

Sowohl die sich einstellende Amplitude als auch der Nullphasenwinkel hängen von verschiedenen Größen ab. Die Amplitude lässt sich nach der Formel

$$A = \frac{F_0}{m\sqrt{(\omega_0^2 - \omega_e^2)^2 + (2\delta\omega_e)^2}}$$

berechnen. In Abbildung 4.10 sind **Amplitudenresonanzfunktionen** dargestellt.

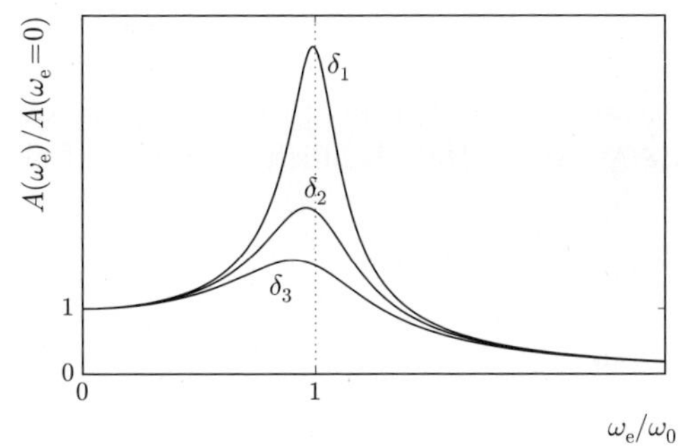

Abb. 4.10: Amplitudenresonanzfunktionen für verschiedene Dämpfungen ($\delta_1 < \delta_2 < \delta_3$)

Offenbar ist die sich einstellende Amplitude stark von der Erregerfrequenz abhängig. Das Maximum der Kurven liegt bei der **Resonanzkreisfrequenz**, die durch

$$\omega_{Res} := \sqrt{\omega_0^2 - 2\delta^2}.$$

gegeben ist. Sie liegt unterhalb der Eigenkreisfrequenz ω_0. Wird das Pendel also mit einer Kraft angeregt, deren Frequenz in der Nähe der Eigenfrequenz des Pendels liegt, so kommt es bei nicht zu starker Dämpfung zu Schwingungen mit sehr großen Amplituden (**Resonanz**). Die Amplituden können so groß werden, dass das Pendelsystem zerstört wird (**Resonanzkatastrophe**). Das Verhältnis der

[1] ‚sinusförmig' schließt die Kosinus-Funktion mit ein

Resonanzamplitude zur Amplitude, mit der die Anregung erfolgt, heißt **Güte** oder **Resonanzüberhöhung**:

$$Q = \frac{A(\omega_{\text{Res}})}{A(\omega_e \approx 0)}.$$

Für sie gilt (vgl. Abschnitt 4.2)

$$Q \approx \frac{\pi}{\Lambda}.$$

Bei kleinen Anregungsfrequenzen schwingt das Pendel mit der Anregung in Phase, d. h. $\varphi = 0$. Wenn die Erregerfrequenz anwächst, kommt es zu einer Phasenverschiebung. Diese beträgt bei der Resonanzfrequenz $-90°$. Steigert man die Erregerfrequenz weit über die Eigenfrequenz des Pendels, so erfolgt die Schwingung des Pendels gegenphasig zur Anregung: $\varphi \to -180°$. Bildlich gesprochen: Das Pendel kann aufgrund seiner Trägheit der Anregung nicht mehr folgen. Die sich einstellende Amplitude ist daher klein.

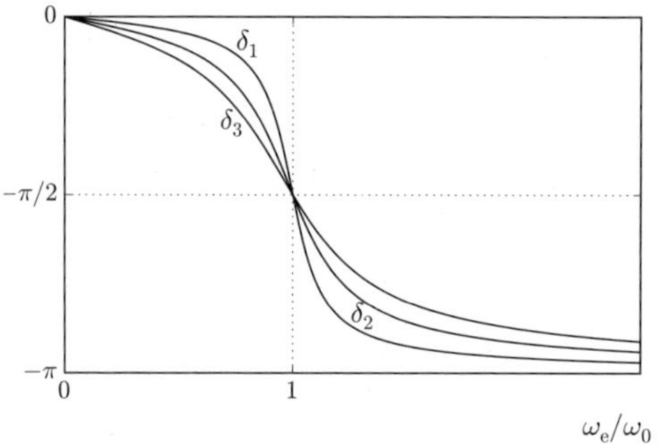

Abb. 4.11: Phasenresonanzfunktionen für verschiedene Dämpfungen ($\delta_1 < \delta_2 < \delta_3$)

Wechselstrom

Das elektrische Gegenstück zum harmonisch angetriebenen Federpendel ist der RLC-Schwingkreis, angeschlossen an eine Wechselspannungsquelle (Abb. 4.12).

Diese liefert eine sinusförmige Wechselspannung (vgl. Abschnitt 3.4.3). Die zugehörige Dgl lautet

$$\ddot{q} + \frac{R}{L}\dot{q} + \frac{1}{LC}q = \frac{u_0}{L}\sin\omega_e t.$$

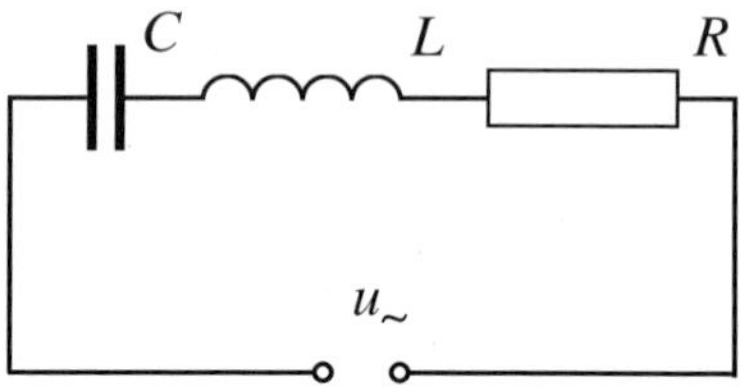

Abb. 4.12: Reihenschwingkreis mit Wechselspannungsquelle

Die Spannungsamplitude u_0 entspricht der Kraftamplitude (Tabelle 4.3). Mithilfe der Übersetzungsregeln können alle Ergebnisse bezüglich der Resonanzphänomene auf Schwingkreise übertragen werden.

Anstelle einer Reihenschaltung aus R, L und C kann man auch eine Parallelschaltung aufbauen. Auch dieses System bildet einen Schwingkreis, an dem Resonanz auftritt. Zur Unterscheidung spricht man von **Reihenschwingkreis (Bandpass)** und **Parallelschwingkreis (Sperrkreis)**.

Im Folgenden soll untersucht werden, wie sich die einzelnen Bauteile verhalten, wenn sie an eine Wechselspannung angeschlossen werden. Ein typischer und wichtiger Sachverhalt ist, dass i. Allg. Phasenverschiebungen zwischen Spannung und Strom auftreten (Abb. 4.13). Dies macht man sich am einfachsten am Beispiel des Kondensators klar: Wird an einen ungeladenen Kondensator eine Spannungsquelle angeschlossen, so fließt zunächst ein hoher Ladestrom. Denn ein ungeladener Kondensator wirkt praktisch wie ein Kurzschluss – die gesamte Urspannung fällt über dem Innenwiderstand der Spannungsquelle ab (vgl. Abschnitt 3.2.2). Mit der Zunahme der Ladung auf den Platten baut sich eine Gegenspannung auf ($q = Cu$). Diese Zunahme der Kondensatorspannung bewirkt, dass der Strom abnimmt.

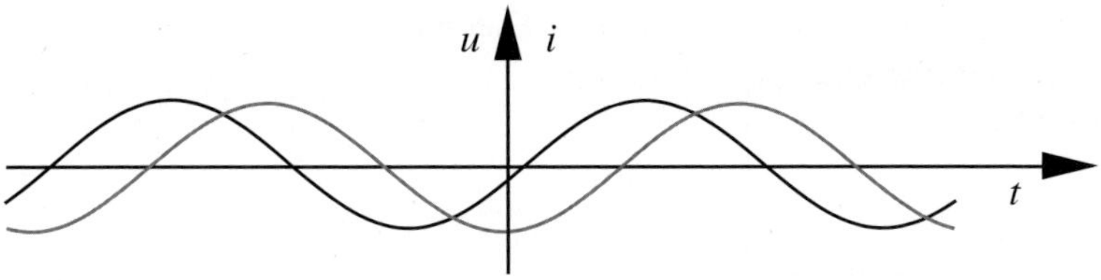

Abb. 4.13: Phasenverschiebung zwischen Strom und Spannung

Beim Anlegen einer Wechselspannung führt dieser Effekt zu einer Phasenverschiebung zwischen Strom und Spannung – die über dem Kondensator gemessene Spannung ist gegenüber dem Strom um 90° verzögert!

Um diesem Umstand Rechnung zu tragen, schreibt man für die Zeitabhängigkeit von Spannung und Strom

$$u(t) = u_0 \sin(\omega t + \varphi_u)$$

und

$$i(t) = i_0 \sin(\omega t + \varphi_i).$$

Die Phasenverschiebung zwischen Spannung und Strom ist daher

$$\varphi := \varphi_u - \varphi_i.$$

Das Verhältnis von Spannungsamplitude zu Stromamplitude nennt man **Scheinwiderstand**

$$Z := \frac{u_0}{i_0}.$$

Schließt man an die Wechselspannungsquelle einen ohmschen Widerstand an, so beobachtet man keine Phasenverschiebung. Der Scheinwiderstand stimmt mit dem ohmschen Widerstand überein, d. h.

$$\varphi_R = 0 \quad \text{und} \quad Z_R = R$$

(vgl. Abb. 4.14).

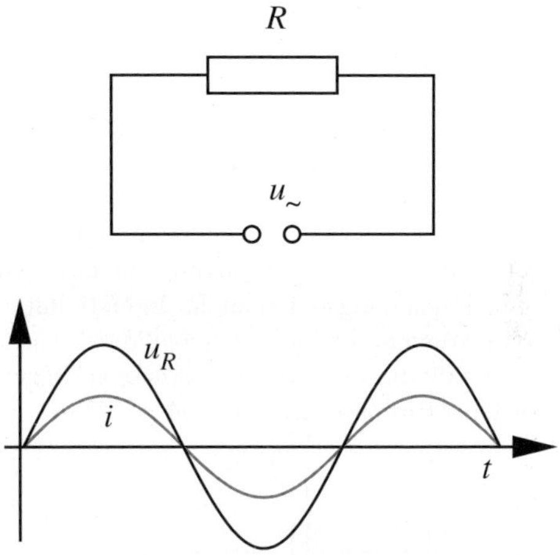

Abb. 4.14: Keine Phasenverschiebung beim ohmschen Widerstand. Klemmenspannung $u_\sim$ und Spannungsabfall am Widerstand u_R stimmen überein.

Für induktive Widerstände findet man mit Hilfe des Induktionsgesetzes

$$\varphi_L = \frac{\pi}{2} \quad \text{und} \quad Z_L = \omega L.$$

Hier ist also der Strom gegenüber der Spannung um 90° verzögert[1)] (vgl. Abb. 4.15).

Aus $q = Cu_C$ und $i := \dot{q}$ findet man schließlich für Kondensatoren

$$\varphi_C = -\frac{\pi}{2} \quad \text{und} \quad Z_C = \frac{1}{\omega C}.$$

(Abb. 4.16). Der Scheinwiderstand nimmt also mit der Erregerfrequenz ab.

[1)] Merkregel: ‚Bei Induktivitäten, die Ströme sich verspäten'

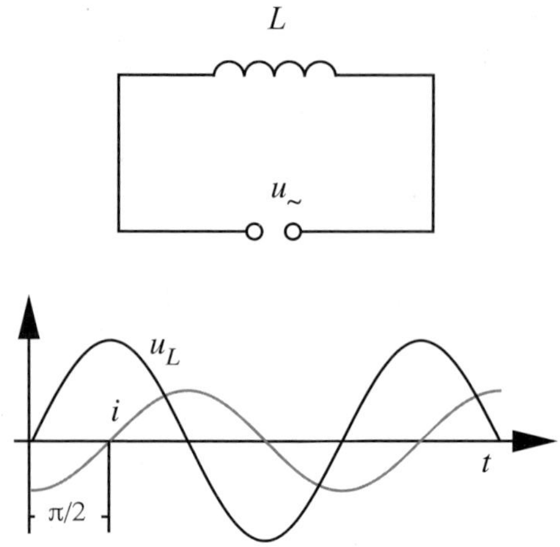

Abb. 4.15: Phasenverschiebung beim induktiven Widerstand. Auch hier stimmen Klemmenspannung und Spannungsabfall an der Induktivität überein. Wenn $u_\sim$ und u_L einen Nulldurchgang machen, fällt die gesamte Urspannung am Innenwiderstand der Spannungsquelle ab.

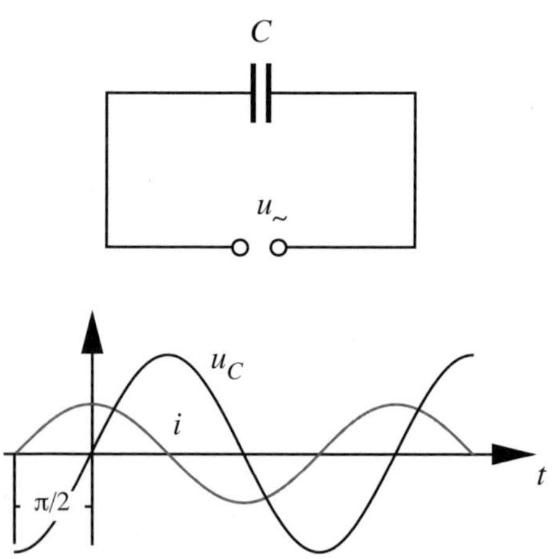

Abb. 4.16: Phasenverschiebung beim kapazitiven Widerstand. Die Aussagen in der Beschreibung von Abbildung 4.15 lassen sich sinngemäß auf den Fall kapazitiver Widerstände übertragen.

Phasenverschiebung und Scheinwiderstand für die Kombination von Bauteilen seien hier nur für ein wichtiges Beispiel, die Reihenschaltung von R, L und C, angegeben (Abb. 4.12). Hier hat man

$$\varphi_{RLC} = \arctan\left(\frac{\omega L - \frac{1}{\omega C}}{R}\right)$$

und

$$Z_{RLC} = \sqrt{R^2 + \left(\omega L - \frac{1}{\omega C}\right)^2}.$$

Die Kenntnis von Z erlaubt die Berechnung der Stromamplitude aus der Spannungsamplitude und umgekehrt. Bleibt zu klären, wozu φ benötigt wird. Dazu berechnet man den zeitlichen Mittelwert der in einer Schaltung umgesetzten Leistung (**Wirkleistung**) und erhält $P = \frac{1}{2} u_0 i_0 \cos\varphi$. Üblicherweise drückt man die Leistung durch die **effektive Spannung**

$$u_{\text{eff}} := \frac{u_0}{\sqrt{2}}$$

und den **effektiven Strom**

$$i_{\text{eff}} := \frac{i_0}{\sqrt{2}}$$

aus. Damit erhält man

$$P = u_{\text{eff}} i_{\text{eff}} \cos\varphi.$$

Für ohmsche Widerstände ($\varphi = 0$) gilt also die Gleichstromformel $P = ui$ (der Index ‚eff' wurde, wie allgemein üblich, weggelassen). Für rein induktive und rein kapazitive Widerstände ($\varphi = \pm\frac{\pi}{2}$) erhält man $P = 0$ (**wattloser Strom**). An solchen Bauteilen wird im zeitlichen Mittel keine Leistung umgesetzt. Während einer Halbperiode wird zwar beim Aufbau von elektrischen bzw. magnetischen Feldern Arbeit geleistet, die damit verbundene Energie wird aber in der zweiten Halbperiode wieder frei.

Aufgaben

4.3-1 Ein Gegenstand der Masse 2 kg hänge an einer Feder mit der Federkonstanten 400 N/m. Der Dämpfungskoeffizient ist 2 kg/s. Auf das System wirke eine sinusförmige Kraft mit der

Amplitude 10 N. Wie groß ist die Amplitude im Resonanzfall?

Lösung: 35,4 cm

4.3-2 Ein Jeep (Masse 2700 kg) mit defekten Stoßdämpfern senkt sich bei Zuladung von Personen und Gepäck (Masse 500 kg) um 6 cm. So beladen fährt er über eine Wüstenpiste mit regelmäßigen Querwellen in 5 m Abstand. Bei welcher Geschwindigkeit werden die Insassen am stärksten durchgeschüttelt?

Lösung: 14,5 km/h

4.3-3 Welcher effektive Strom fließt durch eine Spule der Induktivität 1,4 H beim Anlegen einer effektiven Spannung von 220 V und 50 Hz bei Vernachlässigung des ohmschen Widerstandes? Welche Amplitude hat der Strom?

Lösung: 0,500 A, 0,707 A

4.3-4 Induktiver und ohmscher Widerstand einer Fernleitung betragen 18 Ω bzw. 15 Ω. Wie groß ist die Klemmenspannung am Leitungsausgang, wenn hier durch einen ohmschen Widerstand der Strom 0,5 A fließt und am Eingang 50 V liegen?

Lösung: 41,7 V

5 Wellen

5.1 Wellenausbreitung entlang einer Linie

Als nächstes soll das Verhalten vieler schwingfähiger Systeme betrachtet werden, die miteinander gekoppelt sind. Als Beispiel betrachten wir eine Pendelkette (Abb. 5.1).

Die Gleichgewichtslage der Pendelkörper ist durch

$$\vec{r} = (x_i, 0, 0)$$

mit $x_i = 0a, 1a, 2a, \dots$ gegeben. a bezeichnet den Abstand der Pendelkörper in der Ruhelage.

Lokale Störungen breiten sich entlang der Pendelkette aus. Erregt man z. B. das Pendel bei $x = 0$ vom Zeitpunkt $t = 0$ an gemäß

$$y(x_i = 0, t) = A \sin(\omega t),$$

($f = \frac{\omega}{2\pi}$ ist die Erregerfrequenz), so bewirkt die Federkopplung zwischen den einzelnen Pendelkörpern, dass nach einiger Zeit die Masse an dem beliebigen Ort x_i gleichfalls eine harmonische Schwingung mit der Kreisfrequenz ω ausführt. Solange die Dämpfung vernachlässigbar ist, erfolgt die Schwingung mit der gleichen Amplitude:

$$y(x_i, t) = A \sin(\omega t - \varphi).$$

Dieser Ausdruck gibt die Auslenkung des Pendelkörpers an, dessen Gleichgewichtslage bei $\vec{r} = (x_i, 0, 0)$ liegt. φ beschreibt die zeitliche Verzögerung gegenüber der Schwingung bei $x_0 = 0$. Offenbar ist die Zeitverzögerung umso größer, je weiter der betrachtete Pendelkörper von x_0 entfernt ist, d. h. $\varphi \sim x_i \quad \Rightarrow \quad \varphi = k x_i$.

Daher gilt

$$y(x_i, t) = A \sin(\omega t - k x_i).$$

Die Proportionalitätskonstante k heißt **Wellenzahl**. Man sieht hier: Die Elongation y variiert sowohl bezüglich der Variablen x_i als auch bezüglich der Zeit t sinusförmig. Man spricht von **harmonischen Wellen**.

Die Konstante k spielt bezüglich der Variablen x_i die gleiche Rolle wie ω bezüglich der Variablen t (‚räumliche Kreisfrequenz'). Das heißt $\frac{\omega}{2\pi}$ gibt an, wie viele Schwingungen pro Zeiteinheit stattfinden und $\frac{k}{2\pi}$ gibt an, wie viele Schwingungen pro Längeneinheit vorliegen. Analog zu $T = \frac{2\pi}{\omega}$ definiert man die **Wellenlänge** (vgl. Abb. 5.2 und 5.3)

$$\lambda := \frac{2\pi}{k}.$$

Ein Schwingungszustand braucht die Zeit T, um sich von x_0 bis nach $x_i = \lambda$ zu bewegen. Daher ist die Ausbreitungsgeschwindigkeit des Schwingungszustandes

$$c := \frac{\lambda}{T}$$

(**Phasengeschwindigkeit**). Meistens benützt man aber die gleichwertige Formel

$$c = \lambda f = \frac{\omega}{k}.$$

Die Phasengeschwindigkeit (und damit die sich einstellende Wellenlänge) ist durch die mechanischen Eigenschaften (Masse der Pendelkörper, Federkonstante der Kopplungsfedern) der Pendelkette bestimmt.

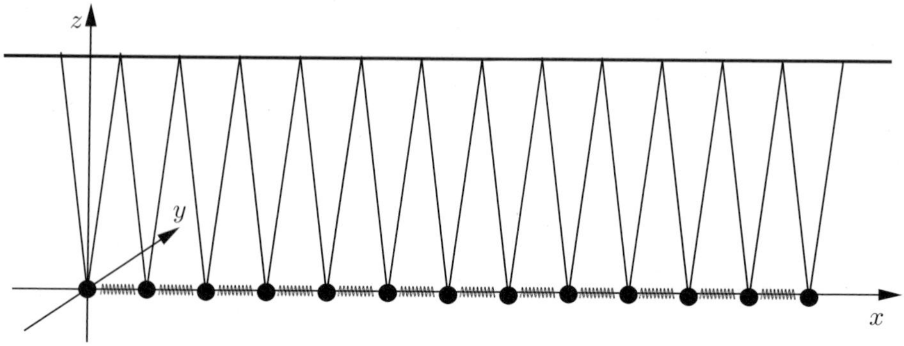

Abb. 5.1: Pendelkette aus gleichartigen Pendeln. Die Art der Aufhängung erlaubt keine Schwingung in x-Richtung. Bei kleinen Ausschlägen kann die Änderung der z-Koordinaten vernachlässigt werden.

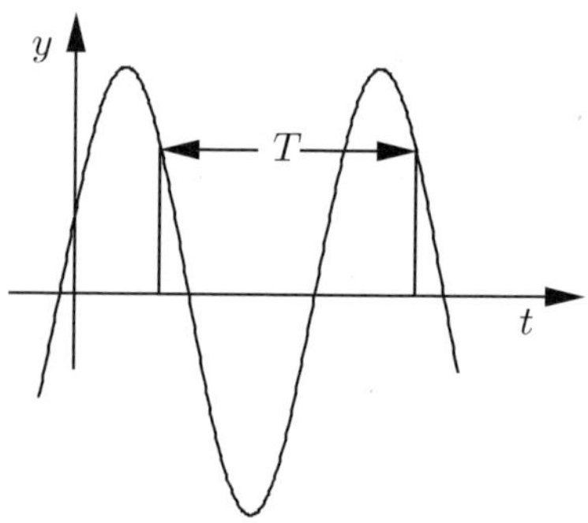

Abb. 5.2: Schwingungsdauer oder Periode T

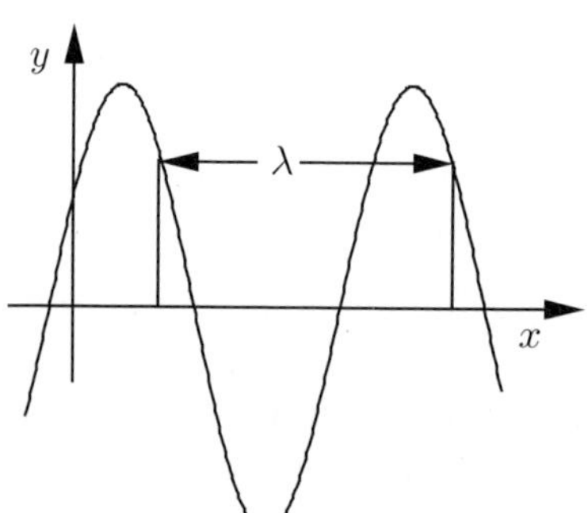

Abb. 5.3: Wellenlänge λ

Ganz analoge Überlegungen gelten, wenn man die Ausbreitung von Störungen auf einem Gummiseil untersucht. Der Hauptunterschied besteht darin, dass das Seil eine kontinuierliche Massenverteilung darstellt. Der Index i kann dann einfach weggelassen werden (die ‚Pendelkörper' werden nicht durch i, sondern durch x ‚nummeriert').

Zusammenfassend kann man sagen, dass die Auslenkung aus der Gleichgewichtslage (die Elongation) durch

$$u(x,t) = \hat{u}\sin(\omega t \pm kx + \varphi_0)$$

gegeben ist. Hierbei wurde Buchstabe u anstelle von y verwendet. Denn Wellenausbreitung tritt nicht nur bei Pendelketten und Gummiseilen, sondern in allen möglichen Zusammenhängen auf. Abhängig vom schwingfähigen Medium hat u dann völlig unterschiedliche Bedeutungen (vgl. Abschnitt 5.3). $\hat{u}$ steht für die Amplitude der Welle und φ_0 für den Nullphasenwinkel der Schwingung bei $x = 0$. Das Vorzeichen vor kx gibt an, ob sich die Welle in positiver (– Zeichen) oder negativer (+ Zeichen) Koordinatenrichtung ausbreitet.

Aufgaben

5.1-1 Gegeben sind: Wellenlänge 90 cm, Periode 0,6 s, Amplitude 10 cm, Nullphasenwinkel 0.

Gesucht: f, ω, k, c und Elongation bei $x = 1$ m nach einer Minute

Lösung: 1,667 Hz, 10,47 s^{-1}, 6,981 m^{-1}, 1,500 m/s, −6,43 cm

5.1-2 Eine Welle sei durch $u(x,t) = \hat{u}\sin(\omega t - kx)$ mit $\hat{u} = 1$ cm, $f = 1$ Hz und $\lambda = 2$ cm darstellbar.
a) Berechnen Sie die Phasengeschwindigkeit!
b) Skizzieren Sie die Welle nach 5,0 s und nach 5,1 s!

Lösung: 2 cm/s, Maxima bei $x_i = ct - \lambda(\frac{1}{4} + i)$

5.1-3 In der positiven x-Richtung breitet sich eine Welle mit der Geschwindigkeit $c = 2$ m/s aus, die zur Zeit $t = 0$ s im Nullpunkt beginnt. Die Amplitude beträgt 10 cm, die Frequenz 0,5 Hz.
a) Berechnen Sie die Wellenlänge!
b) Wann beginnt das Teilchen bei $x = 150$ cm zu schwingen?
c) Berechnen Sie die Auslenkung dieses Teilchens zur Zeit $t = 2$ s!
d) Wo befindet sich das Teilchen, das zur Zeit $t = 0{,}5$ s zum ersten Mal die Auslenkung 4 cm erfährt?

Lösung: 4 m, 0,75 s, −7,07 cm, 73,8 cm

5.1-4 Eine Welle hat die Frequenz 1,37 kHz, eine zweite Welle hat dieselbe Frequenz, eilt aber 0,547 ms nach. Wie groß ist die Phasenverschiebung der beiden Wellen?

Lösung: 270°

5.2 Wellenausbreitung im Raum

In diesem Abschnitt soll untersucht werden, welche Konsequenzen sich ergeben, wenn das Ausbreitungsmedium nicht linienförmig, sondern flächig, d. h. zweidimensional oder räumlich ausgedehnt, also dreidimensional ist. Als zweidimensionales Gegenstück zum Gummiseil stelle man sich z. B. eine Membran vor.

Wird an einem Punkt der Membran eine sinusförmige Schwingung angeregt (senkrecht zur Membranebene), so breitet sich diese Schwingung kreisförmig aus (**Kreiswellen**, vgl. Abb. 5.4).

Abb. 5.4: Kreiswelle auf zweidimensionalem Ausbreitungsmedium

Punktförmige Anregung in einem räumlichen Ausbreitungsmedium führt zu einer kugelförmigen Ausbreitung von Wellen (**Kugelwellen**). Erfolgt die Anregung im dreidimensionalen Medium gleichphasig entlang einer Linie, so breiten sich **Zylinderwellen** aus. Die Fläche aller Punkte, die zu einer festen Zeit t = const den gleichen Phasenwinkel besitzen, bezeichnet man als **Wellenfläche** oder Wellenfront.

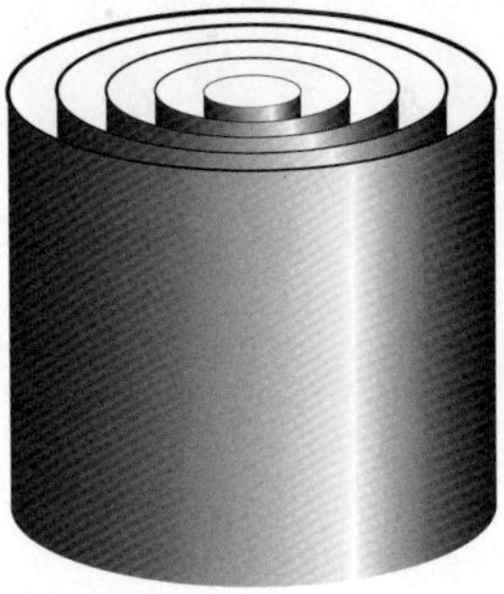

Abb. 5.5: Wellenflächen einer Zylinderwelle

Wie bei der Wellenausbreitung entlang einer Linie schließt man, dass die Phasenverschiebung proportional zum Abstand vom Erreger ist. Daher gilt in allen drei Fällen:

$$u(\vec{r},t) = \hat{u}\sin(\omega t - kd + \varphi_0).$$

Hierbei ist d der (minimale) Abstand von Erreger und Beobachtungspunkt[1]. Die Lage des Beobachtungspunkts wird wieder durch den Ortsvektor $\vec{r}$ angegeben.

Bei Kreis- und Zylinderwellen gilt für die Amplitude

$$\hat{u} = \hat{u}(d) \sim \frac{1}{\sqrt{d}}.$$

Dies lässt sich auf den Energieerhaltungssatz zurückführen. Die z. B. in einem Wellenberg einer Kreiswelle gespeicherte Energie verteilt sich auf immer größer werdende Kreise. Da der Energieinhalt der Welle proportional zum Quadrat der Amplitude ist[2], folgt der angegebene Zusammenhang. Bei Kugelwellen gilt entsprechend

$$\hat{u} = \hat{u}(d) \sim \frac{1}{d}.$$

Sehr wichtig sind auch die **ebenen Wellen** (vgl. Abb. 5.6 und 5.7).

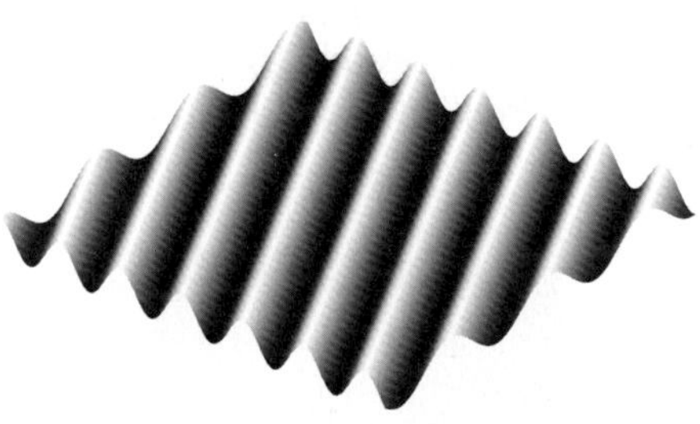

Abb. 5.6: Ebene Welle auf zweidimensionalem Ausbreitungsmedium

Formelmäßig gilt hier

$$u(\vec{r}, t) = \hat{u} \sin(\omega t - \vec{k} \cdot \vec{r} + \varphi_0).$$

$\hat{u}$ ist in diesem Fall konstant. Der Betrag des **Wellenvektors** $\vec{k}$ wird so gewählt, dass er mit der Wellenzahl k übereinstimmt. Die Richtung von $\vec{k}$ zeigt die Ausbreitungsrichtung der Welle an. Beispielsweise gilt für eine Welle, die sich in x-Richtung ausbreitet, $\vec{k} = (k, 0, 0)$. Die Ausbreitungsrichtung der Welle an einem Ort definiert einen **Wellenstrahl**.

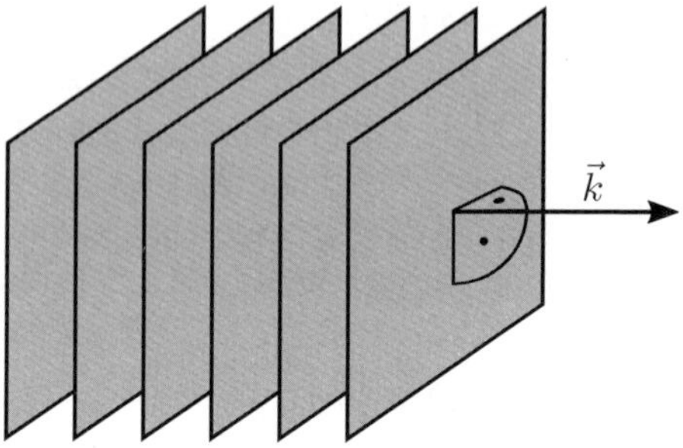

Abb. 5.7: Wellenflächen und Wellenvektor einer ebenen Welle im Raum

5.3 Wellentypen

Bei der Pendelkette (Abb. 5.1) können sich die einzelnen Pendelkörper aufgrund der gewählten Aufhängung nicht in x-Richtung (das ist die Ausbreitungsrichtung der Welle) bewegen. Bei der Wellenausbreitung im Raum kann man den entsprechenden Sachverhalt ausdrücken, indem man sagt: ‚die Schwingung erfolgt in der Wellenfläche', oder: ‚die Schwingung erfolgt senkrecht zu den Wellenstrahlen'. Wellen, bei denen dies zutrifft, nennt man **Querwellen** oder **transversale Wellen**. Erfolgt die Schwingung hingegen an jedem Ort senkrecht zur Wellenfläche (in Richtung des Wellenstrahls), so spricht man von **Längswellen** oder **longitudinalen Wellen**. Bei der Pendelkette kann man dies erreichen, indem man die Aufhängung um 90° dreht, sodass die Pendel (bis auf den kleinen transversalen Anteil in z-Richtung) in x-Richtung schwingen. Bei den transversalen Wellen unterscheidet man noch zwischen **linear polarisierten Wellen** (alle Pendelkörper schwingen auf zueinander parallel liegenden Geraden) und **zirkular polarisierten Wellen**

[1] Genau genommen gilt die Formel nur für große Werte von d.
[2] vgl. Abschnitt 5.4

(alle Pendelkörper laufen auf Kreisen). Statt Kreisen kommen manchmal auch Ellipsen vor (**elliptisch polarisierte Wellen**). Alle anderen Wellen nennt man unpolarisiert.

Die in Abb. 5.1 dargestellte Pendelkette ist nützlich, um sich die grundsätzlichen Definitionen im Zusammenhang mit Wellenphänomenen klarzumachen. Viel interessanter sind aber andere Ausbreitungsmedien. Die wohl bekanntesten Wellen sind die Wasserwellen. Zum Beispiel breitet sich eine Störung an einem Punkt der Wasseroberfläche als Kreiswelle aus. Als Elongation $u(\vec{r}, t)$ verwendet man hier zweckmäßigerweise die Abweichung des Wasserstands vom Wasserstand des ungestörten Systems.

Tabelle 5.1: Spektrum der elektromagnetischen Wellen. Die Überlappungen rühren daher, dass gleichartige Wellen unterschiedlich erzeugt oder verwendet werden.

Bezeichnung	**ungefährer Wellenlängenbereich**
Lang-, Mittel- und Kurzwellen	100 km – 10 m
Ultrakurzwellen	10 m – 1 m
RADAR-Wellen	1 m – 1 cm
Mikrowellen	1 m – 1 mm
Infrarotstrahlung	100 μm – 800 nm
Lichtwellen	800 nm – 400 nm
Ultraviolettstr.	400 nm – 1 nm
Röntgenstrahlung	1 nm – 1 pm
Gammastrahlung	100 pm – ...

Druckschwankungen, wie man sie z. B. mit einem Lautsprecher erzeugen kann, breiten sich natürlich auch wellenartig aus. Man spricht dann von **Schallwellen**. Als Elongation $u(\vec{r}, t)$ eignet sich hier die Abweichung des Luftdrucks vom Luftdruck, der vorliegt, wenn keine Schallwelle vorhanden ist. Man schreibt dann $\tilde{p}$ anstelle von u und spricht vom **Schalldruck**.

Aber Wellenphänomene sind nicht an das Vorhandensein eines Mediums (wie z. B. Luft oder Wasser) gebunden. Eine sehr wichtige Wellenart, die **elektromagnetischen Wellen**, breitet sich sogar im vollständigen Vakuum aus (vgl. Tabelle 5.1).

Hierbei sind zwei Elongationen gleichzeitig vorhanden: Das betroffene Gebiet ist von elektrischen und magnetischen Feldern erfüllt. $\vec{E}(\vec{r}, t)$ und $\vec{B}(\vec{r}, t)$ stehen senkrecht zueinander. Die Bedeutung von elektromagnetischen Wellen wird beim Betrachten von Tabelle 5.1 deutlich.

5.4 Pegel

Die Pendelkörper schwingen bei der Ausbreitung von Wellen um ihre Gleichgewichtslage. Mit der Wellenbewegung ist also offenbar im zeitlichen Mittel kein Transport von Materie verbunden. Was aber transportiert wird, ist Energie und Impuls. Zur Erfassung des Energietransports eignet sich die **Intensität** (Energiestromdichte). Die Intensität gibt an, wie viel Energie pro Zeit- und Flächeneinheit durch einen Querschnitt hindurchströmt (P Leistung, A Fläche):

$$I := \frac{P}{A}.$$

Häufig möchte man Intensitäten miteinander vergleichen. Da sich typische Intensitätswerte über viele Zehnerpotenzen erstrecken, verwendet man anstelle des Quotienten den **Intensitätspegel**

$$L_I := 10 \log \frac{I}{I_0}\ \mathrm{dB}.$$

Die Bezugsintensität I_0 wird bei Schallwellen auf $10^{-12}\ \frac{\mathrm{W}}{\mathrm{m}^2}$ festgelegt. Dieser Wert entspricht in etwa der Hörschwelle. dB steht für **Dezibel**[1)]. Das Bel ist keine Maßeinheit, sondern

[1)] Alexander Graham Bell, 1847 – 1922

ein Hinweissymbol, das ausdrücken soll, dass es sich bei der dimensionslosen Zahl um einen Pegel handelt.

Überlagern sich an einem Ort Wellen, die keine feste Phasenbeziehung zueinander haben (**inkohärente Wellen**), so addieren sich die Intensitäten I_i zur Gesamtintensität I. Rechnet man dies auf die Intensitätspegel um, so ergibt sich

$$L_I = 10 \log(\sum_i 10^{0,1 L_{I_i}})\,\mathrm{dB}.$$

Bei Schallwellen ist die Intensität proportional zum Quadrat des Schalldrucks $\tilde{p}$. Daher gilt

$$L_I = 20 \log \frac{\tilde{p}}{\tilde{p}_0},$$

wobei $\tilde{p}_0$ der der Bezugsintensität I_0 entsprechende Schalldruck ist. Da sich Drücke mit Mikrofonen leicht messen lassen, benützt man anstelle des Intensitätspegels häufig lieber den **Schalldruckpegel**

$$L_p := 20 \log \frac{\tilde{p}}{\tilde{p}'_0}\,\mathrm{dB}$$

mit $\tilde{p}'_0 = 20\,\mu\mathrm{Pa}$. Da $\tilde{p}'_0$ nur geringfügig von $\tilde{p}_0$ abweicht gilt

$$L_p \approx L_I.$$

Das Gehör von Menschen nimmt Schallsignale in einem Frequenzbereich von ca. 16 Hz bis ca. 20 kHz wahr. Insbesondere die obere Grenze ist aber altersabhängig; mit zunehmendem Alter verkleinert sich dieses Intervall erheblich.

Auch innerhalb des Hörbereichs ist die Schallempfindung stark frequenzabhängig. Am empfindlichsten ist das menschliche Gehör bei Frequenzen etwas unterhalb von 4 kHz. Da die Lautstärkeempfindung in etwa proportional zum Schalldruckpegel ansteigt, verwendet man als Maß für die empfundene Lautstärke den **Lautstärkepegel**[1]:

$$\Lambda(1\,\mathrm{kHz}) := L_p(1\,\mathrm{kHz})\,\frac{\mathrm{Phon}}{\mathrm{dB}}.$$

Wie das Bel ist das Phon keine Maßeinheit, sondern ein Symbol, das auf die Bedeutung der davor stehenden Zahl hinweist. Um den Lautstärkepegel von Tönen anderer Frequenzen zu ermitteln, verwendet man das **Isophonendiagramm** (vgl. Abb. 5.8).

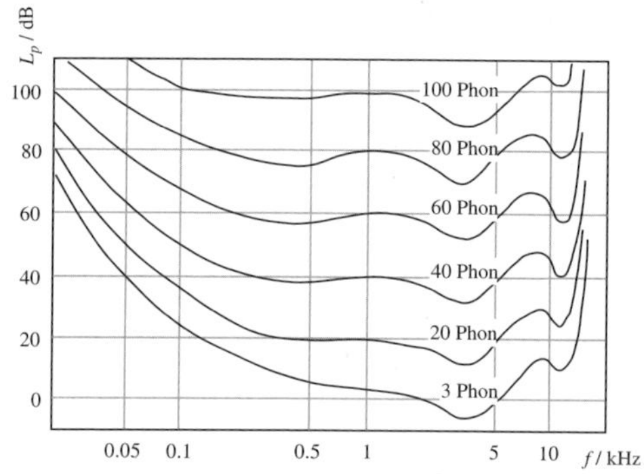

Abb. 5.8: Kurven gleicher Lautstärke

Zur Messung von Lautstärkepegeln verwendet man elektronische Filter, die den Verlauf der Isophonenkurven berücksichtigen. Damit kann man auch Schallsignalen, die sich aus Wellen unterschiedlicher Frequenzen zusammensetzen, einen Lautstärkepegel zuordnen.

Um die Wirksamkeit von Schalldämmmaßnahmen quantifizieren zu können, verwendet man das **Schalldämmmaß**:

$$R := 10 \log \frac{I_\mathrm{E}}{I_\mathrm{T}}\,\mathrm{dB}.$$

Dabei ist I_E die auf den Dämmstoff auftreffende Schallintensität und I_T die Schallintensität, die gemessen wird, nachdem die Schallwelle das Dämmmaterial durchquert hat.

[1] Setzt man für L_p einen Wert ein, kürzt sich dB weg

Aufgaben

5.4-1 Ein HiFi-Verstärker liefert 20 W elektrische Leistung an einen Lautsprecher. Dieser benutzt 90% davon zur Raumheizung und strahlt den Rest als Schallleistung isotrop (d. h. in alle Raumrichtungen gleich) ab. Welche Schallintensität trifft an das Ohr einer 4 m entfernten Person?

Lösung: 9,95 mW/m^2

5.4-2 Berechnen Sie $L_{I_{ges}}$ für a) drei Schallquellen, die an einem Ort 70 dB, 73 dB und 74 dB erzeugen, b) zwei Schallquellen, die an einem Ort 0 dB und 0 dB erzeugen.

Lösung: 77,4 dB, 3,0 dB

5.4-3 In einem schalltoten Raum erzeugt eine Schallquelle in 2 m Abstand einen Schallintensitätspegel von 75 dB. Berechnen Sie unter der Annahme kugelförmiger Wellenausbreitung
a) die Schallleistung der Schallquelle,
b) den Schallintensitätspegel in 5 m Abstand!

Lösung: 1,59 mW, 67,0 dB

5.4-4 Für ein Glasfaserkabel zur Nachrichtenübertragung sei bekannt, dass der Intensitätsverlust 0,2 dB/km beträgt. Auf welcher Strecke sinkt demnach die Intensität auf die Hälfte der Anfangsintensität?

Lösung: 15,1 km

5.4-5 Wissenschaftler haben ein aktives Schallschutzfenster entwickelt, das bei auftreffenden Schallwellen durch Piezokeramiken in Gegenschwingungen versetzt wird. Das Fenster dämpft den Schalldruckpegel von Testsignalen zwischen 50 und 1000 Hz um durchschnittlich 6 Dezibel. Welcher Reduktion des Schalldrucks entspricht dies?

Lösung: $\tilde{p}' = 1/2\,\tilde{p}$

5.5 Signalausbreitung

Zur Bestimmung der Bewegungsbahn eines Teilchens benützt man das Dynamische Grundgesetz. Enthält das Bewegungsproblem zwei Teilchen, muss man das Dynamische Grundgesetz für beide Teilchen aufschreiben. Allgemein braucht man für jedes Teilchen eine Bewegungsgleichung. Bei der Pendelkette hat man es also mit vielen Bewegungsgleichungen zu tun, und beim Gummiseil mit seiner kontinuierlichen Massenverteilung offenbar mit unendlich vielen. Die Lage erscheint hoffungslos! Allerdings haben die Bewegungsgleichungen alle die gleiche Struktur. Das Bewegungsproblem für elastische Medien lässt sich daher in einer einzigen, allerdings partiellen, Differenzialgleichung zusammenfassen[1]. Diese Differenzialgleichung heißt **Wellengleichung** und lautet (für eindimensionale Probleme):

$$\frac{\partial^2 u}{\partial t^2} = \mathcal{K}\frac{\partial^2 u}{\partial x^2}.$$

Die linke Seite stellt die Beschleunigung dar. Die rechte Seite beschreibt die auf das Massenelement bei x wirkende Kraft. Die geometrische Bedeutung der 2. Ableitung ist die Krümmung – auf das Massenelement bei x wirkt eine Kraft, die proportional zur Krümmung des Mediums im Raum ist. Von diesem Sachverhalt kann man sich z. B. an der Pendelkette sehr leicht überzeugen.

Die in der Wellengleichung auftretende Konstante $\mathcal{K}$ hängt von der Art des Ausbreitungsmediums ab. Sie hat immer die Struktur

$$\mathcal{K} := \frac{X}{\mu},$$

wobei X eine ‚Elastizitätsgröße‘ und μ eine ‚Trägheitsgröße‘ ist[2] (vgl. Tabelle 5.2).

[1] vgl. Abschnitt B.4 im Anhang

[2] Es handelt sich hier tatsächlich um ‚Elastizitäts-‘ und ‚Trägheitsgrößen‘, auch wenn es teilweise nicht so aussieht

Tabelle 5.2: σ: mechanische Spannung (Kraft pro Flächeneinheit), ρ: Dichte, E: Elastizitätsmodul (Materialgröße), G: Torsionsmodul (Materialgröße), c: Kapazität pro Längeneinheit, l: Induktivität pro Längeneinheit, p: Druck, K: Kompressionsmodul (Materialgröße), ε_0: elektrische Feldkonstante, μ_0: magnetische Feldkonstante

Wellentyp und Ausbreitungsmedium	Phasengeschwindigkeit
Welle auf gespannter Saite	$\sqrt{\frac{\sigma}{\rho}}$
longitudinale Welle in einem dünnen Stab	$\sqrt{\frac{E}{\rho}}$
Torsionswelle auf Rundstab	$\sqrt{\frac{G}{\rho}}$
elektromagnetische Welle auf Leitung	$\sqrt{\frac{1}{cl}}$
longitudinale Welle in einer Flüssigkeit	$\sqrt{\frac{K}{\rho}}$
freie elektromagnetische Welle	$\sqrt{\frac{1}{\varepsilon_0\mu_0}}$

Die eingangs behandelte sinusförmige Welle $u(x,t) = \hat{u}\sin(\omega t \pm kx + \varphi_0)$ sollte eine Lösung der Wellengleichung sein. Um dies zu überprüfen, muss man je zweimal nach t und nach x ableiten und die erhaltenen Ausdrücke in die Wellengleichung einsetzen. Kürzt man die gemeinsamen Faktoren, so erhält man $\omega^2 = \frac{X}{\mu}k^2$. Wegen $\omega = ck$ (vgl. Abschnitt 5.1) folgt daraus

$$c = \sqrt{\frac{X}{\mu}}.$$

Harmonische Wellen sind also tatsächlich Lösungen der Wellengleichung und darüber hinaus ergibt sich, wie die Phasengeschwindigkeit c von den Eigenschaften des Ausbreitungsmediums abhängt.

Harmonische Wellen sind aber nicht die einzige Lösung der Wellengleichung. Führt man nämlich die obige Prozedur mit einer beliebigen zwei mal differenzierbaren Funktion mit Argument $at \pm x$ durch, so kommt man zum gleichen Ergebnis wie oben. Das heißt Störungen beliebiger Art können sich im elastischen Medium ausbreiten. Da die Wellengleichung eine lineare Differenzialgleichung ist, ist auch die Summe von Lösungen wieder eine Lösung. Die allgemeine Lösung der Wellengleichung lautet

$$u(x,t) = f_1(ct - x) + f_2(ct + x).$$

f_1 und f_2 sind beliebige Funktionen, die in der Praxis so beschaffen sind, dass ihre Funktionswerte nur in einem begrenzten Bereich von null verschieden sind (**Wellenpakete**, vgl. Abb. 5.9). $f_1(ct - x)$ bewegt sich in positiver Koordinatenrichtung und $f_2(ct + x)$ entgegengesetzt. Wenn die beiden Wellenpakete aufeinander treffen, kommt es, je nach Richtung der beiden Auslenkungen, zu Verstärkung oder Abschwächung (**Interferenz**). Addieren sich die beiden Bestandteile zu einer Auslenkung, die größer ist als die der einzelnen Beiträge, so spricht man von **konstruktiver Interferenz**. Haben die beiden Teilwellen entgegengerichtete Auslenkungen, so heben sie sich (zumindest teilweise) gegenseitig auf (**destruktive Interferenz**). Nachdem sich die beiden Wellenpakete wieder getrennt haben, nehmen sie ihre ursprüngliche Form wieder an.

Zur Übertragung von Signalen braucht man immer Wellenpakete. Denn ein Sender, der immer nur die gleiche harmonische Welle ausstrahlt, wird selten Interesse erwecken (Ausnahme: Peilsender). Zur Nachrichtenübertragung verwendet man Sender, die eine harmonische Welle mit einer bestimmten Frequenz (**Trägerfrequenz**) aussenden. Auf diese Welle wird das Signal (die Wellenpakete) aufmoduliert, d. h. die Amplitude oder die Frequenz (evtl. die Phase) der Welle wird entsprechend dem zu übertragenden Signal verändert (**Modulation**). Der Empfänger enthält einen abstimmbaren Schwingkreis (Abschnitt 4.1 und 4.3). Dieser wird auf die Trägerfrequenz

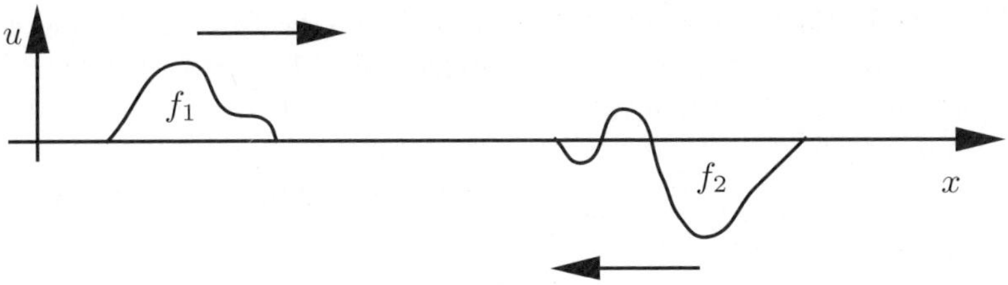

Abb. 5.9: Zwei Wellenpakete die aufeinander zulaufen. Wenn sich die beiden Wellenpakete treffen, kommt es zu teilweiser Auslöschung, da die Elongationen entgegengerichtet sind.

des gewünschten Senders eingestellt. Durch den Resonanzeffekt wird durch die einfallenden elektromagnetischen Wellen ein relativ starker Strom verursacht. Signal und Trägerwelle müssen nun wieder getrennt werden (**Demodulation**).

Die zu Beginn dieses Kapitels eingeführte (freie) Wellengleichung und ihre allgemeinen Lösungen mit den Wellenpaketen $f_1(x)$ und $f_2(x)$ gelten jedoch exakt nur für den Fall, dass die Wellenpakete keine Wechselwirkung mit dem Ausbreitungsmedium eingehen. In Experimenten stellt man fest, dass Wellenpakete, die man als räumlich kompakte Pakete erzeugt hat, im Laufe der Zeit zerfließen, also immer flacher werden und immer größere Raumbereiche einnehmen. Die Ursache hiervon liegt darin, dass die in Tabelle 5.2 aufgeführten physikalischen Größen, und folglich auch die Phasengeschwindigkeit, u. U. von der Wellenlänge abhängig sind ($c = c(\lambda)$). Ist dies der Fall, so spricht man von **Dispersion**. Ein Wellenpaket lässt sich als Überlagerung harmonischer Wellen mit unterschiedlicher Wellenlänge auffassen (Fourier-Integral). Da sich die einzelnen Komponenten jedoch mit unterschiedlicher Phasengeschwindigkeit ausbreiten, verliert das Paket im Laufe der Zeit seine Form und zerfließt. Die mittlere Ausbreitungsgeschwindigkeit eines Wellenpakets, dessen harmonische Bestandteile alle Wellenlängen nahe der beliebigen, fest gewählten Wellenlänge λ_0 haben, ergibt sich zu[1)]

$$c_G = c(\lambda_0) - \lambda_0 \left.\frac{dc}{d\lambda}\right|_{\lambda_0}$$

(**Gruppengeschwindigkeit**). Hieran sieht man, dass die Phasen- und die Gruppengeschwindigkeit unterschiedlich sind, falls c von λ abhängt.

Die obige Formel für die Gruppengeschwindigkeit ist nicht besonders einprägsam. Leichter merken lässt sich die gleichwertige Formel

$$c_G = \left.\frac{d\omega}{dk}\right|_{k_0}.$$

Aufgaben

5.5-1 Für Oberflächenwellen von Flüssigkeiten gilt $c = \sqrt{\frac{g\lambda}{2\pi} + \frac{2\pi\tau}{\rho\lambda}}$ (g Erdbeschleunigung, λ Wellenlänge, τ Oberflächenspannung und ρ Dichte der Flüssigkeit). Überlegen Sie, wie man die Formel für

a) λ groß (**Schwerewellen**),

b) λ klein (**Kapillarwellen**)

näherungsweise vereinfachen kann, und berechnen Sie jeweils die Gruppengeschwindigkeit.

Lösung: $\frac{1}{2}c$, $\frac{3}{2}c$

[1)] zuerst $c(\lambda)$ nach λ ableiten, dann erst λ_0 einsetzen!

5.6 Reflexion und Brechung

Wir betrachten zunächst Wellenberge, die sich auf einem Gummiseil ausbreiten (Abb. 5.10).

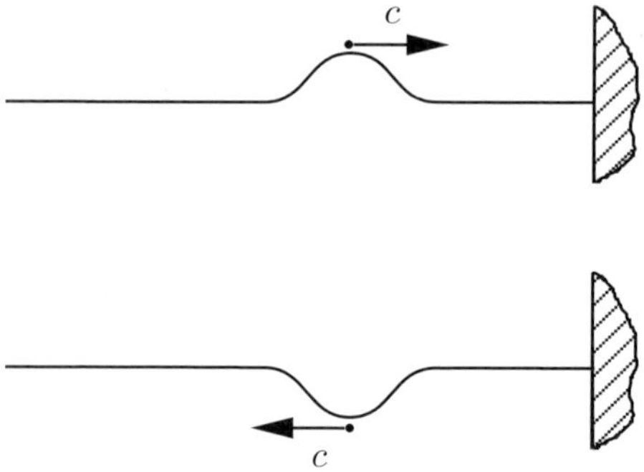

Abb. 5.10: Reflexion am festen Ende

Das Gummiseil soll an einem Ende fest verankert sein. Gelangt das Wellenpaket zur Einspannstelle, so beobachtet man, dass es dort reflektiert wird und daher auf dem Seil zurückläuft (Reflexion am **festen Ende**). Bei der Reflexion wird der Wellenberg in ein Wellental umgewandelt. Man sagt, dass ein **Phasensprung** um π stattfindet.

Kann sich das Seilende frei bewegen, so wird das Wellenpaket gleichfalls reflektiert – allerdings findet kein Phasensprung statt (Reflexion am **losen Ende**, vgl. Abb. 5.11).

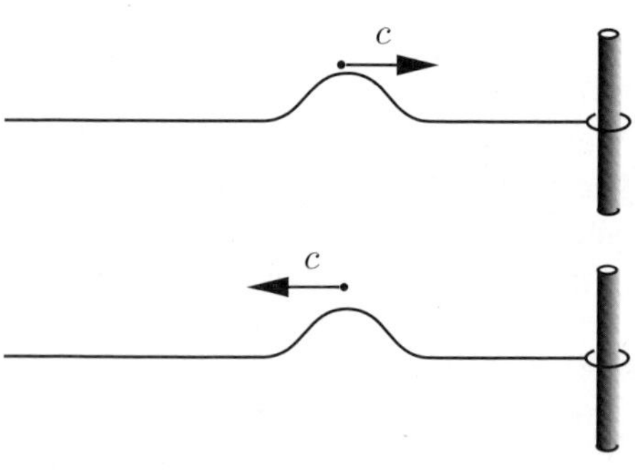

Abb. 5.11: Reflexion am losen Ende. Der als masselos gedachte Ring soll sich reibungsfrei bewegen.

Auch wenn das Seil eine Inhomogenität aufweist, wie z. B. wenn zwei unterschiedliche Seile miteinander verbunden werden, tritt Reflexion auf. Allerdings wird das Wellenpaket nicht vollständig reflektiert und ein Teil der Energie überwindet die Verbindungsstelle. Ob der reflektierte Anteil einen Phasensprung aufweist oder nicht, hängt von der mechanischen Beschaffenheit der beiden Seilstücke ab.

Ähnliche Verhältnisse hat man, wenn ein räumlich ausgedehntes Ausbreitungsmedium aus zwei verschiedenen Komponenten besteht. In Abbildung 5.12 läuft eine ebene Welle auf die ebene Fläche, die die unterschiedlichen Materialien trennt.

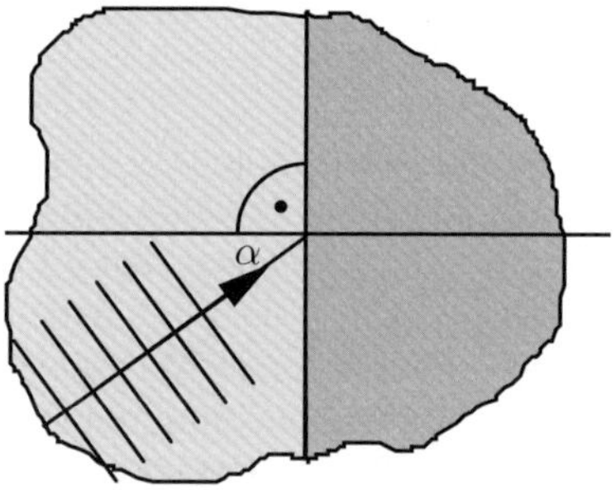

Abb. 5.12: Eine ebene Welle trifft auf die ebene Trennfläche zwischen zwei Ausbreitungsmedien. Der Winkel α heißt **Einfallswinkel**. Er wird zum Lot auf der Trennfläche gemessen.

Um zu klären, wie sich die Welle verhält, wenn sie auf die Trennfläche trifft, verwendet man das **Huygenssche Prinzip**: Jeder Punkt einer Welle wird als Zentrum sekundärer Kugelwellen (**Elementarwellen**) angesehen. Die nach Ablauf einer Zeit t entstandene Wellenfront erhält man als Hüllfläche der Elementarwellen.

Wendet man dieses Prinzip auf den reflektierten Anteil der Welle an, so erhält man das **Reflexionsgesetz**:

$$\alpha' = \alpha$$

Die Wellenstrahlen der auslaufenden Welle bilden mit dem Lot den gleichen Winkel, wie die Wellenstrahlen der einlaufenden Welle, vgl. Abb. 5.13. α' heißt **Ausfallswinkel**.

Für den die Trennfläche durchdringenden Anteil der Welle erhält man das **Brechungsgesetz**[1]:

$$\frac{\sin\alpha}{\sin\beta} = n_{12}.$$

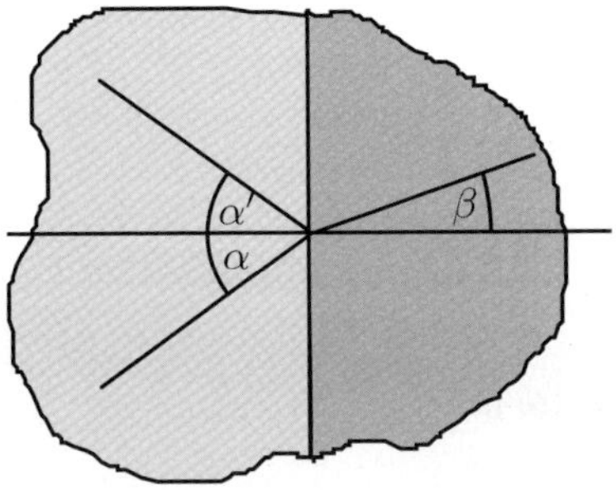

Abb. 5.13: Brechung einer Welle beim Übergang von einem Ausbreitungsmedium in ein anderes. β heißt **Brechungswinkel**

Die **Brechzahl** für den Übergang der Welle von Medium 1 in Medium 2 ist durch das Verhältnis der Phasengeschwindigkeiten definiert

$$n_{12} := \frac{c_1}{c_2}.$$

Beim Übergang der Welle in ein anderes Medium ändert sich die Frequenz nicht, wohl aber die Wellenlänge.

Aufgaben

5.6-1 Die Lichtgeschwindigkeit in Wasser beträgt 3/4 derjenigen in Luft. Wie werden Frequenz und Wellenlänge des Lichts beim Übergang von Luft in Wasser verändert? Berechnen Sie die Brechzahl für den Übergang von Luft nach Wasser!

Lösung: $f_{H_2O} = f_{Luft}$, $\lambda_{H_2O} = \frac{3}{4}\lambda_{Luft}$, $\frac{4}{3}$

[1] Willebrord Snell van Roijen (Snellius), 1591 – 1626

5.6-2 Eine Lichtwelle läuft durch Luft und trifft unter einem Einfallswinkel von 10° auf den Halbleiter GaP (Ausgangsmaterial für Leuchtdioden). Die Grenzschicht ist eben, der Brechungswinkel beträgt 3°.
a) Berechnen Sie n_{12} ($= n_{\text{Luft,GaP}}$)!
b) Wie groß ist $= n_{\text{GaP,Luft}}$ (Lichtwege sind immer umkehrbar!)?

Lösung: 3,32, 0,301

5.6-3 Die Wellenlänge des Lichtes der D1-Linie des Natriums beträgt 589 nm. Wie groß ist sie in Glas mit der Brechzahl 1,5?

Lösung: 393 nm

5.7 Beugung

Insbesondere in der Optik und der Akustik ist der Beugungseffekt sehr wichtig. Beugung beobachtet man immer, wenn Wellen auf Hindernisse treffen. Wir betrachten im Folgenden die **Beugung am Spalt**.

Man stelle sich vor, dass ebene Wellen senkrecht auf ein Hindernis mit Spalt fallen (Abb. 5.14).

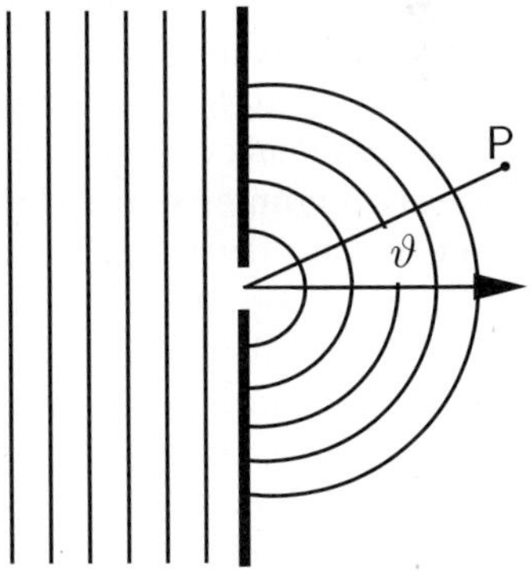

Abb. 5.14: Ebene Welle fällt auf ein Hindernis mit Spalt. Die Spaltbreite b ist klein im Vergleich zur Wellenlänge λ. P ist ein beliebig herausgegriffener Punkt in der Ebene.

Wenn die Breite b des Spalts im Vergleich zur Wellenlänge klein ist, so kann sich, bildlich ausgedrückt, nur die eine Elementarwelle mit Zentrum im Spalt im rechten Halbraum ausbreiten. Die sich ergebenden Wellenflächen sind halbkreisförmig. Verbreitert man den Spalt, bis die Spaltbreite größenordnungsmäßig mit der Wellenlänge übereinstimmt, ergibt sich ein völlig anderes Bild (Abb. 5.15):

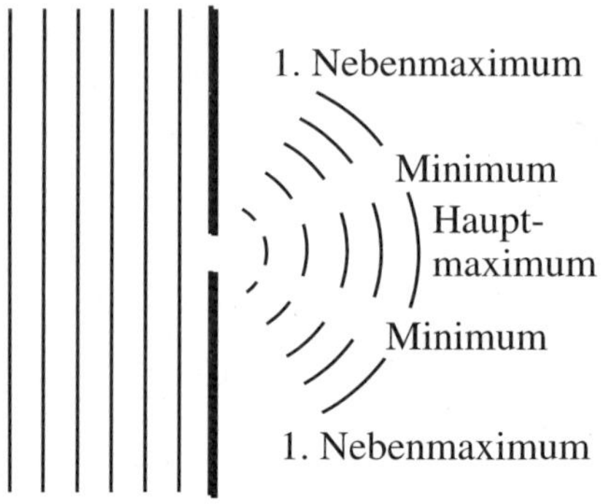

Abb. 5.15: Beugungsbild für den Fall, dass die Spaltbreite b vergleichbar mit der Wellenlänge λ ist.

Jetzt können sich, von der Spaltöffnung ausgehend, viele Elementarwellen ausbreiten. Wählt man im rechten Halbraum einen beliebigen Punkt P (Abb. 5.14), so hat jede Elementarwelle bis zu diesem Punkt einen anderen Weg zurückzulegen (**Gangunterschied**). Die Elongation ergibt sich aus der Überlagerung der Elementarwellen. Aufgrund des Gangunterschieds treffen die Wellen mit unterschiedlicher Phasenlage bei P ein und daher überlagern sich positive und negative Auslenkungen. Eine mathematische Analyse ergibt eine Formel zur Berechnung der Winkel, unter denen maximale bzw. minimale Wellenbewegung zu beobachten ist:

$$b \sin \vartheta = \begin{cases} \pm n\lambda & \text{(Minima)}, \\ \pm (n + \frac{1}{2})\lambda & \text{(Maxima)}. \end{cases}$$

$n = 1, 2, 3, \ldots$ ist die **Beugungsordnung**. Die zugehörige Intensität ist in Abbildung 5.16 dargestellt. Das Hauptmaximum erscheint unter dem Winkel $\vartheta = 0$. Dieser Fall ist in der Formel nicht enthalten.

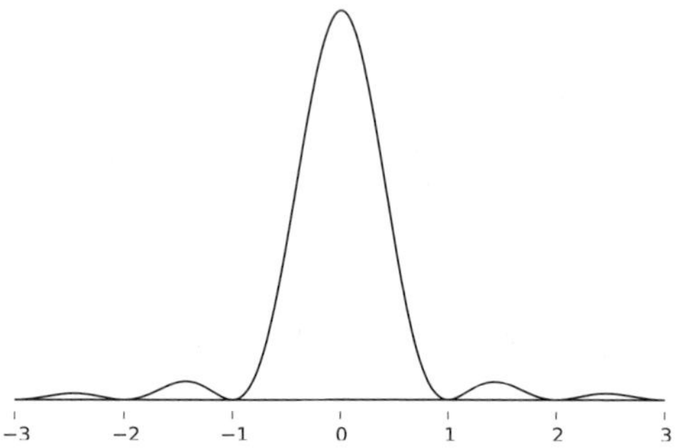

Abb. 5.16: Intensität, aufgetragen über $\frac{b}{\lambda} \sin \vartheta$

Ist die Spaltbreite wesentlich größer als die Wellenlänge, so ergibt sich schließlich die in Abbildung 5.17 dargestellte Situation.

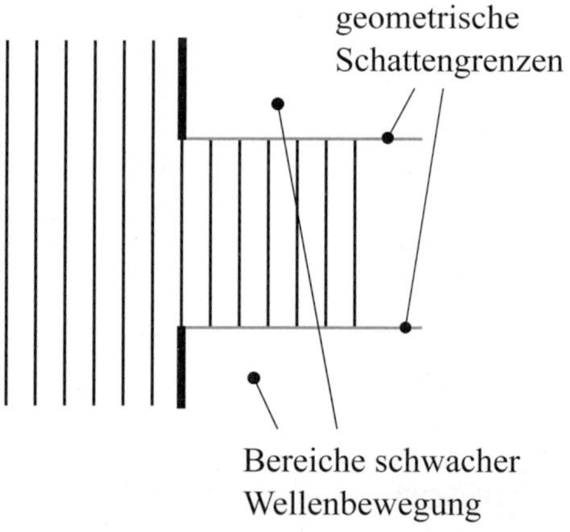

Abb. 5.17: Beugungsbild für den Fall, dass die Spaltbreite b wesentlich größer als die Wellenlänge λ ist.

Abschließend soll noch dargestellt werden, bei welcher Spaltbreite das Hauptmaximum am schmalsten ist. Dies ist z. B. im Zusammenhang mit dem Auflösungsvermögen optischer Instrumente von Bedeutung. Beginnt man mit einer sehr kleinen Spaltbreite, dann liegen die beiden ersten Minima sehr weit außen (ϑ groß, vgl. Abb. 5.18).

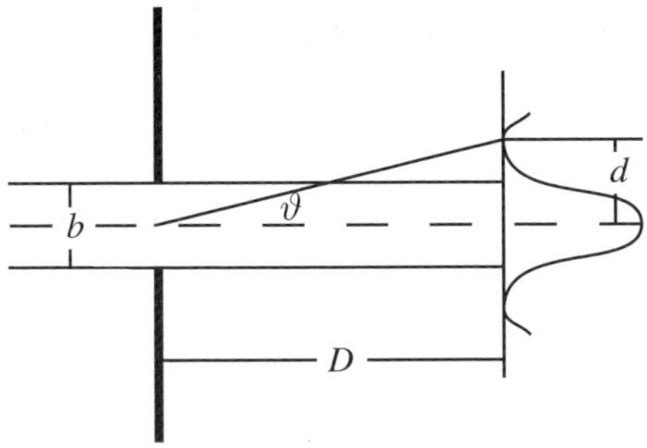

Abb. 5.18: Zur Bestimmung der minimalen Breite des Hauptmaximums. D ist der Abstand von Spalt bis Beobachtungsschirm und d der seitliche Abstand des 1. Minimums von der Spaltmittenachse.

Wird die Spaltbreite vergrößert, so wandern die Minima nach innen. Gleichzeitig rücken die beiden Schattengrenzen aber immer weiter nach außen. Als Breite des Hauptmaximums definiert man den Abstand der beiden ersten Minima (das wäre $2d$) bzw. den Bereich zwischen den beiden Schattengrenzen (das wäre b), je nachdem, welcher der beiden Ausdrücke gerade größer ist. Bei einer ganz bestimmten Spaltbreite, fallen die Minima und die Schattengrenzen gerade zusammen. Genau dann ist das Hauptmaximums am schmalsten! Beim ersten Minimum gilt $\sin\vartheta = \frac{\lambda}{b} \approx \tan\vartheta = \frac{d}{D}$. Folglich also $d \approx D\frac{\lambda}{b}$. Gleichsetzen von $2d$ und b führt auf die Formel für die minimale Breite des Hauptmaximums:

$$b_{\mathrm{m}} = \sqrt{2D\lambda}.$$

Völlig analoge Überlegungen gelten, wenn eine ebene Welle auf ein Hindernis mit kreisförmiger Öffnung fällt. Dieser Fall ist schwieriger zu behandeln aber wichtiger, weil Blenden in optischen Instrumenten häufig kreisförmige Öffnungen besitzen. Minimale Breite des Hauptmaximums hat man bei einem Blendendurchmesser von

$$d_{\mathrm{m}} = \sqrt{2{,}44D\lambda}.$$

Aufgaben

5.7-1 Auf einen 10 cm breiten Spalt fallen senkrecht ebene Schallwellen auf. Das erste seitliche Maximum hat von der Mittelsenkrechten den Winkelabstand 15°40′. Berechnen Sie die Wellenlänge!

Lösung: 1,80 cm

5.7-2 Ein Spalt von 0,1 mm Breite wird mit parallelem Licht der Wellenlänge 600 nm bestrahlt. Die Beugungsstreifen werden auf einem 40 cm vom Spalt entfernten Schirm beobachtet. Wie weit ist der dritte dunkle Streifen vom mittleren hellen Streifen entfernt?

Lösung: 7,20 mm

5.7-3 Ein Spalt wird mit parallelem Licht (Wellenlänge 600 nm) beleuchtet. In 2 m Abstand hat das mittlere Beugungsmaximum eine Breite von 4 mm. Wie breit ist der Spalt?

Lösung: 600 µm

5.8 Stehende Wellen

Wir betrachten zwei harmonische Wellen gleicher Frequenz und Amplitude, aber mit entgegengesetzter Ausbreitungsrichtung:

$$u_1(x,t) = \hat{u}\sin(\omega t - kx + \varphi_1),$$
$$u_2(x,t) = \hat{u}\sin(\omega t + kx + \varphi_2).$$

Ohne Verlust an Allgemeinheit kann eine der beiden Nullphasenwinkel null gesetzt werden. Daher

$$\varphi_1 = 0 \qquad \text{und} \qquad \varphi := \varphi_2.$$

Die resultierende Welle ergibt sich aus $u_1(x,t) + u_2(x,t)$. Wegen der trigonometrischen Beziehung $\sin\alpha + \sin\beta =$

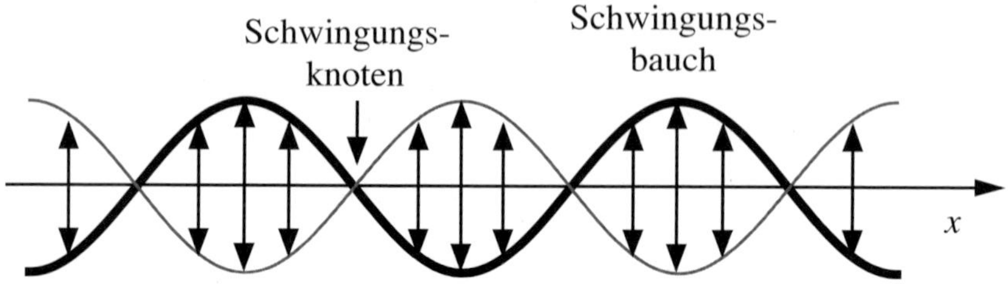

Abb. 5.19: Stehende Welle. Dargestellt ist die Auslenkung zu zwei um $T/2$ auseinander liegenden Zeiten. Die Pfeile deuten die Bahn der einzelnen Pendelkörper an. Man sieht, dass benachbarte Schwingungsknoten um $\lambda/2$ auseinander liegen.

$2\sin\frac{\alpha+\beta}{2}\cos\frac{\alpha-\beta}{2}$ lässt sich die Gesamtauslenkung in der Form

$$u(x,t) = 2\hat{u}\cos(kx + \frac{\varphi}{2})\sin(\omega t + \frac{\varphi}{2})$$

schreiben. Um diese Formel leichter deuten zu können, betrachten wir den Spezialfall $\varphi = 0$. Man erhält

$$\begin{aligned} u(x,t) &= 2\hat{u}\cos(kx)\sin(\omega t) \\ &= A(x)\sin(\omega t) \end{aligned}$$

mit

$$A(x) = 2\hat{u}\cos(kx).$$

Die Auslenkung an verschiedenen Orten ist nicht mehr phasenverschoben! Allerdings ist jetzt die Amplitude A der Schwingung ortsabhängig (Abb. 5.19). **Schwingungsknoten** und **Schwingungsbäuche** sind ortsfest – d. h. die resultierende Welle schreitet nicht fort. Daher spricht man von **stehenden Wellen**.

Stehende Wellen treten beispielsweise bei beidseitig eingespannten Saiten auf. Dort kommt es nämlich aufgrund von Reflexion an den Einspannstellen zur Überlagerung von Wellen, die sich nur in der Ausbreitungsrichtung unterscheiden. An den Einspannstellen ist die Auslenkung zu jedem Zeitpunkt null. Aus diesen **Randbedingungen** folgt, dass die Saite nur mit ganz bestimmten Eigenfrequenzen schwingen kann. Diese berechnen sich aus

$$f_n = n f_1$$

mit

$$f_1 := \frac{c}{2L}$$

(**Grundfrequenz**). Dabei bedeutet c die Phasengeschwindigkeit, L ist die Länge der Saite und n ist eine ganze Zahl größer null. Es sind also nur Frequenzen möglich, die ganzzahlige Vielfache der Grundfrequenz sind. Man spricht von **Oberschwingungen**. Die **Grundschwingung** und die ersten Oberschwingungen einer Saite sind in Abbildung 5.20 dargestellt.

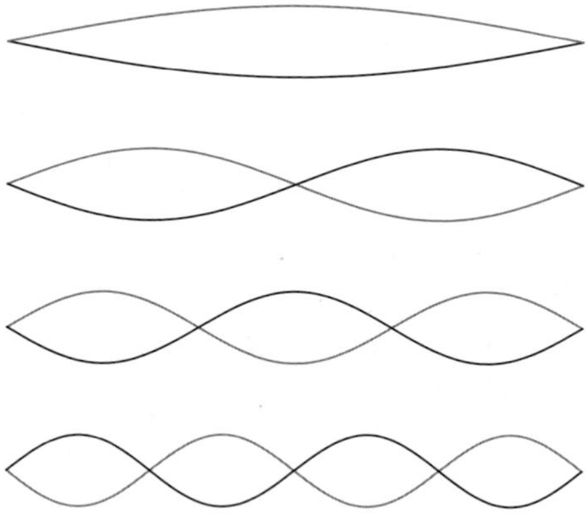

Abb. 5.20: Grund- und die ersten drei Oberschwingungen einer Saite

Bei einer angeschlagenen Saite findet man immer eine Überlagerung von Grund und Oberschwingungen. Die relativen Anteile der

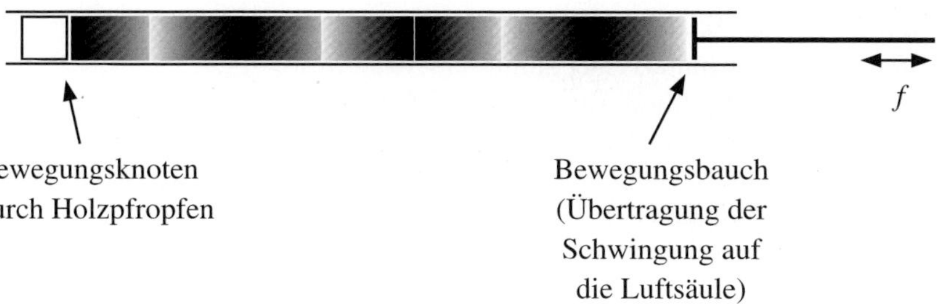

Abb. 5.21: Kundtsches Rohr. Bewegungsknoten sind dunkel, Bewegungsbäuche hingegen hell dargestellt.

verschiedenen Schwingungsformen sind durch die jeweils vorliegenden Anfangsbedingungen bestimmt.

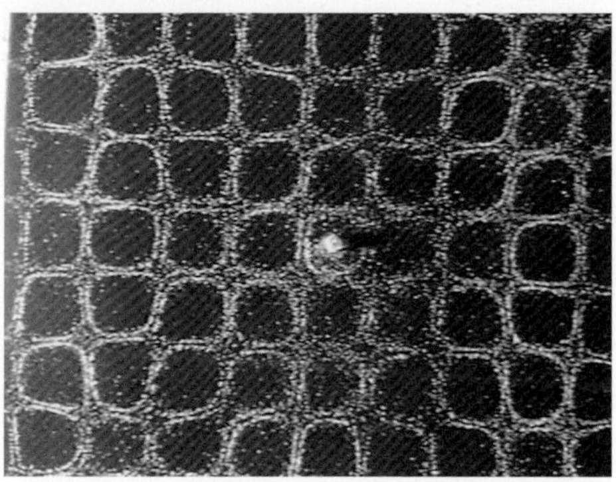

Abb. 5.22: Chladnifigur auf einer Aluminiumplatte (450 mm × 450 mm × 6 mm). Die Anregungsfrequenz beträgt ca. 13 kHz.

Ein analoges Verhalten beobachtet man an einer Luftsäule in einem dünnen Rohr (**Kundtsches**[1] **Rohr**, vgl. Abb. 5.21). Die Luft wird einseitig zu Schwingungen angeregt. Da Schallwellen in Gasen longitudinal sind, erzwingt der Holzpfropfen am anderen Ende einen Bewegungsknoten. Da die Welle am Holzpfropfen reflektiert wird, bilden sich stehende Schallwellen aus. Diese lassen sich mit Korkpulver sichtbar machen. Das feine Pulver wird nämlich von den Orten der Bewegungsbäuche weggetrieben und sammelt sich bei den Bewegungsknoten an. Misst man den Abstand der Korkpulveransammlungen, so lässt sich die Wellenlänge der Schallwelle leicht bestimmen.

Das gleiche Phänomen tritt auch bei flächigen Ausbreitungsmedien auf. Aus den Bewegungsknoten werden dann Bewegungsknotenlinien. Diese macht man mit feinem Sand sichtbar (**Chladnische**[2] **Klangfiguren**). Ein Beispiel ist in Abbildung 5.22 dargestellt.

Aufgaben

5.8-1 Eine Gitarrensaite soll auf den Kammerton a (440 Hz) abstimmbar sein. Wie dick darf die Saite höchstens sein, damit beim Stimmen eine Zugkraft von 100 N nicht überschritten wird? (Saitenlänge $L = 60$ cm, Dichte des Saitenmaterials $\rho \approx 8\ \mathrm{g/cm^3}$)

Lösung: 0,24 mm

5.8-2 Eine Saite (Grundfrequenz 360 Hz) wird (mit Hilfe von Resonanz) mit der Frequenz 1440 Hz erregt. Um welche Oberschwingung handelt es sich?

Lösung: um die Dritte

---

[1] August Adolf Eduard Eberhard Kundt, 1839 – 1894

[2] Ernst Florens Friedrich Chladni, 1756 – 1827

5.8-3 Um die Schallgeschwindigkeit in Leuchtgas zu bestimmen, werden mittels einer Stimmgabel in Luft und in Leuchtgas Kundtsche Staubfiguren erzeugt und dabei jeweils der Abstand von je zwei aufeinander folgenden Knoten gemessen. Man erhält: 8,3 cm für Luft und 10,8 cm für Leuchtgas. Berechnen Sie die Schallgeschwindigkeit in Leuchtgas, wenn sie in Luft 340 m/s beträgt!

Lösung: 442 m/s

5.8-4 Die G-Saite einer Violine ist 30 cm lang. Wenn sie ohne Griff gespielt wird, schwingt sie mit einer Frequenz von 196 Hz. Wie weit vom Saitenende entfernt muss der Finger gesetzt werden, damit ein 220 Hz-Ton erklingt?

Lösung: 3,27 cm

6 Optik

6.1 Geometrische Optik

Elektromagnetische Wellen im Wellenlängenbereich von ca. 400 nm bis ca. 800 nm nennt man **Licht** (vgl. Tabelle 5.1). Dass es sich bei Licht um ein Wellenphänomen handelt, weist man z. B. mit Beugungsexperimenten nach.

Häufig spielen Beugungs- und Interferenzeffekte bei der Ausbreitung von Licht eine untergeordnete Rolle. Dann ist es möglich, die Lichtausbreitung näherungsweise durch **Lichtstrahlen** zu beschreiben. Diese haben folgende Eigenschaften:

- In homogenen[1], isotropen[2] Medien breiten sich Lichtstrahlen geradlinig aus.
- Lichtwege sind umkehrbar. Läuft ein Lichtstrahl von einem Raumpunkt zu einem anderen, so ist auch der umgekehrte Weg möglich.
- Lichtstrahlen können sich gegenseitig durchdringen, ohne dass sie dadurch eine Veränderung erfahren.

Im Rahmen der geometrischen Optik berücksichtigt man nur Richtungsänderung von Lichtstrahlen, die durch Reflexion oder Brechung zustande kommen (vgl. Kapitel 5.6).

6.1.1 Spiegel

Das Zustandekommen der Abbildung eines Gegenstandes an einem **ebenen Spiegel** ist in Abbildung 6.1 dargestellt.

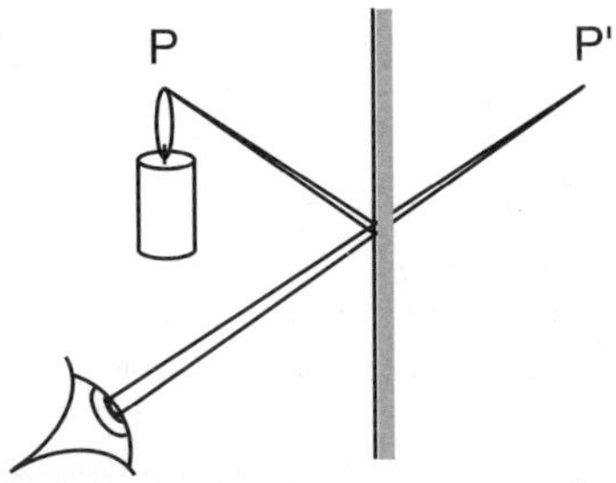

Abb. 6.1: Abbildung am ebenen Spiegel. Stellvertretend sind die zur Bildentstehung im Auge beitragenden Strahlen eines einzigen **Gegenstandspunkts** P dargestellt. Für den Betrachter scheinen die Strahlen vom **Bildpunkt** P′ zu kommen.

Die vom lichtaussendenden Gegenstand ausgehenden Strahlen werden am Spiegel umgelenkt. Hierbei gilt das Reflexionsgesetz. Für das Auge macht es keinen Unterschied, ob die Strahlen ihren Ausgangspunkt in P oder in P′ haben. Daher scheint der Gegenstand sich hinter dem Spiegel zu befinden. Schneiden sich die Strahlen nicht am Bildort, sondern (wie beim ebenen Spiegel) nur ihre rückwärtigen Verlängerungen, so spricht man von einem **virtuellen Bild**. Virtuelle Bilder lassen sich nicht auf einem Schirm oder Film am Ort der Bildentstehung auffangen. Im Gegensatz dazu ist dies bei **reellen Bildern** der Fall. Diese sind dadurch gekennzeichnet, dass sich die Strahlen tatsächlich am Ort der Bildentstehung schneiden (vgl. Abb. 6.3). Ebene Spiegel erzeugen aber ausschließlich virtuelle, aufrechte

---
[1] homogen: überall gleich beschaffen
[2] isotrop: keine Richtung ist ausgezeichnet

und seitenverkehrte Bilder. Ihre Größe stimmt mit derjenigen des abgebildeten Gegenstandes überein.

Die Bildentstehung am **sphärischen Hohlspiegel** ist wesentlich interessanter. In Abbildung 6.2 ist ein Hohlspiegel schematisch dargestellt.

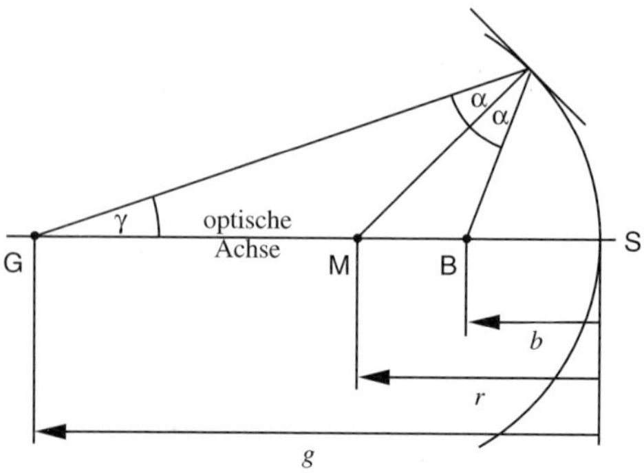

Abb. 6.2: Abbildung am Hohlspiegel

Er besteht aus einer Kugelkalotte mit verspiegelter Innenseite. Der zugehörige Kugelmittelpunkt liegt bei M. Die Gerade, die durch M und durch das Zentrum der Kugelkappe S (genannt **Scheitel**) verläuft, heißt **optische Achse**. Im Folgenden setzen wir voraus, dass das Licht von links her einfällt. Alle Strecken werden auf den Scheitel bezogen. Die Koordinaten aller Punkte, die links von S liegen, sind negativ, die rechts von S liegenden positiv. Auch der zum Kugelradius gehörende Abstand r ist negativ, da er vom Scheitel bis zum Mittelpunkt gemessen wird und M links von S liegt.

Man stelle sich G als leuchtenden Punkt vor. Verfolgt man den Weg eines willkürlich herausgegriffenen Strahls, der mit der optischen Achse einen kleinen, sonst aber beliebigen Winkel γ einschließt[1)], so findet man seine Laufrichtung nach der Reflexion mithilfe des Reflexionsgesetzes (das Lot auf der Tangente verläuft durch M). Für den Abstand b, in dem der reflektierte Strahl auf die optische Achse trifft, erhält man

$$b = \frac{rg}{2g - r}.$$

Das Ergebnis ist (in der paraxialen Näherung) unabhängig von γ! Das heißt alle Strahlen verlaufen durch den gleichen Punkt B. Folglich divergieren Strahlen nicht nur von G, sondern auch von B. Bei B entsteht ein reelles Bild des Gegenstandspunkts G. Daher nennt man B den zu G gehörenden Bildpunkt und b **Bildweite**. g ist dementsprechend die **Gegenstandsweite**.

Verschiebt man G sehr weit nach links, so fallen alle Strahlen, die auf den Spiegel treffen, nahezu parallel zur optischen Achse ein. Der Ort, an dem der Bildpunkt dann entsteht, nennt man **Brennpunkt** F. Der Abstand des Brennpunktes vom Scheitel ist die **Brennweite**:

$$f := \lim_{g \to -\infty} b(g)$$

(Brennweite = Bildweite für den Fall $g \to -\infty$). Mithilfe der obigen Formel lässt sich die Brennweite des Hohlspiegels berechnen. Man erhält

$$f = \frac{r}{2}$$

(Achtung, da r negativ ist, ist auch die Brennweite negativ!). Unter Verwendung dieser Beziehung kann man die oben angegebene Gleichung für die Bildweite in der leichter merkbaren Form

$$\frac{1}{f} = \frac{1}{b} + \frac{1}{g}$$

schreiben (**Abbildungsgleichung des Hohlspiegels**).

Als nächstes soll der Bildort für Gegenstandspunkte, die außerhalb der optischen Achse liegen, angegeben werden. Schließlich ist es das Ziel herauszufinden, wie ausgedehnte Gegenstände abgebildet werden.

---

1) man spricht von **paraxialen Strahlen**

Der Verlauf einiger Strahlen kann sofort angegeben werden (**Hauptstrahlen**, Abb. 6.3):

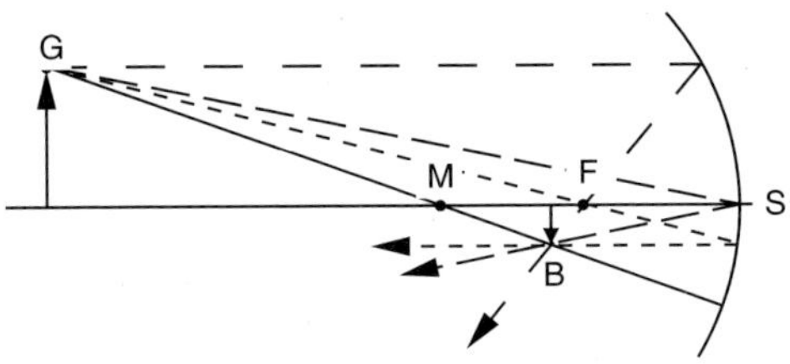

Abb. 6.3: Hauptstrahlen beim Hohlspiegel. Der abzubildende Gegenstandspunkt ist die Pfeilspitze. Das Bild entsteht am Schnittpunkt der Hauptstrahlen. Dieser liegt unterhalb der optischen Achse – das Bild ist umgekehrt!

- Der **Mittelpunktstrahl** verläuft durch M und wird daher in sich selbst zurückreflektiert.
- Die Tangente am Scheitel verläuft senkrecht. Der **Scheitelstrahl** liegt daher symmetrisch zur optischen Achse.
- Der **Parallelstrahl** fällt parallel zur optischen Achse ein. Daher läuft er nach der Reflexion durch den Brennpunkt.
- Der **Brennpunktstrahl** verläuft durch den Brennpunkt. Folglich läuft er nach der Reflexion parallel zur optischen Achse (Umkehrbarkeit der Lichtwege).

Diese und alle anderen paraxialen Strahlen schneiden sich im gleichen Punkt, dem Bildpunkt. Zur Konstruktion des Bildortes genügen zwei der Hauptstrahlen.

Wichtig ist auch die Größe des entstehenden Bildes. Der **Abbildungsmaßstab** (auch ‚Lateralvergrößerung') ist definiert als Verhältnis von lateraler[1] Bildgröße B zu lateraler Gegenstandsgröße G:

$$\beta := \frac{B}{G}.$$

[1] ‚lateral' bedeutet ‚seitlich'

Zählt man die Höhe von aufrecht stehenden Gegenständen und Bildern positiv, die von umgekehrt stehenden Gegenständen und Bildern aber negativ, so kann man aus dem Vorzeichen von β ablesen, ob Bild und Gegenstand gleichgerichtet ($\beta > 0$) oder entgegengerichtet ($\beta < 0$) sind. Mithilfe des Scheitelstrahls ist leicht einzusehen, dass für den Abbildungsmaßstab

$$\beta = -\frac{b}{g}$$

gilt. Bildort, Bildgröße, aber auch Art des Bildes hängen von der Gegenstandsweite ab. Eine Übersicht gibt Tabelle 6.1.

Im Vergleich zu Hohlspiegeln, sind Wölbspiegel geradezu langweilig. Ein **sphärischer Wölbspiegel** entsteht, wenn man anstelle der Innenseite die Außenseite einer Kugelkalotte verspiegelt. Er erzeugt für alle Gegenstandsweiten virtuelle, aufrechte und verkleinerte Bilder. Alle oben angegebenen Formeln sind auch beim Wölbspiegel anwendbar. Man muss nur beachten, dass aus dem Hohlspiegel in Abbildung 6.2 ein Wölbspiegel wird, wenn der Kugelmittelpunkt M rechts vom Scheitel S liegt. Das bedeutet, dass in diesem Fall r (und damit f) positiv sind.

Oben wurde mehrfach darauf hingewiesen, dass die angestellten Überlegungen nur für paraxiale Strahlen gelten. Bei weit geöffneten Spiegeln tragen auch nichtparaxiale Strahlen zur Bildentstehung bei. Die Folge ist, dass sich die Strahlen, die vom gleichen Gegenstandspunkt ausgehen, nicht genau in einem Punkt, sondern in einem kleinen Gebiet kreuzen. Gegenstandspunkte werden zu ‚Bildflecken' (**Öffnungsfehler**, sphärische Aberration). Die Folge sind unscharfe Bilder.

Tabelle 6.1: Bildweite, Abbildungsmaßstab und Bildart in Abhängigkeit von g beim Hohlspiegel. Die etwas unpräzise Aussage aus der vorletzten Zeile bedeutet, dass das Bild beim Übergang von $g < f$ nach $g > f$ als reelles, auf dem Kopf stehendes Bild, bei $-\infty$ verschwindet und als virtuelles, aufrechtes Bild bei $+\infty$ wieder erscheint.

g	b	β	Bildart
$-\infty < g < r$	$r < b < f$	$-1 < \beta < 0$	reell
$g = r$	$b = r$	$\beta = -1$	reell
$r < g < f$	$-\infty < b < r$	$\beta < -1$	reell
$g = f$	$b = \pm\infty$	$\beta = \pm\infty$	reell/virtuell
$f < g < 0$	$0 < b$	$1 < \beta$	virtuell

Aufgaben

6.1.1-1 Welche Länge muss ein senkrecht an der Wand hängender Spiegel mindestens haben, damit man sich selbst vom Scheitel bis zur Sohle vollständig sehen kann (Skizze, keine Rechnung!)?

Lösung: halbe Körpergröße

6.1.1-2 Zwischen dem in 20 m Höhe stehenden Beobachter und einem 60 m hohen Schornstein befindet sich ein Teich, in dem das Spiegelbild des Schornsteinkopfes unter 35° gegen die Waagrechte zu sehen ist. Wie weit ist der Schornstein entfernt?

Lösung: 114 m

6.1.1-3 2 cm vor einem Hohlspiegel mit Brennweite 6 cm steht ein 1 cm großer Gegenstand. Bestimmen Sie den Ort und die Größe des Bildes zeichnerisch und rechnerisch!

Lösung: 3 cm, 1,5 cm

6.1.1-4 Wie weit muss ein Gegenstand vom Scheitel des Hohlspiegels mit Radius 20 cm entfernt sein, damit ein 5 mal so großes reelles/virtuelles Bild entsteht? In welchen Entfernungen vom Scheitel befinden sich diese Bilder?

Lösung: reell −12 cm, −60 cm,
virtuell −8 cm, 40 cm

6.1.2 Lichtbrechung und Linsen

Wenn Licht die Trennfläche zwischen zwei Medien durchdringt, kommt es zur **Lichtbrechung**. Das heißt, die Lichtstrahlen knicken beim Übergang gemäß Brechungsgesetz ab (vgl. Abschnitt 5.6).

In der Optik ist es üblich, mit **absoluten Brechzahlen** zu arbeiten. Absolute Brechzahlen beziehen sich auf den Übergang vom Vakuum in das durchsichtige Ausbreitungsmedium, d. h.

$$n := c_0/c,$$

wobei c_0 die Vakuumlichtgeschwindigkeit und c die Lichtgeschwindigkeit im jeweiligen Medium bezeichnet. Man überlegt sich leicht, dass die Brechzahl für den Übergang von Medium 1 nach Medium 2 sich durch die entsprechenden absoluten Brechzahlen n_1 und n_2 gemäß

$$n_{12} = \frac{n_2}{n_1}$$

ausdrücken lässt. Das Ausbreitungsmedium mit der größeren/kleineren absoluten Brechzahl nennt man optisch dichter/dünner (vgl. Tabelle 6.2).

Erfolgt der Übergang vom optisch dichteren ins optisch dünnere Medium (beispielsweise von Glas nach Luft), so wird der Strahl vom Lot weggebrochen (Abb. 6.4). Vergrößert man den Einfallswinkel α über den **Grenzwinkel**

$$\alpha_G := \arcsin\left(\frac{n_2}{n_1}\right),$$

so kommt es zur **Totalreflexion** – das Licht kann die Grenzfläche nicht überschreiten. Dieser Effekt wird z. B. beim **Lichtwellenleiter** ausgenützt.

Tabelle 6.2: Absolute Brechzahl verschiedener Materialien

Material	n
Luft	≈ 1
Wasser	1,33
Quarzglas	1,46
Fensterglas	1,52
Kronglas	ca. 1,46 – 1,65
Flintglas	ca. 1,56 – 1,93

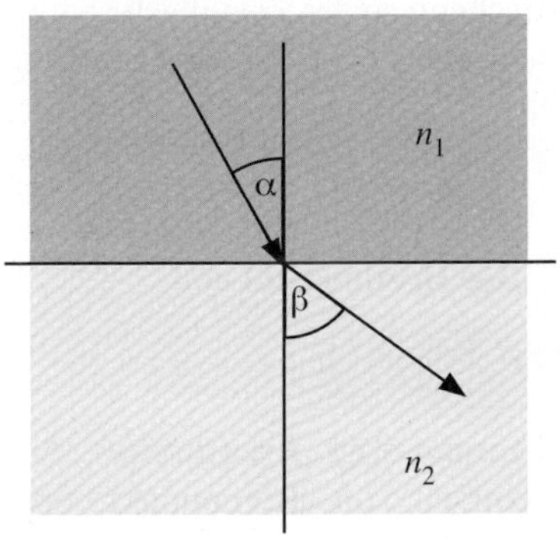

Abb. 6.4: Lichtbrechung beim Übergang vom optisch dichteren ins optisch dünnere Medium ($n_1 > n_2$).

In Abbildung 6.5 ist dargestellt, wie Licht unter zweimaliger Brechung eine planparallele Platte durchläuft.

Offenbar werden die Lichtstrahlen um eine Strecke δ querversetzt. Die **Querverschiebung** ergibt sich aus

$$\delta = d\,\frac{\sin(\alpha - \beta)}{\cos\beta}.$$

Den Winkel β erhält man unter Verwendung des Brechungsgesetzes.

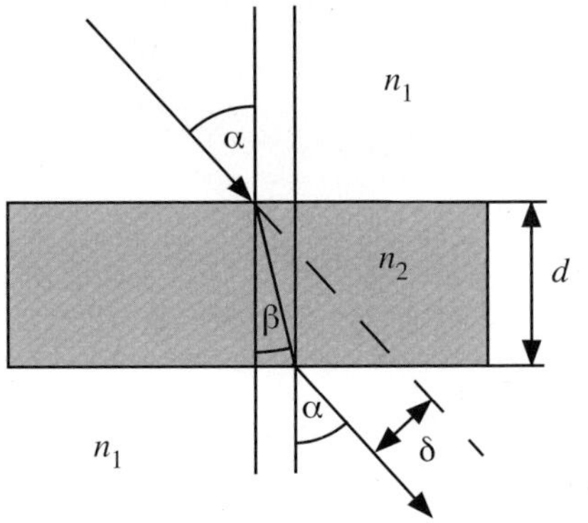

Abb. 6.5: Licht durchläuft eine Platte mit planparallelen Grenzflächen

Schließen die beiden Grenzflächen einen Winkel ein (**brechender Winkel** ε), so spricht man von einem **Prisma** (Abb. 6.6).

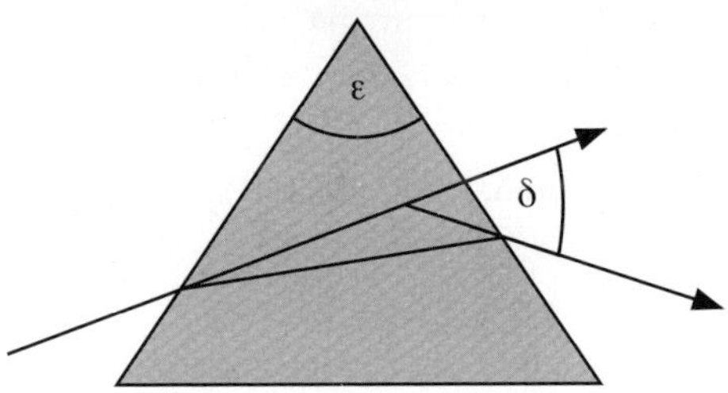

Abb. 6.6: Strahlengang beim Prisma

Da Lichtwellen bei der Ausbreitung in Stoffen Dispersion zeigen (vgl. Kapitel 5), hängt auch die Brechzahl n von der Wellenlänge λ ab. Beim Prisma führt dies dazu, dass Licht unterschiedlicher Wellenlänge unterschiedlich stark abgelenkt wird. Daher kann man Lichtstrahlen unterschiedlicher Wellenlänge mithilfe eines **Prismenspektralapparates** trennen[1]. Zwei weitere Anwendungen von Prismen sind in Abbildung 6.7 und Abbildung 6.8 dargestellt.

[1] Auf dem gleichen Effekt beruht im Übrigen die Farberscheinung beim Regenbogen

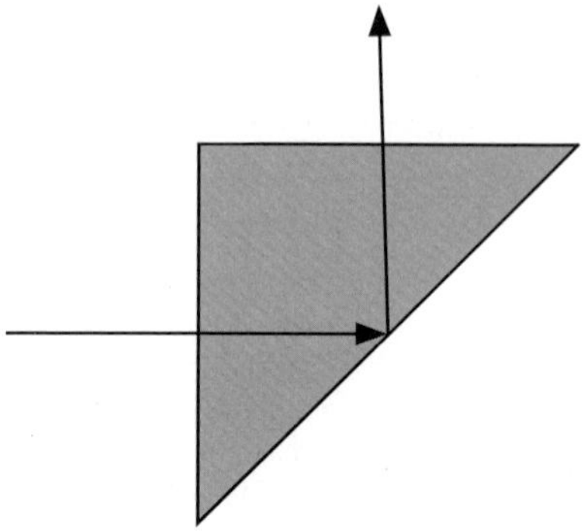

Abb. 6.7: Umlenkprisma

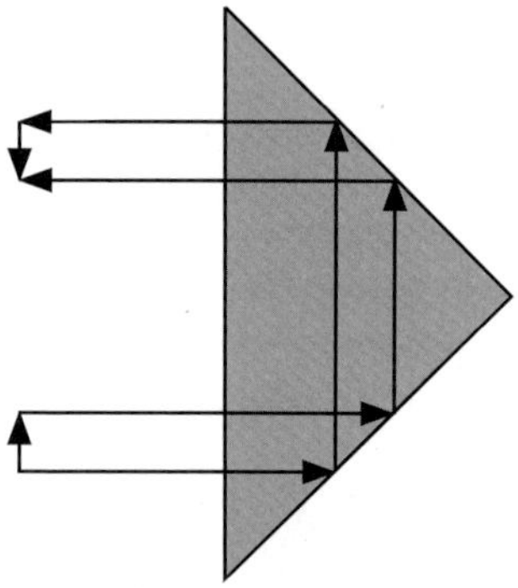

Abb. 6.8: Umkehrprisma

Als Vorbereitung auf die Behandlung optischer Linsen wird als nächstes die Lichtbrechung an einer sphärischen Trennfläche betrachtet (Abb. 6.9).

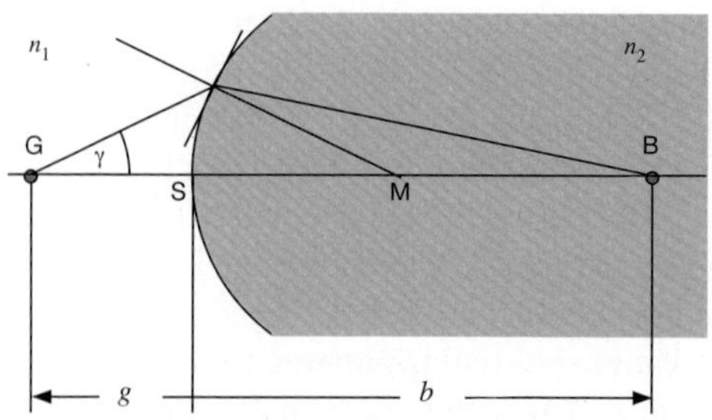

Abb. 6.9: Strahlengang an einer sphärischen Trennfläche

Das Vorgehen ist sehr ähnlich dem beim sphärischen Hohlspiegel. Auch hier werden alle Strecken auf den Scheitel S bezogen.

Für den Zusammenhang zwischen Gegenstandsweite und Bildweite findet man unter Anwendung des Brechungsgesetzes in der paraxialen Näherung

$$\frac{n_2}{b} - \frac{n_1}{g} = (n_2 - n_1)\frac{1}{r}.$$

Wegen der Bedeutung dieser Formel für die Abbildung mit Linsen heißt sie **fundamentale Abbildungsgleichung**.

Man unterscheidet zwischen bildseitigem Brennpunkt (Ort, an dem sich parallel zur optischen Achse einlaufende Strahlen sammeln) und gegenstandsseitigem Brennpunkt. Von Letzterem ausgehende Strahlen verlaufen nach Brechung an der Trennfläche parallel zur optischen Achse. Die zugehörigen Brennweiten sind

$$f' := \lim_{g \to -\infty} b(g)$$

(**bildseitige Brennweite**) und

$$f := \lim_{b \to +\infty} g(b)$$

(**gegenstandsseitige Brennweite**). Achtung: Wenn einfach von ‚Brennpunkt' oder von ‚Brennweite' die Rede ist, sind immer der bildseitige Brennpunkt bzw. die bildseitige Brennweite gemeint.

Aus der fundamentalen Abbildungsgleichung erhält man

$$f' = \frac{n_2 r}{n_2 - n_1}$$

und

$$f = \frac{n_1 r}{n_1 - n_2}.$$

Für den Abbildungsmaßstab findet man

$$\beta = \frac{n_1 b}{n_2 g}.$$

Zur Bildkonstruktion verwendet man wieder Hauptstrahlen (Brennpunktstrahl, Parallelstrahl und Mittelpunktstrahl).

Damit sind wir in der Lage, die Bildentstehung an **sphärischen Linsen** zu behandeln. Denn sphärische Linsen bestehen typischerweise aus Glaskörpern, die beidseitig sphärische Trennflächen aufweisen. Dabei gibt es verschiedene Möglichkeiten (vgl. Abb. 6.10 und 6.11).

Abb. 6.10: Konvexe Linsen. Von links nach rechts: **bikonvex, plankonvex, konkavkonvex**

Abb. 6.11: Konkave Linsen. Von links nach rechts: **bikonkav, plankonkav, konvexkonkav**

Sammellinsen (konvexe Linsen) erkennt man daran, dass sie in der Mitte dicker sind als weiter außen[1]. Dagegen haben **Zerstreuungslinsen (konkave Linsen)** ihre dünnste Stelle in der Mitte.

Die Ermittlung des Bildortes erfolgt in zwei Schritten (Abb. 6.12).

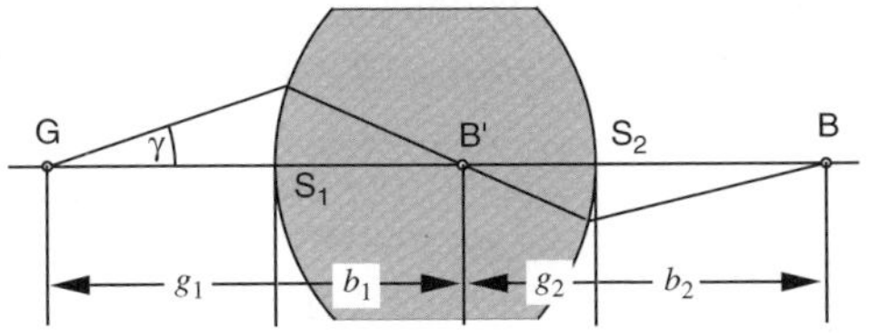

Abb. 6.12: Abbildung an einer sphärischen Linse. Bei B′ entsteht ein Zwischenbild.

[1] Merkregel: ‚Der Bauch vom Direx ist konvex'

Zunächst wird mithilfe der fundamentalen Abbildungsgleichung der Ort des Bildes bestimmt, das durch Brechung an der ersten sphärischen Trennfläche entsteht (**Zwischenbild**). Dieses wird als Gegenstand für die Abbildung an der zweiten Trennfläche aufgefasst. Hierbei ist wieder die fundamentale Abbildungsgleichung anzuwenden. Das Ergebnis ist (für eine Linse mit Brechzahl n in Luft)

$$\frac{1}{b_2} - \frac{1}{g_1} + \frac{nd}{b_1 g_2} = (n-1)\left(\frac{1}{r_1} - \frac{1}{r_2}\right).$$

Dabei ist r_1 der Krümmungsradius der ersten Trennfläche, r_2 der Krümmungsradius der zweiten Trennfläche (Vorzeichen beachten!) und d die Dicke der Linse.

Unter Umständen liegt das Zwischenbild hinter der zweiten Trennfläche, d. h. es wird überhaupt nicht wirklich erzeugt. Die in diesem Abschnitt angegebenen Formeln gelten aber auch dann.

Erhebliche Vereinfachungen ergeben sich, wenn man sich auf **dünne Linsen** beschränkt. Von dünnen Linsen spricht man, wenn die Linsendicke wesentlich kleiner ist als die Brennweiten der Linse. Dann werden alle Strecken, wie z. B. die Gegenstandsweite g und die Bildweite b, auf die Linsenmitte bezogen. Aus der oben stehenden Gleichung ergibt sich dann unter Ausnützung von $d \approx 0$ für die bildseitige Brennweite die **Linsenschleiferformel**:

$$\frac{1}{f'} = (n-1)\left(\frac{1}{r_1} - \frac{1}{r_2}\right).$$

Die gegenstandsseitige Brennweite f stimmt mit der bildseitigen Brennweite f' bis auf das Vorzeichen überein ($f = -f'$). Weiterhin erhält man unter Verwendung von $g_1 \approx g$ und

Tabelle 6.3: Bildweite, Abbildungsmaßstab und Bildart bei der Sammellinse

g	b	β	Bildart
$-\infty < g < 2f$	$f' < b < 2f'$	$-1 < \beta < 0$	reell
$g = 2f$	$b = 2f'$	$\beta = -1$	reell
$2f < g < f$	$2f' < b < +\infty$	$\beta < -1$	reell
$g = f$	$b = \pm\infty$	$\beta = \pm\infty$	reell/virtuell
$f < g < 0$	$-\infty < b < g$	$1 < \beta$	virtuell

$b_2 \approx b$ die **Abbildungsgleichung der Linse**:

$$\frac{1}{f'} = \frac{1}{b} - \frac{1}{g}.$$

Konstruktiv erhält man Bildort und Bildgröße mithilfe der Hauptstrahlen (Abb. 6.13 und 6.14).

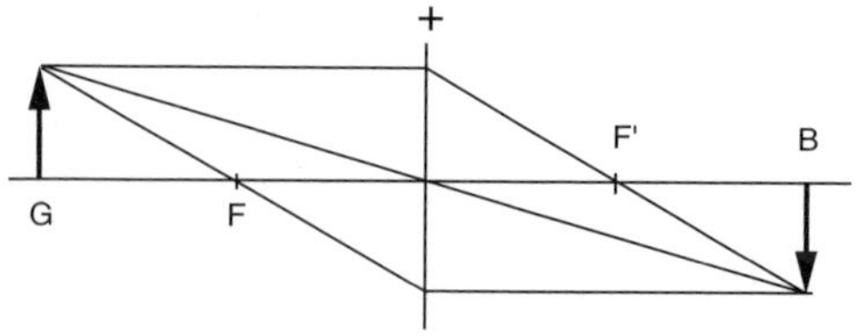

Abb. 6.13: Hauptstrahlen bei der Sammellinse. Sammellinsen werden häufig durch eine Linie mit einem Pluszeichen dargestellt.

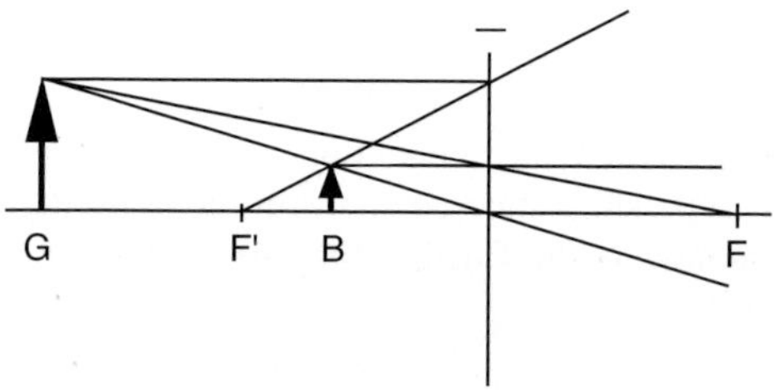

Abb. 6.14: Hauptstrahlen bei der Zerstreuungslinse. Zerstreuungslinsen werden häufig durch eine Linie mit einem Minuszeichen dargestellt. Nicht die Strahlen schneiden sich am Bildort, sondern nur ihre rückwärtigen Verlängerungen (virtuelles Bild). Bildseitige Brennweite und Bildweite sind negativ.

Zerstreuungslinsen erzeugen nur aufrechte, verkleinerte und virtuelle Bilder. Die Bildeigenschaften von Sammellinsen findet man in Tabelle 6.3.

Aus der Abbildung 6.13 liest man ab, dass der Abbildungsmaßstab durch

$$\beta = \frac{b}{g}$$

gegeben ist. Der Kehrwert der Brennweite heißt **Brechkraft**:

$$D' = \frac{1}{f'}$$

($[D'] = \mathrm{m}^{-1}$ =: Dioptrie (dpt)).

Aufgaben

6.1.2-1 a) Welche Brechzahl muss ein zylindrischer Stab mindestens haben, wenn alle aus Luft in seine Basis eintretenden Strahlen innerhalb des Stabes durch Totalreflexion weitergeleitet werden sollen?
b) Wie groß ist der maximale Eintrittswinkel bei $n = 1{,}33$?

Lösung: 1,41, 61,3°

6.1.2-2 Wie groß ist die Querverschiebung eines schräg durch eine planparallele Platte der Dicke d laufenden Lichtstrahls? (d = 6 mm, $\alpha = 40°$, $n = 1{,}5$)

Lösung: 1,68 mm

6.1.2-3 Monochromatisches Licht fällt senkrecht auf die eine Fläche eines Prismas, dessen brechender Winkel 40° beträgt. Nachdem der Lichtstrahl das Prisma auf der gegenüberliegenden Seite wieder verlassen hat, verläuft er unter einem Winkel von 33° zur ursprünglichen Laufrichtung. Welche Brechzahl hat das Prismenmaterial?

Lösung: 1,488

6.1.2-4 Ein punktförmiges Objekt befinde sich vor einer kugelförmigen Fläche, die zwei Medien mit Brechzahl $n_1 = 1{,}0$ und $n_2 = 1{,}5$ trennt. Berechnen Sie die Bildweite für die Fälle
a) $r = 80$ mm, $g = -500$ mm,
b) $r = 80$ mm, $g = -100$ mm,
c) $r = -80$ mm, $g = -\infty$.

Lösung: 353 mm, −400 mm, −240 mm

6.1.2-5 Berechnen Sie die Brechkraft einer dünnen konkavkonvexen Linse, deren Krümmungsradien 8 und 12 cm betragen ($n = 1{,}52$).

Lösung: 2,17 dpt

6.1.2-6 Eine dünne Linse aus Kronglas (Brechzahl 1,518) hat auf der Lichteinfallseite einen Krümmungsradius von +150 mm. Mit welchem Krümmungsradius muss die andere Seite geschliffen werden, damit die bildseitige Brechkraft −2,5 dpt beträgt?

Lösung: ca. 87,0 mm

6.1.2-7 Gegeben sei eine dünne Plankonvexlinse ($n = 1{,}52$) mit Krümmungsradius 31,2 cm. In welchem Abstand von der Linse erscheint das Bild eines Gegenstandes, der sich 100 cm von der Linse entfernt befindet?

Lösung: 150 cm

6.1.2-8 50 cm vor einer Sammellinse mit Brennweite 20 cm steht ein Gegenstand. Wie groß sind die Bildweite und der Abbildungsmaßstab? Gleiche Frage für eine Zerstreuungslinse mit Brennweite 30 cm, wenn der Gegenstand 60 cm von der Linse entfernt ist.

Lösung: +33,3 cm / −20,0 cm und −0,667/+ 0,333

6.1.2-9 Eine dünne plankonvexe Linse (Durchmesser 60 mm, Brechzahl 1,5) habe eine Brennweite von 400 mm. Welche Dicke hat die Linse in der Mitte, wenn man annimmt, dass sie am Rand ganz dünn ist?

Lösung: 2,26 mm

6.1.2-10 Die Linse einer Kleinbildkamera habe eine Brennweite von 50 mm. Mit ihr lassen sich Objekte fotografieren, die mindestens 1 m Abstand von der Linse haben. Um welche Strecke lässt sich der Abstand Linse – Film verändern?

Lösung: 2,63 mm

6.1.3 Optische Instrumente

Zunächst soll das ‚optische Instrument' **Auge** betrachtet werden. Dieses ist in Abbildung 6.15 (sehr schematisch) dargestellt.

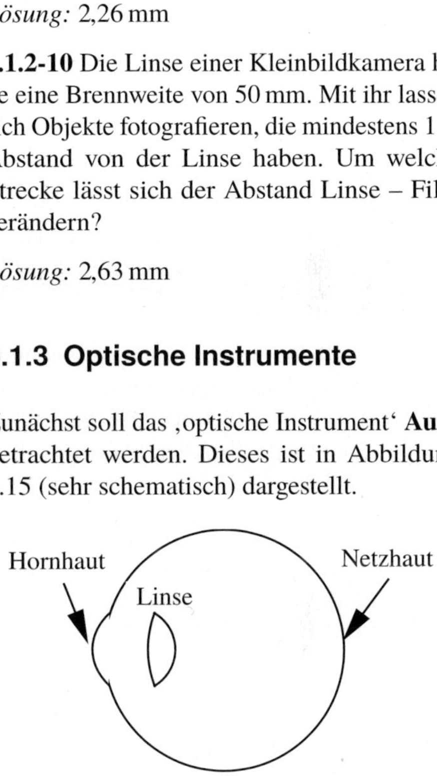

Abb. 6.15: Schematische Darstellung der wichtigsten optischen Komponenten des menschlichen Auges

Der Augapfel ist mit einer Flüssigkeit der Brechzahl 1,34 gefüllt. Die Brechzahl der Augenlinse beträgt 1,41. Augapfel und die eingebettete Linse bilden zusammen das abbildende System des Auges. Das normalsichtige, entspannte Auge ist so eingerichtet, dass unendlich weit entfernte Gegenstände auf der Netzhaut abgebildet werden. Dort befinden sich

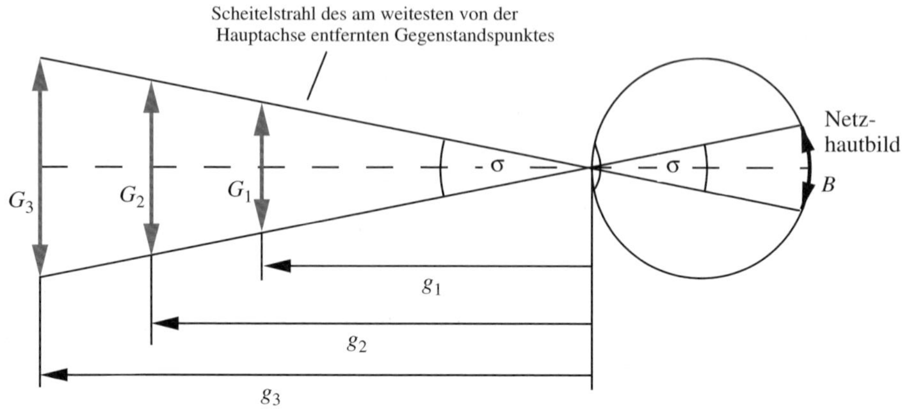

Abb. 6.16: Definition des Sehwinkels. Trotz unterschiedlicher Größe erzeugen die Gegenstände gleich große Netzhautbilder, wenn sie unter dem gleichen Sehwinkel gesehen werden. Die Darstellung ist etwas vereinfacht, da die Brechung der Strahlen beim Eintritt in das Auge nicht berücksichtigt ist. Die gemachte Aussage ist aber dennoch richtig.

lichtempfindliche Nervenzellen (sogenannte Zapfen für das Farbsehen und Stäbchen für das Sehen bei wenig Licht). Die dort ausgelösten Reize werden über Nervenfasern an das Gehirn geleitet.

Vor der Linse befindet sich eine Eintrittspupille (**Iris**), deren Durchmesser unbewusst so eingestellt wird, dass die für die Reizerzeugung optimale Lichtmenge in das Auge eintritt.

Die Krümmungsradien der Begrenzungsflächen der Linse können mithilfe eines Ringmuskels (**Ziliarmuskel**) verändert werden. Gemäß Linsenschleiferformel verändert sich dadurch die Brennweite der Linse und somit die Brennweite des Gesamtsystems. Dies dient dazu, Gegenstände, die sich in endlicher Entfernung vor dem Auge befinden, scharf auf die Netzhaut abzubilden (**Akkommodation**). Befindet sich ein Gegenstand zwischen **Nahpunkt** und **Fernpunkt** (im **Akkommodationsbereich**), so ist das Auge in der Lage, ein scharfes Netzhautbild zu erzeugen. Beim normalsichtigen Auge liegt der Nahpunkt ca. 9 cm vor dem Auge und der Fernpunkt im Unendlichen. Als **Bezugssehweite** s_0 bezeichnet man den kürzesten Betrachtungsabstand, bei dem ein normalsichtiges Auge ermüdungsfrei sehen kann. Aufgrund von Versuchen mit Testpersonen wird s_0 auf 25 cm festgelegt.

Aus Abbildung 6.16 ist zu erkennen, dass der **Sehwinkel** σ für die Größe des auf der Netzhaut entstehenden Bildes maßgebend ist.

Der Sehwinkel kann für eine direkte Betrachtung aus zweierlei Gründen zu klein sein:

- Der Abstand des Gegenstandes vom Auge ist zu groß. Abhilfe: Fernrohr
- Die laterale Größe des Gegenstandes ist zu klein. Abhilfe: Lupe, Mikroskop

Die **Winkelvergrößerung** eines optischen Instruments wird durch

$$v := \frac{\sigma(\text{mit Instrument})}{\sigma(\text{ohne Instrument})}$$

definiert. Sowohl σ(ohne Instrument) als auch σ(mit Instrument) und damit v hängen von der relativen Lage von Gegenstand, Instrument und Auge ab. v ist also keine Instrumentenkonstante. Bei Lupen bezieht man σ(ohne Instrument) auf die Bezugssehweite

s_0. Den zugehörigen Sehwinkel bezeichnen wir mit σ_0. Mithilfe von Abbildung 6.16 sieht man, dass

$$\frac{G/2}{|g|} = \tan \sigma/2 \approx \sigma/2.$$

Dabei wurde ausgenützt, dass für kleine Winkel der Tangens des Winkels und der Winkel im Bogenmaß selbst näherungsweise übereinstimmen (vgl. Anhang B.6). Man erhält also $\sigma \approx \frac{G}{|g|}$ und folglich

$$\sigma_0 := \sigma|_{|g|=s_0} \approx \frac{G}{s_0}.$$

Eine **Lupe** ist nichts weiter als eine Sammellinse. Man verwendet sie, indem man den zu betrachtenden Gegenstand zwischen Lupe und gegenstandsseitigen Brennpunkt bringt ($f \leq g$)[1]. Dann entwirft die Linse ein virtuelles, aufrechtes und vergrößertes Bild (vgl. Tabelle 6.3 und Abb. 6.17).

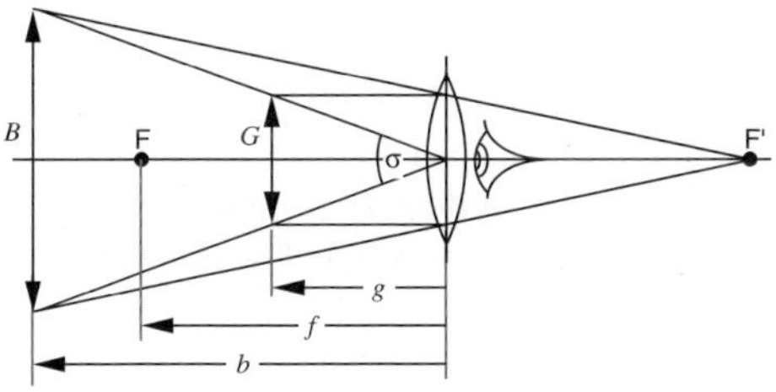

Abb. 6.17: Bildentstehung bei der Lupe. Zur Konstruktion des Bildes werden Mittelpunktstrahlen und Parallelstrahlen verwendet. Bringt man das Auge unmittelbar hinter die Linse, so erscheint das Bild näherungsweise unter dem Winkel σ. σ stimmt also fast mit dem Sehwinkel überein.

Aus der Abbildung liest man ab, dass $\frac{B/2}{|b|} = \tan \frac{\sigma}{2}$ und daher $\sigma \approx \frac{B}{|b|}$. B steht hierbei für die laterale Größe des Bildes. Wählt man nun die Gegenstandsweite g so, dass das Bild in der Bezugssehweite erscheint ($|b| = s_0$)[2], so gilt für die Vergrößerung der Lupe

$$v = \frac{B}{G} = \beta.$$

In diesem speziellen Fall stimmen also Winkelvergrößerung und Abbildungsmaßstab überein. Mithilfe der Abbildungsgleichung lässt sich die Winkelvergrößerung dann so ausdrücken:

$$v = 1 + \frac{s_0}{f'}.$$

Damit lässt sich die Lupenvergrößerung sofort aus der Brennweite berechnen.

Besonders komfortabel ist es, wenn man das Lupenbild mit entspanntem Auge betrachten kann. Dies erreicht man, wenn man den Gegenstand in die Brennebene der Lupe bringt ($g = f$). Die (im Vergleich zu oben kleinere) Vergrößerung in diesem Fall nennt man **Normalvergrößerung**:

$$v = \frac{s_0}{f'}.$$

Hinweis: Betrachtet man Abbildung 6.17, so fällt auf, dass der Sehwinkel für Bild und Gegenstand gleich groß ist. Daraus könnte man schließen, dass die Lupe keinen Vorteil bringt. Dem ist aber natürlich nicht so, denn ohne Lupe könnte man den Gegenstand nie so nahe an das Auge bringen (Nahpunkt!).

Die Vergrößerung einer Lupe wächst mit kleiner werdender Brennweite, d. h. mit Verkleinerung der Krümmungsradien (vgl. Linsenschleiferformel). Die Krümmungsradien kann man aber nicht beliebig klein machen, da dies die Abbildungsfehler verstärkt. Man behilft sich mit einem System bestehend aus zwei Linsen (**Mikroskop**, vgl. Abb. 6.18). Die dem Gegenstand (dem Objekt) zugewandte Linse heißt **Objektiv** (Brennweite f'_{Ob} einige Millimeter), die dem Auge (dem Oculus) zugewandte Linse heißt **Okular** (Brennweite f'_{Ok} einige Zentimeter).

[1] Vorzeichen beachten!

[2] damit erreicht man die beste Vergrößerung, die ohne Ermüdung des Auges erreicht werden kann

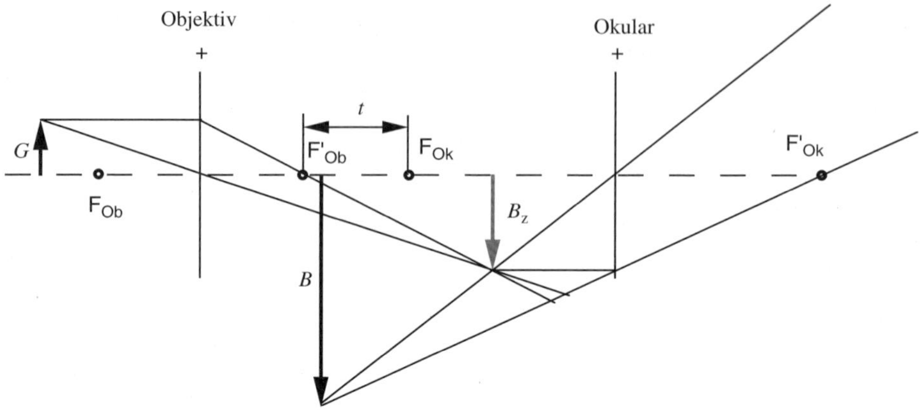

Abb. 6.18: Strahlengang beim Mikroskop. Der Abstand t der beiden Brennpunkte heißt **Tubuslänge**

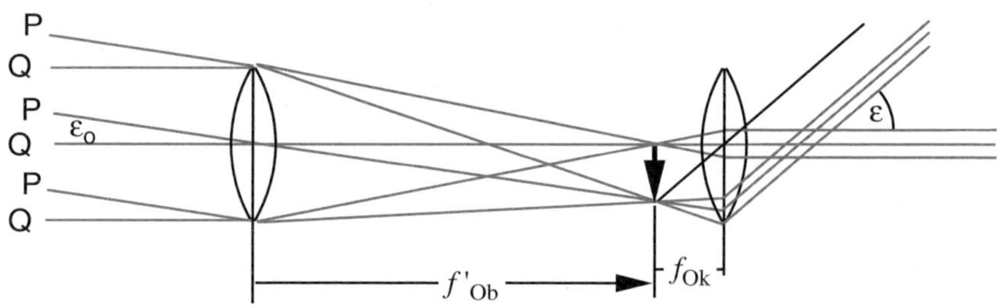

Abb. 6.19: Strahlengang beim Fernrohr. Die mit Q und P gekennzeichneten Strahlen kommen von verschiedenen Gegenstandspunkten. Da diese sehr weit entfernt sind, verlaufen sie nahezu parallel. Bei einem auf unendlich eingestellten Fernrohr bezeichnet man den Abstand von Objektivlinse zu Okularlinse als **Standardtubuslänge**.

Das Objektiv entwirft ein Zwischenbild, welches mit dem Okular betrachtet wird. Das Okular wirkt hierbei wie eine Lupe. Damit man das Bild mit entspanntem Auge betrachten kann, muss das Zwischenbild in der Brennebene des Okulars liegen. Die Normalvergrößerung des Mikroskops ergibt sich dann aus

$$v = \beta_{\mathrm{Ob}} v_{\mathrm{Ok}}$$

(Abbildungsmaßstab des Objektivs × Normalvergrößerung des Okulars).

Auch weit entfernte Gegenstände werden mit einem System bestehend aus zwei Linsen abgebildet (**Fernrohr**). Wenn der abzubildende Gegenstand sehr weit vom Objektiv entfernt ist, so entsteht das Zwischenbild in der Brennebene des Objektivs. Das Okular wird auch hier als Lupe benützt, mit dem das Zwischenbild betrachtet wird. Stellt man das Okular so ein, dass das Zwischenbild in seiner Brennebene liegt, so erfolgt die Beobachtung mit entspanntem Auge (Abb. 6.19).

Die Normalvergrößerung berechnet sich aus

$$v = \frac{f'_{\mathrm{Ob}}}{f'_{\mathrm{Ok}}}.$$

Aus Abbildung 6.19 ist zu ersehen, dass das Bild auf dem Kopf steht. Bei astronomischen Beobachtungen stört dies nicht und daher werden Fernrohre, bestehend aus zwei Sammellinsen, als **Astronomische Fernrohre** (auch **Keplersches Fernrohr**) bezeichnet. Für sonstige Zwecke sind derartige Systeme aber nicht zu gebrauchen. Man kann das Bild aufrichten, indem man eine zusätzliche **Umkehrlinse** einbaut (**Erdfernrohr** oder **Terrestrisches Fernrohr**)[1]. Der Nachteil hierbei ist, dass die Länge des Fernrohrs sehr groß ist. Dies vermeidet man beim **Prismenfernglas** (**Feldstecher**), indem man das Bild mithilfe eines Porroschen Prismensatzes aufrichtet (Abb. 6.20). Feldstecher tragen eine Aufschrift der Form ‚Normalvergrößerung × Objektivöffnung in mm'.

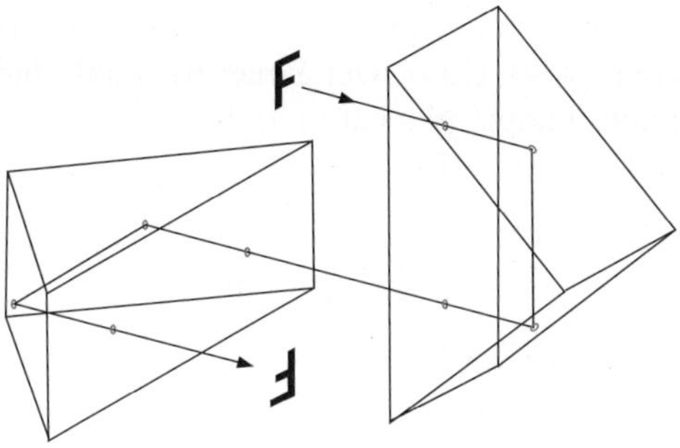

Abb. 6.20: Porro Prismen

Eine weitere Möglichkeit, ein aufrechtes Bild zu erzeugen, ist beim **Galileischen** oder **Holländischen Fernrohr** realisiert. Hier wird eine Zerstreuungslinse als Okular verwendet. Das Zwischenbild ist dann virtuell und es liegt hinter dem Okular. Die Fernrohrvergrößerung ist klein. Diesem Nachteil stehen aber die einfache Bauweise und die kleine Fernrohrlänge als Vorteil gegenüber.

Aufgaben

6.1.3-1 Berechnen Sie Winkelvergrößerung und Gegenstandsweite für den Fall, dass das Bild bei Betrachtung mit einer Lupe von 100 mm Brennweite in der Bezugssehweite erscheint.

Lösung: 3,5, −71 mm

6.1.3-2 Ein Prismenfeldstecher (als Astronomisches Fernrohr zu behandeln) trägt die Bezeichnungen 8 × 30. Wie groß ist der Durchmesser des hinter dem Okular austretenden parallelen Lichtbündels, das von einem unendlich fernen Lichtpunkt stammt?

Lösung: 3,75 mm

6.1.3-3 Ein Vermesser blickt durch das Fernrohr eines Nivelliergeräts und möchte die 120 m entfernte Messlatte genauso detailgetreu wie ohne Fernrohr im Abstand 3 m sehen.
a) Welche Winkelvergrößerung wird benötigt?
b) Welche Brennweite muss das Objektiv haben, wenn das Okular eine Brennweite von 5 mm hat?

Lösung: 40, 20 cm

6.1.3-4 Ein Keplersches Fernrohr habe eine Normalvergrößerung von 6. Die Brennweite des Objektivs sei 200 mm.
a) Welche Brennweite hat das Okular?
b) Das Fernrohr lasse sich gegenüber der Standardtubuslänge um 4 mm verlängern. Wie weit vom Objektiv entfernt müssen Gegenstände mindestens sein, damit man sie (durch das Okular) mit entspanntem Auge scharf sehen kann?

Lösung: 33,3 mm, −10,2 m

6.1.3-5 Berechnen Sie die Brennweiten von Objektiv und Okular eines Astronomischen Fernrohrs aus der Standardtubuslänge und der Normalvergrößerung?

Lösung: $f'_{\text{Ok}} = \dfrac{l_0}{v+1}$, $f'_{\text{Ob}} = v f'_{\text{Ok}}$

6.1.3-6 Bei einem Mikroskop ist die Objektivbrennweite 4 mm, die Okularbrennweite 25 mm und die Tubuslänge 160 mm. In wel-

[1] das sind die Fernrohre, die man in Piratenfilmen sieht

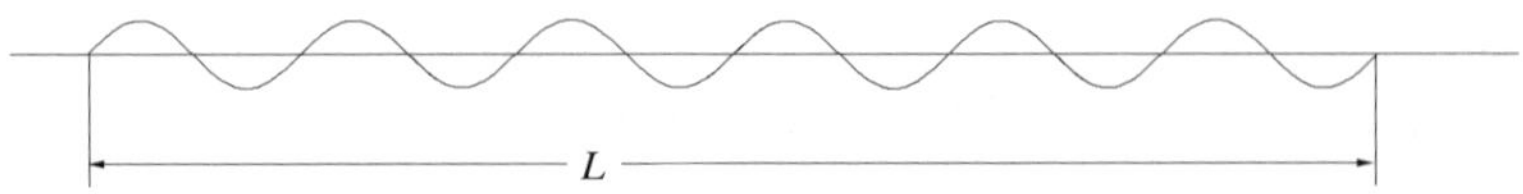

Abb. 6.21: Wellenzug der Länge L

chem Abstand vom vorderen Objektivbrennpunkt muss sich das Objekt befinden, wenn es von einem auf unendlich eingestellten Auge scharf gesehen werden soll?

Lösung: 100 µm

6.2 Wellenoptik

6.2.1 Kohärentes Licht

Interferenzeffekte von Licht sind i. Allg. nicht leicht zu beobachten. Dies liegt im Entstehungsprozess der Lichtwellen begründet. Bei den meisten Lichtquellen ist die Lichtaussendung eine Folge von Erwärmung. Die Atome des erwärmten Körpers senden dann in unregelmäßiger Folge **Wellenzüge** aus (vgl. Kapitel 7). Darunter versteht man nahezu sinusförmige Wellen von begrenzter Länge, also Wellenpakete[1] von der in Abbildung 6.21 dargestellten Form. Da die einzelnen Atome diese Wellenzüge voneinander unabhängig emittieren, treffen sie bei einer Überlagerung in rein zufälliger Phasenlage am Ort der Überlagerung ein. Die resultierende Welle verändert ihre Form daher ständig und es kommt zu keinem stationären Interferenzbild. Man spricht von **inkohärentem** (nicht interferenzfähigem) Licht. Die Situation ist ähnlich wie bei der Überlagerung von Kreiswellen, die entstehen, wenn man eine Handvoll Kieselsteine ins Wasser wirft.

Um dennoch Beugungs- und andere Interferenzphänomene beobachten zu können, bedurfte es früher einiger Kunstgriffe. Seit der Erfindung des LASERs (vgl. Abschnitt 7.2.4) stehen aber sehr leistungsstarke **kohärente** Lichtquellen zum experimentieren mit Licht zur Verfügung.

6.2.2 Interferenz an dünnen Schichten

Wir betrachten einen von L ausgehenden Lichtstrahl (Abb. 6.22). Der Strahl trifft auf eine durchsichtige, planparallele Schicht (Brechzahl n, Dicke d).

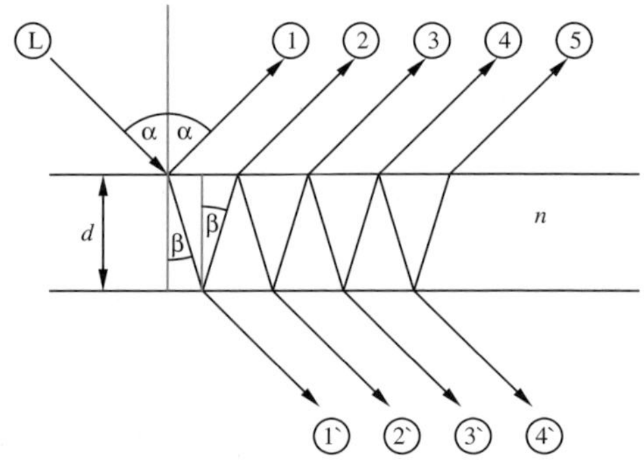

Abb. 6.22: Ein Lichtstrahl, der auf die obere Trennfläche der dünnen Schicht trifft, wird zum Teil reflektiert, zum Teil dringt er, unter Brechung, in die Schicht ein. Entsprechendes wiederholt sich bei jedem Auftreffen auf eine Trennschicht.

An der Trennfläche wird ein Teil des Lichts (der Energie) reflektiert. Bei der Reflexion findet ein Phasensprung statt (Reflexion am ‚optisch dichteren Medium' entspricht Reflexion am festen Ende, vgl. Kapitel 5). Ein Teil der Lichtwelle dringt unter Brechung in

[1] vgl. Kapitel 5

die Schicht ein. An der nächsten Trennfläche kommt es erneut zu einer Aufteilung der Lichtenergie durch Reflexion und Brechung etc. Die Intensität der Strahlung nimmt durch die wiederholte Aufspaltung schnell ab. Berechnet man den Gangunterschied zwischen den Strahlen 1 und 2[1], so erhält man

$$\Delta = 2d\sqrt{n^2 - \sin^2\alpha} - \lambda/2$$

(der $\lambda/2$-Term kommt vom Phasensprung). Führt man die beiden Strahlen zusammen (z. B. mit einer Sammellinse oder dem Auge), so beobachtet man Interferenz. Die Interferenzbedingungen lauten

$$2d\sqrt{n^2 - \sin^2\alpha} = \begin{cases} (m + \frac{1}{2})\lambda \\ (m + 1)\lambda \end{cases}$$

($m = 0, 1, 2, \ldots$), wobei die obere Zeile für konstruktive Interferenz, die untere für destruktive Interferenz steht[2]. Wie die Teilwellen interferieren, hängt also offenbar vom Einfallswinkel α, der Brechzahl n und der Wellenlänge λ ab.

Der beschriebene Effekt kommt auch zustande, wenn man kein kohärentes Licht verwendet. Denn jeder beteiligte Lichtstrahl wird geteilt und nach Durchlaufen unterschiedlicher Wege wieder zusammengeführt. Jeder Wellenzug ist aber mit sich selbst kohärent, auch wenn das verwendete Licht aus lauter inkohärenten Wellenzügen besteht.

Derartige Interferenzeffekte beobachtet man nur an dünnen Schichten. Dafür gibt es folgende Gründe:

- Die Strahlen 1 und 2 (bzw. 1' und 2') laufen in einem Abstand D parallel zueinander. Dieser Abstand nimmt mit der Schichtdicke d offenbar zu. Ist D größer als die Eintrittsöffnung der Sammellinse, so können die beiden Strahlen nicht zusammengeführt werden.
- Damit es zur Interferenz kommt, muss der Gangunterschied deutlich kleiner als die Länge der Wellenzüge sein (daher bezeichnet man die Länge eines Wellenzugs auch als **Kohärenzlänge**). Andernfalls verpassen sich die beiden Teilstrahlen am Interferenzort. Die Kohärenzlänge des von einer Glühlampe ausgesandten Lichts beträgt nur einige μm und der Gangunterschied der beiden Strahlen nimmt mit der Schichtdicke zu.

Sendet die Lichtquelle **monochromatisches Licht** aus, d. h. Licht einer Wellenlänge, so bedeutet konstruktive bzw. destruktive Interferenz Helligkeit bzw. Dunkelheit. Ist das Spektrum der Lichtquelle hingegen kontinuierlich, so kommt es nur für bestimmte Wellenlängen zu konstruktiver, für andere hingegen zu destruktiver Interferenz. Insgesamt bilden sich dann Mischfarben aus. Diese sind z. B. an Seifenhäuten und an Benzinfilmen auf Wasserpfützen zu beobachten.

Interferenz an dünnen Schichten wird vielfach technisch ausgenützt. So werden die Objektivlinsen optischer Instrumente mit dünnen Schichten überzogen, deren Dicke so gewählt wird, dass das einfallende Licht möglichst wenig reflektiert wird (**Vergütung von Linsen**). Die Bedingung für destruktive Interferenz wird dabei für senkrecht einfallendes Licht mit einer Wellenlänge in der Mitte des sichtbaren Spektrums angesetzt. Für schräg einfallendes Licht und für Licht anderer Wellenlängen ist der Effekt dann natürlich kleiner.

Interferenzeffekte an dünnen Schichten können auch zur Messung kleinster Abstände verwendet werden. **Interferometer** gestatten es,

[1] Strahlen, die durch größere Nummern gekennzeichnet sind, werden wegen der erwähnten Intensitätsabnahme vernachlässigt.

[2] Unterhalb der Schicht kommt es zum gleichen Effekt. Dort ist die Rolle von oberer und unterer Zeile genau vertauscht.

Strecken auf Bruchteile der Wellenlänge des verwendeten Lichts genau zu messen. Sendet die Lichtquelle aus Abbildung 6.23 ebene Wellen aus, so beobachtet man bei der Verschiebung eines Spiegels im Fernrohr den stetigen Wechsel von hell nach dunkel. Jeder Übergang von hell zu hell (oder von dunkel zu dunkel) entspricht einer Spiegelverschiebung von einer halben Wellenlänge.

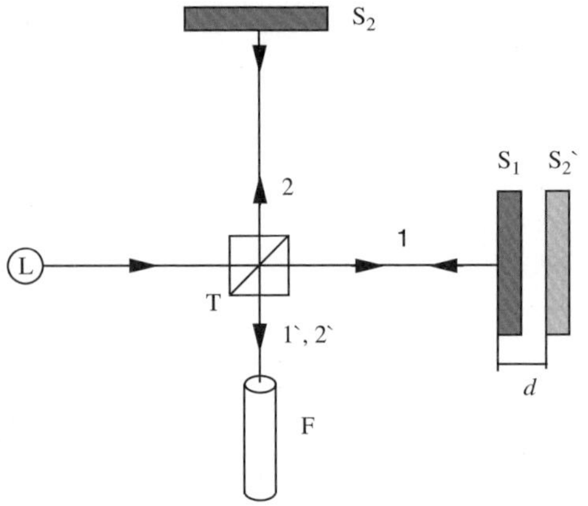

Abb. 6.23: Schematischer Aufbau eines Michelson Interferometers. L bezeichnet die Lichtquelle, *d* den effektiven Abstand der Spiegel S_1 und S_2. T ist ein Glaswürfel mit halbdurchlässiger Diagonalfläche. Die Interferenzbilder beobachtet man im Fernrohr F.

Verwandte Effekte gibt es auch an dünnen Schichten, bei denen die Schichtdicke keinen konstanten Wert hat. Sind die beiden Spiegel des Michelson Interferometers leicht gegeneinander verkippt (d. h. stehen sie in einem Winkel ungleich 90° zueinander), so beobachtet man im Fernrohr die sogenannten **Fizeau Streifen**. Auch die berühmten **Newtonschen Ringe** kommen durch den gleichen Effekt zustande.

Aufgaben

6.2.2-1 Verschiebt man einen der beiden Spiegel eines Michelson Interferometers um 0,354 mm, ergibt sich 1200 mal der Wechsel von hell nach dunkel. Berechnen Sie die Wellenlänge des verwendeten monochromatischen Lichtes.

Lösung: 590 nm

6.2.2-2 Eine Luftschicht zwischen zwei Glasplatten hat die Dicke 750 nm. Es fällt senkrecht monochromatisches Licht der Wellenlänge 500 nm auf. Ergibt sich im senkrecht reflektierten Licht Helligkeit oder Dunkelheit?

Lösung: Dunkelheit

6.2.2-3 Welche Wellenlängen des sichtbaren Lichts (ca. 400 – 800 nm) werden durch eine 600 nm dicke Schicht aus Glas (Brechzahl 1,5) im reflektierten Licht ausgelöscht? Der Einfallswinkel betrage 0°/45°.

Lösung: 450, 600 nm bzw. 529, 794 nm

6.2.2-4 Eine Seifenlamelle ist 0,65 µm dick, die Brechzahl ist 1,333. Es fällt weißes Licht auf. Welche Bereiche des sichtbaren Spektrums (400 bis 800 nm) werden bei senkrechtem Auffall im reflektierten Licht durch Interferenz ausgelöscht?

Lösung: 433 nm, 577 nm

6.2.3 Optische Gitter

Im Abschnitt Beugung wurde dargestellt, dass ebene Wellen, die auf ein Hindernis mit schmaler Öffnung fallen, halbkreisförmige Wellen erzeugen (vgl. Abb. 5.14). Bringt man im Abstand *a* eine zweite, gleich schmale Öffnung an, so breiten sich im rechten Halbraum von beiden Öffnungen Huygenssche Elementarwellen aus, die sich überlagern. Der Gangunterschied, den die beiden Teilwellen zueinander haben, hängt von den beiden Abständen Öffnung – Beobachtungspunkt ab (Abb. 6.24).

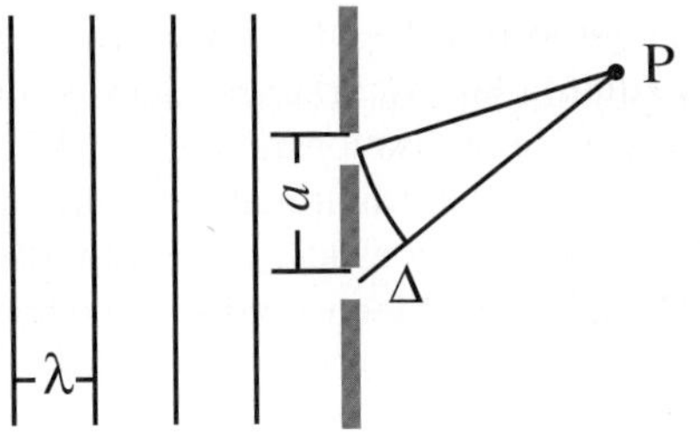

Abb. 6.24: Hindernis mit Doppelspalt. Δ ist der Gangunterschied der beiden Wellen bezüglich Beobachtungspunkt P.

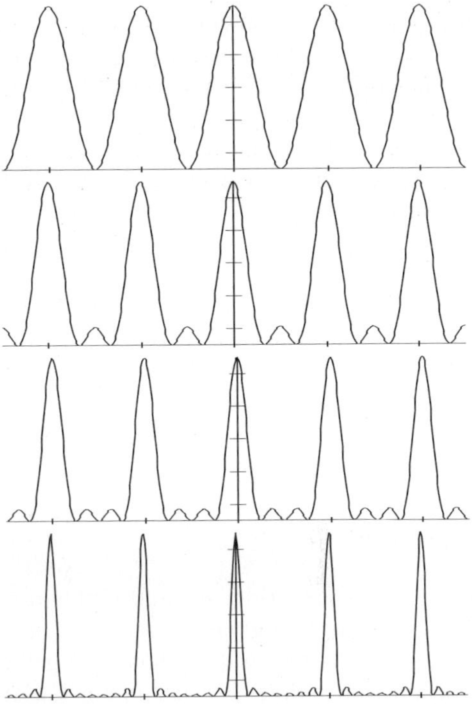

Abb. 6.25: Intensitätsverteilung der überlagerten Wellen. Damit die Maxima an den gleichen Orten liegen, trägt man die Intensität über $\frac{a}{\lambda}\sin\vartheta$ auf. Von oben nach unten: 2, 3, 4 und 8 Spalte.

Den zustande kommenden Interferenzeffekt kann man gut an Oberflächenwellen in einer Wasserwanne, aber auch an Lichtwellen beobachten. Hierzu lässt man ebene Lichtwellen auf ein Hindernis mit zwei schmalen und parallelen Spalten fallen. Anstelle von Halbkreiswellen erhält man im rechten Halbraum Halbzylinderwellen. Durch Interferenz entsteht auf einem Beobachtungsschirm ein Streifenmuster. Bei Verwendung monochromatischen Lichts beobachtet man helle Streifen, d. h. konstruktive Interferenz, unter Winkeln, die sich aus

$$a\sin\vartheta \approx m\lambda$$

ergeben. Dabei ist ϑ der Winkel, unter dem der Beobachtungspunkt P vom Zentrum des Hindernisses aus gesehen, relativ zur Vorwärtsrichtung erscheint. m ist wieder die Beugungsordnung, d. h. eine beliebige ganze Zahl. Die Intensität, als Maß für die Helligkeit, ist in Abbildung 6.25 ganz oben dargestellt.

Darunter findet man die Intensitäten für den Fall, dass 3, 4 oder 8 Spalte in gleichen Abständen vorhanden sind. Obige Formel ergibt die Winkel, unter denen (bei beliebiger Anzahl N von Spalten) die Hauptmaxima erscheinen. Diese werden offenbar mit zunehmender Spaltzahl immer schmaler, und es erscheinen immer mehr (nämlich $N - 2$) Nebenmaxima.

Optische Gitter sind Glasplättchen, in die eine große Anzahl von Furchen geritzt werden (bis ca. 2000/mm. Dies entspricht einer **Gitterkonstanten** a von 500 nm, d. h. Spaltabstände ≈ Lichtwellenlänge). Die unverletzten Stellen entsprechen den Spaltöffnungen.

Ist das einfallende Licht ein Gemisch aus mehreren diskreten Wellenlängenkomponenten (**Linienspektrum**), so erscheinen die Helligkeitsmaxima der verschiedenen Farbanteile unter verschiedenen Winkeln. Durch Messung der jeweiligen Winkel lässt sich bei bekannter Gitterkonstante die Wellenlänge der zugehörigen Linie messen (**Gitterspektralapparat**). Das **Auflösungsvermögen** des Gitterspektralapparats definiert man durch

$$A := \frac{\lambda}{\Delta\lambda}.$$

Dabei ist $\Delta\lambda$ der minimale, gerade noch trennbare Wellenlängenunterschied. Für das Auflösungsvermögen gilt

$$A = mN$$

(m Beugungsordnung, N Gesamtzahl der beleuchteten Spalte). Dies ist plausibel, denn verschiedene Linien lassen sich umso besser auflösen, je schmaler die Hauptmaxima sind. Die Breite der Hauptmaxima nimmt, wie oben dargestellt, mit N ab.

Aufgaben

6.2.3-1 Welches ist der theoretisch kleinste Wert, den die Gitterkonstante eines Transmissionsgitters haben darf, damit die gelbe Natrium-Doppellinie ($\lambda = 589$ nm) in 4. Ordnung gerade noch sichtbar ist?

Lösung: 2,36 μm

6.2.3-2 Ein Beugungsgitter (400 Striche/mm) wird mit parallelem Licht ($400\,\text{nm} \leq \lambda \leq 700\,\text{nm}$) beleuchtet. In welchem Winkelbereich überlappen die Spektren der 2. und der 3. Ordnung?

Lösung: 28,7° bis 34,1°

6.2.3-3 Wie viele Spalte eines Beugungsgitters müssen beleuchtet werden, wenn man die die Doppellinie von Natrium (588,9953 nm und 589,5923 nm) in erster Beugungsordnung auflösen möchte?

Lösung: knapp 1000

6.2.4 Polarisiertes Licht

Eine weitere Folge der unabhängigen Lichtemissionen einzelner Atome ist, dass die Schwingungsrichtung der einzelnen Wellenzüge zufällig ist. Natürliches Licht ist unpolarisiert. Als Polarisationsrichtung elektromagnetischer Wellen wählt man willkürlich die Richtung, in der der elektrische Feldstärkevektor schwingt. Der Magnetfeldvektor schwingt also senkrecht zur Polarisationsrichtung.

Polarisiertes Licht lässt sich leicht erzeugen. Der gebrochene und der reflektierte Teil der auf eine Trennfläche fallenden Lichtwelle ist nämlich zumindest teilweise polarisiert. Wählt man den Einfallswinkel so, dass die reflektierten und die gebrochenen Strahlen einen Winkel γ von 90° einschließen, so ist der reflektierte Strahl sogar vollständig polarisiert (Abb. 6.26).

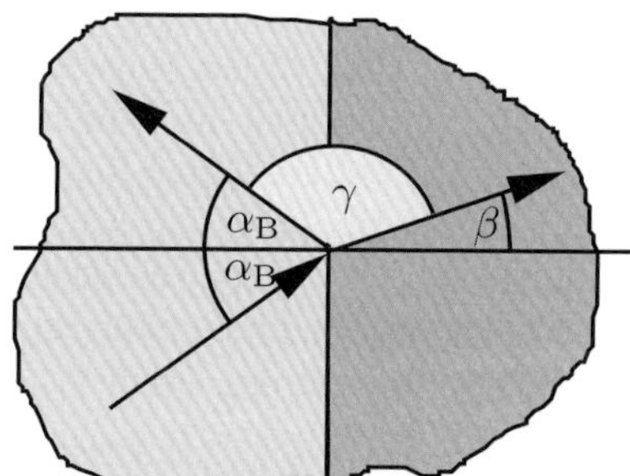

Abb. 6.26: Brewster Winkel

Wie der Einfallswinkel gewählt werden muss, damit man einen vollständig polarisierten reflektierten Strahl erhält, hängt offenbar von den Brechzahlen der beteiligten Medien ab. Für den Übergang Luft-Glas, Luft-Wasser usw. folgt aus dem Brechungsgesetz das **Brewster**[1] **Gesetz**:

$$n = \tan \alpha_B .$$

α_B heißt **Brewster Winkel**.

Stapelt man mehrere Glasplatten so, dass zwischen zwei Platten jeweils ein Luftspalt entsteht, so verlässt der durchgehende Strahl den

[1] Sir David Brewster, 1781 – 1868

Stapel praktisch vollständig polarisiert. Dies ist in Abbildung 6.27 dargestellt.

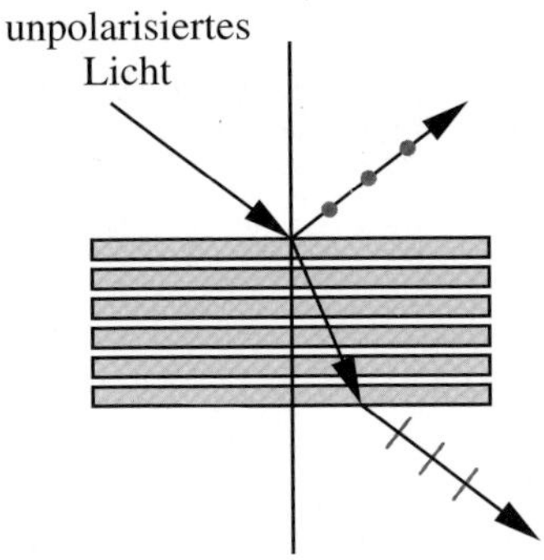

Abb. 6.27: Glasplattenstapel mit Luftspalten. Die grauen Linien und Kreise deuten die Schwingungsrichtung an.

Ein Instrument, das aus unpolarisiertem Licht polarisiertes Licht erzeugt, nennt man **Polarisator**. Mit einem zweiten Polarisator kann man das Licht auf seine Polarisationseigenschaften hin analysieren (**Analysator**). Stoffe, die die Polarisationsrichtung des Lichtes verändern, nennt man **optisch aktiv**. Diesen Effekt nützt man z. B. aus, um die Konzentration von Zucker in Lösungen zu bestimmen.

Manche Stoffe haben die Eigenschaft, dass die Ausbreitungsgeschwindigkeit des Lichtes davon abhängt, in welcher Richtung sie vom Licht durchlaufen werden (**optisch anisotrope Stoffe**). Ein Beispiel ist Kalkspat. Andere Stoffe erwerben diese Eigenschaft, wenn sie unter mechanische Spannung gesetzt werden (**Spannungsdoppelbrechung**), oder wenn sie unter dem Einfluss elektromagnetischer Felder stehen.

Trifft unpolarisiertes Licht auf einen solchen Stoff, so spaltet sich der Strahl i. Allg. in zwei Teilstrahlen auf (**Doppelbrechung**, vgl. Abb. 6.28):

- Der eine heißt **ordentlicher Strahl**, weil für ihn beim Eintritt in das Medium das Brechungsgesetz gilt.
- Der zweite Teilstrahl heißt **außerordentlicher Strahl**, weil eben dies nicht der Fall ist.

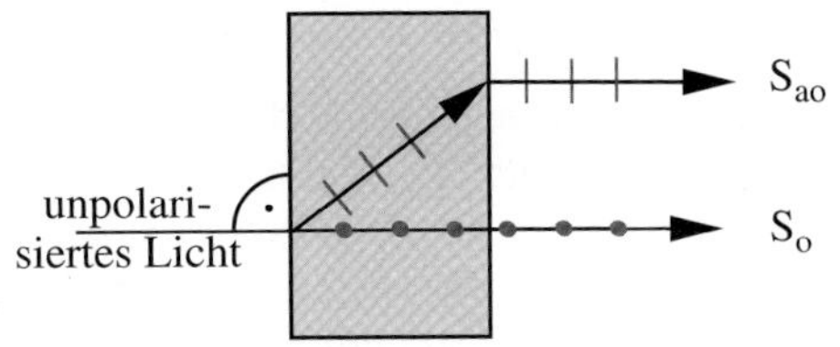

Abb. 6.28: Doppelbrechung am Kalkspat. Die grauen Linien und Kreise deuten die Schwingungsrichtung an.

Betrachtet man Gegenstände durch doppelbrechende Materialien, so erscheinen sie zweifach und parallelversetzt. Die Polarisationsrichtung des außerordentlichen Strahls steht senkrecht auf der Polarisationsrichtung des ordentlichen Strahls.

Manche doppelbrechende Materialien absorbieren den außerordentlichen Strahl viel stärker, als den ordentlichen (**Dichroismus**). Solche Stoffe kann man offenbar als Polarisatoren einsetzen.

Bestrahlt man durchsichtige Kunststoffmodelle von Maschinenteilen mit polarisiertem Licht, so kann man den Spannungsdoppelbrechungs-Effekt ausnützen, um etwas über die Verteilung der mechanischen Spannung im belasteten Bauteil zu erfahren.

Aufgaben

6.2.4-1 Unter welchem Winkel muss Licht auf Glas ($n = 1{,}6$) fallen, damit der reflektierte Strahl polarisiert ist? Wie groß ist dann der Brechungswinkel?

Lösung: 58°, 32°

6.3 Quantenoptik

6.3.1 Wärmestrahlung

Alle Körper senden aufgrund ihres immer vorhandenen Wärmeinhalts elektromagnetische Wellen aus. Mithilfe eines **Spektrometers** kann man untersuchen, wie groß die Intensität der ausgesandten Strahlung in Abhängigkeit der Wellenlänge ist. Im Gegensatz zu Gasen senden Flüssigkeiten und feste Körper ein kontinuierliches Spektrum aus. Strahlung mit Wellenlängen unterhalb von ca. 400 nm heißt **Ultraviolettstrahlung**, Strahlung mit Wellenlängen oberhalb von ca. 800 nm heißt **Infrarot-** oder **Wärmestrahlung**. Die von einem Körper ausgehende Wärmestrahlung kann mit einer **Wärmebildkamera** aufgenommen und daher sichtbar gemacht werden.

Die auf die Oberflächeneinheit des Körpers bezogene abgestrahlte Leistung im infinitesimal kleinen Wellenlängenbereich zwischen λ und $\lambda + d\lambda$ bezeichnet man als **spektrales Emissionsvermögen** $E_\lambda(T)$. Durch Integration erhält man die insgesamt abgestrahlte Leistung pro Flächeneinheit, das **Emissionsvermögen**:

$$E(T) := \int_0^\infty E_\lambda(T)\, d\lambda.$$

Trägt man E_λ für eine fest vorgegebene Temperatur T gegen λ auf, so sehen die Kurven für verschiedene Stoffe unterschiedlich aus. Diese Materialabhängigkeit ist rechnerisch schwer erfassbar. Aus diesem Grunde untersucht man das Spektrum der Strahlung mithilfe einer sehr speziellen Versuchsanordnung, in der das Strahlungsspektrum keine Materialabhängigkeit zeigt. Die Versuchsanordnung besteht aus einem Hohlraum, dessen Wände geheizt werden (**Hohlraumstrahler, schwarzer Körper**, vgl. Abb. 6.29).

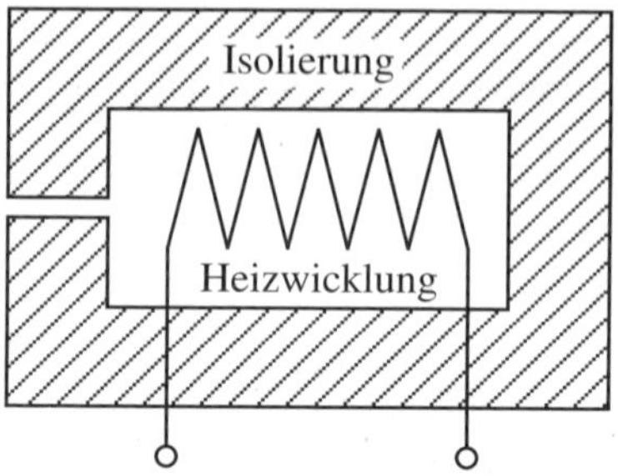

Abb. 6.29: Hohlraumstrahler. Durch eine Öffnung, die so klein sein muss, dass das Strahlungsfeld durch sie nicht wesentlich verändert wird, lässt man etwas Strahlung nach außen gelangen. Dort wird sie auf ihre spektrale Zusammensetzung hin untersucht.

Im Hohlraum bildet sich ein Strahlungsfeld aus (**Hohlraumstrahlung, Temperaturstrahlung**).

Die Strahlung entsteht, weil die elektrisch geladenen atomaren Bausteine der Wandung thermische Schwingungen ausführen (vgl. Abschnitt 7.2.3). Die Wellenzüge kommen aber nicht weit – sie treffen nach Durchlaufen des Hohlraums auf die gegenüberliegende Wand und regen dort die atomaren Bausteine zu Schwingungen an. Im thermischen Gleichgewicht wird zu jedem Zeitpunkt genauso viel Strahlung emittiert wie absorbiert.

Die gemessene spektrale Zusammensetzung dieser Strahlung (vgl. Abb. 6.30) stand zum Ende des 19. Jahrhunderts im krassen Widerspruch zu allen theoretischen Modellen. Im Jahr 1900 gelang Planck[1)] die Ableitung einer Formel, die den gemessenen Sachverhalt richtig wiedergibt. Dazu musste er allerdings annehmen, dass die Schwingungsenergie der Wandatome nur die Werte

$$E = nhf$$

annehmen kann. Dabei ist n eine ganze Zahl größer oder gleich Null und f eine Eigenfre-

[1)] Max Planck, 1858 – 1947

quenz der atomaren Oszillatoren[1]. Die Konstante h bezeichnet man heute als **Plancksches Wirkungsquantum**. Um das Spektrum der Hohlraumstrahlung richtig zu erhalten, musste Planck ihr den Wert $h = 6{,}626 \cdot 10^{-34}$ Js zuweisen. Aufgrund der Kleinheit von h liegen die möglichen Energiewerte so dicht beieinander, dass das Spektrum wie kontinuierlich aussieht.

Nach den Gesetzen der klassischen Physik kann die Amplitude der Schwingung einen beliebigen Wert annehmen. Da die Schwingungsenergie proportional zum Quadrat der Amplitude ist, ging man bis zur Aufstellung der Planckschen Hypothese davon aus, dass auch die Energie beliebige Werte annehmen kann. Plancks Lösung des ‚Wärmestrahlungsrätsels' stellt einen Bruch mit den klassischen Konzepten der Physik dar und markiert den Beginn der **Quantentheorie**.

Die von Planck abgeleitete Formel lautet

$$E_\lambda(T) = \frac{2\pi hc^2}{\lambda^5} \frac{1}{\exp\left(\frac{hc}{kT\lambda}\right) - 1}$$

(**Plancksches Strahlungsgesetz**). k ist die Boltzmann Konstante (vgl. Kapitel 2) und $c = 2{,}998 \cdot 10^8$ m/s die **Vakuumlichtgeschwindigkeit**. Die Formel beschreibt die Kurven aus Abbildung 6.30. Integration über λ liefert das **Stefan[2]-Boltzmann-Gesetz** für das Emissionsvermögen des Hohlraumstrahlers:

$$E(T) = \sigma T^4.$$

Für die **Stefan-Boltzmann-Konstante** errechnet man $\sigma = 5{,}670 \cdot 10^{-8} \frac{\mathrm{W}}{\mathrm{m^2 K^4}}$. Dass $E(T)$ mit der vierten Potenz der Temperatur ansteigt, war lange vor Planck bekannt.

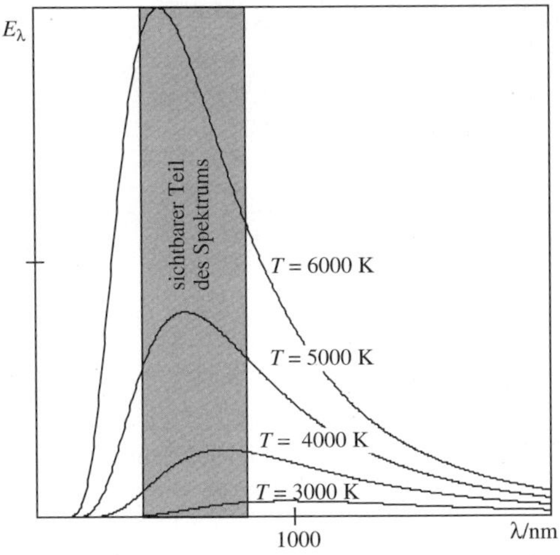

Abb. 6.30: Spektrales Emissionsvermögen des Hohlraumstrahlers für verschiedene Temperaturen

Der Maximalwert des spektralen Emissionsvermögens hängt nur von der Temperatur T ab (Abb. 6.30). Trägt man die Lage dieser Maxima in der λ-T-Ebene auf, so ergibt sich eine Hyperbel. Die entsprechende Formel erhält man, wenn man das Plancksche Strahlungsgesetz nach λ ableitet und die Ableitung null setzt:

$$\lambda_{\max} = \frac{b}{T}$$

(**Wiensches[3] Verschiebungsgesetz**). Es beschreibt, wie sich das Maximum der Intensität der Hohlraumstrahlung mit zunehmender Temperatur zu kleineren Wellenlängen hin verschiebt. Die **Wiensche Konstante** b hat den Wert $2{,}898 \cdot 10^{-3}$ Km.

Das spektrale Emissionsvermögen von beliebigen Körpern liegt immer unterhalb desjenigen des Hohlraumstrahlers (Abb. 6.31).

[1] Feste Körper bestehen aus einer sehr großen Anzahl von Atomen oder Molekülen, die aneinander gekoppelt sind. Wegen der Kopplung sind an der Schwingung immer viele Atome beteiligt. Dies führt dazu, dass es sehr viele verschiedene Eigenfrequenzen gibt.

[2] Josef Stefan, 1835 – 1893

[3] Wilhelm Wien, 1864 – 1928

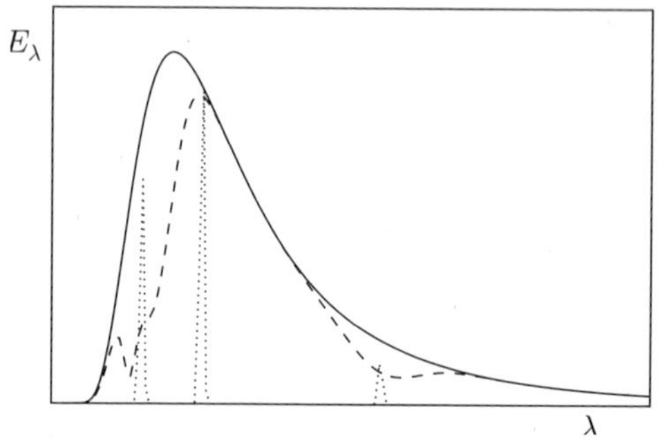

Abb. 6.31: Schematische Darstellung des spektralen Emissionsvermögens des Hohlraumstrahlers, eines Festkörper (gestrichelt) und eines Gases (gepunktet)

Aufgaben

6.3.1-1 Ein schwarzer Körper emittiert bei 500 °C eine Leistung von 100 mW.
a) Bei welcher Wellenlänge liegt das Strahlungsmaximum?
b) Bei welcher Temperatur liegt das Maximum bei 500 nm?
c) Wie hoch ist dann die Strahlungsleistung?

Lösung: 3,75 μm, 5523 °C, 316 W

6.3.1-2 Die Sonne strahlt nahezu wie ein schwarzer Körper. Die maximale Strahlungsleistung im Sonnenspektrum liegt bei etwa $\lambda_{max} \approx 500\,\text{nm}$ (grün-gelb). Berechnen Sie die Oberflächentemperatur der Sonne. Welche Leistung strahlt die Sonne pro Quadratmeter und insgesamt ab? Schätzen Sie ab, welche Leistung pro Quadratmeter auf die Erdoberfläche eingestrahlt wird (**Solarkonstante**). (Abstand Sonne-Erde ca. $1{,}5 \cdot 10^{11}$ m, Sonnenradius ca. $7 \cdot 10^{8}$ m)

Lösung: ca. 5800 K, 64 MW/m^2, $4 \cdot 10^{26}$ W, 1,4 kW/m^2

[1] Heinrich Hertz, 1857 – 1894

6.3.2 Fotoeffekt

Ein weiterer Effekt, dessen Erklärung lange Zeit erhebliches Kopfzerbrechen bereitete, ist der von Hertz[1] entdeckte **äußere Fotoeffekt**. Bestrahlt man die Katode der Fotozelle aus Abbildung 6.32 mit elektromagnetischen Wellen, so werden unter bestimmten Umständen Elektronen aus dem Katodenmaterial herausgelöst (**Fotoelektronen**). Die Katode lädt sich daher positiv auf. Diejenigen Elektronen, die den Raum zwischen K und A überwinden, führen zu einer negativen Aufladung der Anode. Befindet sich der Schalter in Stellung I, so findet ein Ladungsausgleich im Metallkörper, bestehend aus Katode, Anode und den Verbindungsdrähten, statt. Das Messgerät zeigt den Ausgleichsstrom (genannt **Fotostrom** I_F) an. Dabei bewegen sich Elektronen von der Anode zur Katode; der Strom fließt in die entgegengesetzte Richtung (vgl. Abschnitt 3.2).

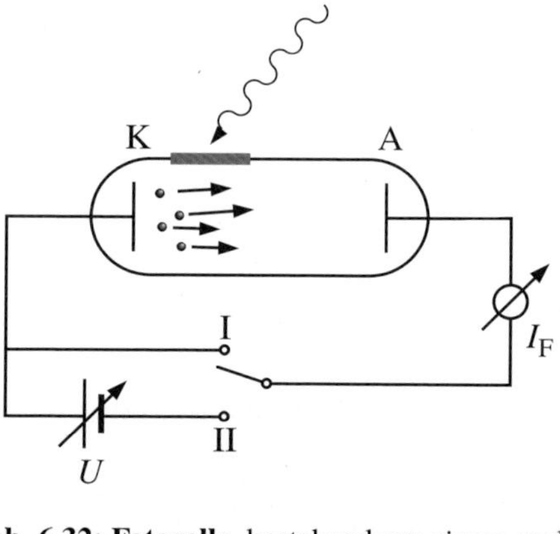

Abb. 6.32: Fotozelle, bestehend aus einem evakuierten Glaskolben mit **Fotokathode** K und **Anode** A. An der oberen Seitenfläche befindet sich ein Quarzfenster, das für UV-Strahlung durchlässig ist.

Bestrahlt man die Fotokathode mit Wellen einer Frequenz f, so ergeben sich bezüglich des Fotostroms die folgenden Fakten:

- Der Fotostrom ist proportional zur Intensität der einfallenden Strahlung.
- Unterhalb einer **Schwellenfrequenz** f_0 ist der Fotostrom (unabhängig von der Intensität der Strahlung) null.
- Die maximal auftretende kinetische Energie $E_{k,max}$ der Elektronen hängt nicht von der Intensität ab. Sie ist aber proportional zur Frequenz f der Strahlung.

Die beiden letzten Punkte sind im Rahmen der klassischen Physik nicht erklärbar. Denn die Intensität der Welle ist proportional zum Quadrat der elektrischen Feldstärke, und daher sollte es einen Zusammenhang zwischen Intensität der Welle und Beschleunigung der Elektronen geben.

Einstein[1] schlug als Erklärung für den Fotoeffekt vor, dass eine elektromagnetische Welle der Frequenz f Energie nur in ‚Portionen' von

$$E = hf$$

und Impuls nur in ‚Portionen' von

$$\vec{p} = \frac{h}{2\pi}\vec{k}$$

aufnehmen oder abgeben kann (**Lichtquantenhypothese**). Hier steht $\vec{k}$ für den in Abschnitt 5.2 eingeführten Wellenvektor. Aus der Formel für den Impuls und der Beziehung $k = 2\pi/\lambda$ folgt für den Betrag des Impulses

$$p = \frac{h}{\lambda}.$$

Ein solches Paket von elektromagnetischer Strahlung nennt man **Photon**. Wie wir später noch sehen werden, verhalten sich Photonen in mancher Hinsicht wie Teilchen.

Elektronen, die die Katode verlassen, haben höchstens eine Energie von

$$E_{k,max} = hf - W_A.$$

[1] Albert Einstein, 1879 – 1955

Dabei ist W_A die für das Katodenmaterial charakteristische **Austrittsarbeit**, das ist die Arbeit, die aufzuwänden ist, um die am schwächsten gebundenen Elektronen aus der Katode abzulösen. Aus der obigen Formel ergibt sich die Grenzfrequenz, indem man $E_{k,max}$ null setzt:

$$f_0 = \frac{W_A}{h}.$$

Die experimentelle Bestimmung von W_A und f_0 erfolgt mittels der **Gegenspannungsmethode**. Dazu legt man den Schalter aus Abbildung 6.32 in Stellung II. Zwischen Katode und Anode baut sich wegen der anliegenden Spannung ein elektrisches Feld auf, das die Elektronen auf ihrem Weg zu Anode abbremst. Für die maximale kinetische Energie der Elektronen gilt jetzt

$$E_{k,max} = hf - W_A - eU.$$

Erhöht man die Spannung, bis der Fotostrom verschwindet, so gilt

$$U_0 = \frac{h}{e}f - \frac{W_A}{e}$$

(**Bremsspannung**). Misst man die Bremsspannung in Abhängigkeit von der Photonfrequenz f, so erhält man den in Abbildung 6.33 dargestellten Zusammenhang. Aus den Achsenabschnitten lassen sich die Grenzfrequenz und die Austrittsarbeit bestimmen.

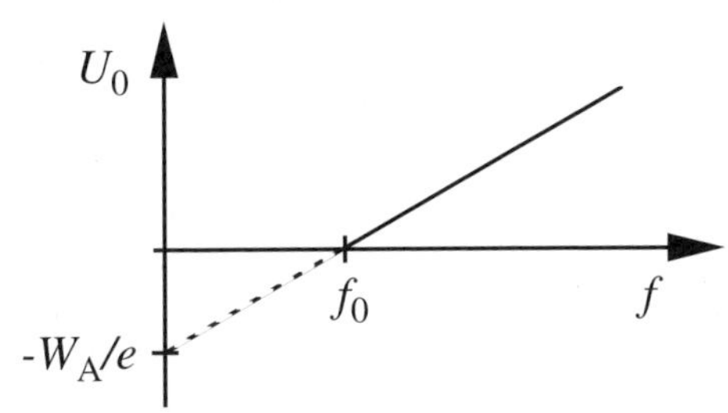

Abb. 6.33: Bremsspannung als Funktion der Frequenz

Aufgaben

6.3.2-1 Bei der Untersuchung des Fotoeffekts an Natrium stellt man fest, dass für Wellenlängen $\lambda \geq \lambda_0 = 451$ nm keine Fotoelektronen ausgelöst werden. Wie groß ist die Austrittsarbeit von Natrium?

Lösung: 2,75 eV[1)]

6.3.2-2 Licht der Wellenlänge 600 nm falle auf ein Metall (Austrittsarbeit 2 eV). Berechnen Sie die Energie der Photonen und die maximale kinetische Energie der austretenden Elektronen. Wie groß ist die Bremsspannung?

Lösung: 2,068 eV, 0,068 eV, 0,068 V

6.3.3 Compton-Effekt

Trifft eine elektromagnetische Welle der Frequenz f auf Elektronen, so werden diese zu erzwungenen Schwingungen angeregt. Schwingende Ladungen strahlen ihrerseits elektromagnetische Wellen ab. Das Strahlungsfeld ist symmetrisch um die Schwingungsrichtung. Seine Frequenz ist gleich derjenigen des anregenden Wellenfelds (**Streustrahlung**).

1923 beobachtete Compton[2)] beim Experimentieren mit Röntgenstrahlen (Abschnitt 7.2.5), dass neben der ursprünglich vorhandenen eine zweite Frequenz (bzw. Wellenlänge) im Spektrum auftaucht (Abb. 6.34). Hierfür gibt es nach den Gesetzen der klassischen Physik keine Erklärung.

Die Anwesenheit und Frequenz der zweiten Komponente lässt sich nach Compton und Debye[3)] folgendermaßen erklären: Das einfallende Photon und das Elektron führen einen Stoßprozess ähnlich dem zweier Billardkugeln aus (vgl. Abb. 6.35).

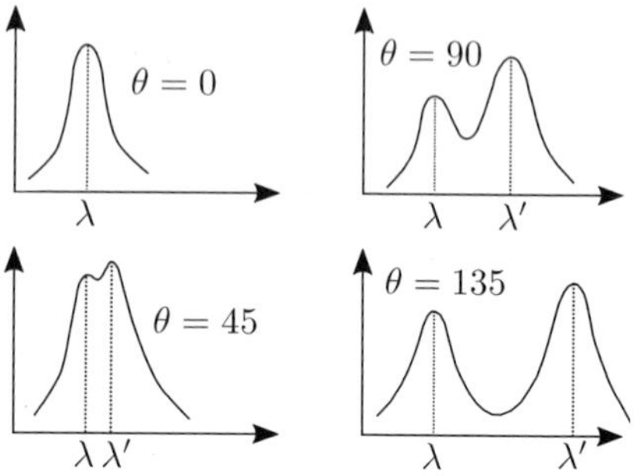

Abb. 6.34: Intensität der Streustrahlung, aufgetragen über die Wellenlänge, bei verschiedenen Streuwinkeln

Um die Eigenschaften des Photons nach dem Stoß zu berechnen, verwendet man Energie- und Impulserhaltungssatz. Da das beteiligte Elektron sich mit sehr hoher Geschwindigkeit und die Photonen ohnehin mit Lichtgeschwindigkeit bewegen, müssen die relativistischen Formeln für Energie und Impuls verwendet werden[4)]. In der Relativitätstheorie von Einstein wird gezeigt, dass die Masse eines Körpers von seiner Geschwindigkeit abhängt (**dynamische Masse**):

$$m := m(v) = \frac{m_0}{\sqrt{1 - \frac{v^2}{c^2}}}.$$

Dabei ist c wieder die Vakuumlichtgeschwindigkeit und m_0 die Masse des Körpers im Ruhezustand (**Ruhemasse**). Die Geschwindigkeitsabhängigkeit der Masse ist in Abbildung 6.36 dargestellt.

1) eV steht für Elektronenvolt, d. h. für die in Atom- und Kernphysik üblicherweise verwendete Energieeinheit ($1\,\text{eV} = 1{,}602 \cdot 10^{-19}$ J).

2) Arthur Holly Compton, 1892 – 1962

3) Peter Debye, 1884 – 1966

4) Die in Kapitel 1 dargestellten Grundlagen der klassischen Mechanik gelten nur, solange alle vorkommenden Geschwindigkeiten sehr viel kleiner als die Lichtgeschwindigkeit sind. Trifft dies nicht zu, so sind die Formeln der Relativitätstheorie zu verwenden. Im Grenzfall kleiner Geschwindigkeiten reduzieren sich diese auf die Formeln der klassischen Mechanik.

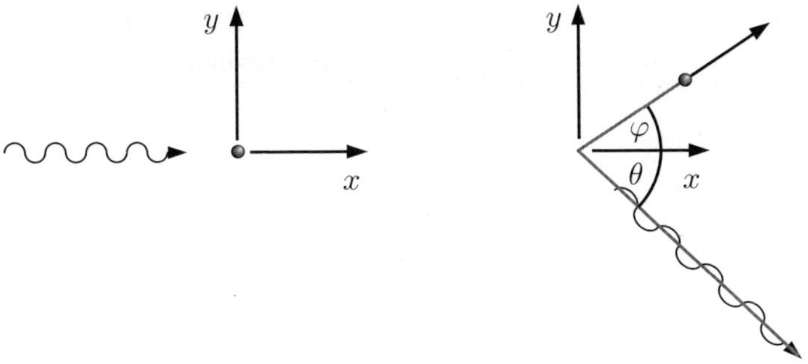

Abb. 6.35: Ein Photon trifft auf ein zunächst näherungsweise ruhendes Elektron (wie man sie in Metallen findet) und führt mit diesem einen Stoßprozess aus

Mit der geschwindigkeitsabhängigen Masse lautet die relativistische Formel für den Impuls

$$\vec{p} = m(v)\vec{v}.$$

Die Energie eines freien Teilchens lässt sich wahlweise durch die Geschwindigkeit oder durch den Impuls ausdrücken:

$$E = m(v)c^2$$

bzw.

$$E = \sqrt{m_0^2 c^4 + c^2 p^2}.$$

Für Photonen ($m_0 = 0$) folgt hieraus

$$E = cp.$$

Der Energiesatz, angewendet auf den in Abbildung 6.35 dargestellten Prozess, lässt sich damit so ausdrücken:

$$cp_{\mathrm{Ph}} + m_0 c^2 = cp'_{\mathrm{Ph}} + \sqrt{m_0^2 c^4 + c^2 p_{\mathrm{El}}^2}.$$

p_{Ph} und p'_{Ph} bezeichnen den Photonimpuls vor und nach dem Stoß und p_{El} den Impuls des Elektrons nach dem Stoß (vor dem Stoß ist er ja null!). m_0 ist die Ruhemasse des Elektrons (vgl. Abschnitt 7.1). Der Impulssatz für diesen Prozess lautet

$$\vec{p}_{\mathrm{Ph}} = \vec{p}'_{\mathrm{Ph}} + \vec{p}_{\mathrm{El}}.$$

Eine etwas umständliche Rechnung führt auf

$$\lambda' - \lambda = \frac{h}{m_0 c}(1 - \cos\theta).$$

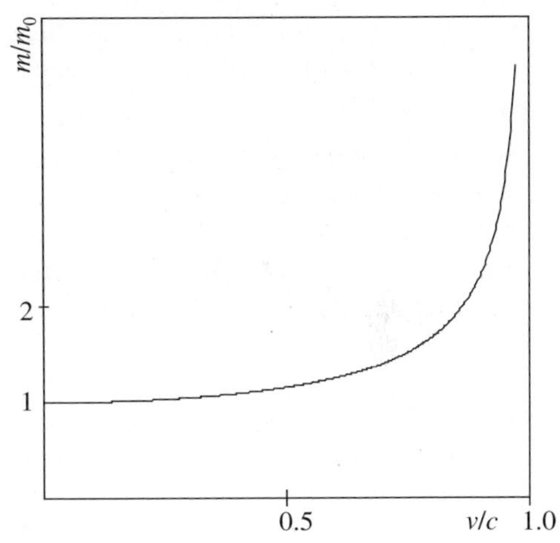

Abb. 6.36: Massenzunahme eines Körpers als Funktion der Geschwindigkeit (bezogen auf die Lichtgeschwindigkeit). Nähert sich die Geschwindigkeit des Körpers der Lichtgeschwindigkeit, so steigt die Masse über alle Grenzen.

Diese Formel erlaubt die Berechnung der Wellenlänge der eingangs erwähnten zweiten Strahlungskomponente in Abhängigkeit vom Beobachtungswinkel. Man liest aus ihr ab, dass

- die maximale Änderung der Wellenlänge $\lambda' - \lambda$ bei $\theta = 180°$ auftritt und dort $\frac{2h}{m_0 c}$ beträgt,
- die Wellenlängenänderung unabhängig von der Wellenlänge der einfallenden Strahlung ist.

Es erhebt sich die Frage, wie die Streustrahlung mit der Wellenlänge der einfallenden Strahlung in dieses Bild passt. Im bestrahlten Material sind immer sowohl Elektronen vorhanden, die schwach, als auch solche, die stark an die Atome gebunden sind. Bei den stark gebundenen Elektronen, die sich durch den Stoß nicht von ihrem Atom lösen, muss das gesamte Atom den Rückstoß aufnehmen. In der Formel für die Wellenlängenverschiebung muss dann anstelle von m_0 die Masse des Atoms eingesetzt werden. Da diese sehr viel größer ist als m_0, ergibt sich eine sehr kleine Wellenlängenverschiebung. Der eigentliche Compton-Effekt wird an schwach gebundenen Elektronen beobachtet.

Beim Compton-Effekt verhalten sich elektromagnetische Wellen ganz ähnlich wie Teilchen. Andererseits beobachtet man bei ihnen typische Wellenerscheinungen wie z. B. Beugung. Zu Beginn des 20. Jahrhunderts zeigte sich, dass sowohl die Wellenvorstellung als auch die Teilchenvorstellung die Tatsachen nur unvollständig beschreiben. Der heutige (experimentell gut abgesicherte) Standpunkt ist der: *Elektromagnetische Strahlung ist eine Erscheinung, die den Gesetzen der Quantenphysik*[1] *gehorcht. Sie kann deshalb sowohl Wellen- als auch Teilchencharakter haben* (**Welle-Teilchen-Dualismus**).

Aufgaben

6.3.3-1 Röntgenstrahlung der Wellenlänge $7{,}07 \cdot 10^{-11}$ m fällt auf Grafit und wird unter verschiedenen Winkeln zur Einfallsrichtung gestreut. Wie groß ist die Wellenlänge der gestreuten Strahlung bei einem Streuwinkel von 135°?

Lösung: $7{,}51 \cdot 10^{-11}$ m

6.3.3-2 Röntgenstrahlen mit der Wellenlänge $71{,}0 \cdot 10^{-12}$ m werden an Elektronen gestreut. Wie groß ist der maximale Energieverlust der Röntgenquanten?

Lösung: 1117 eV

6.3.3-3 Ein Röntgenquant der Wellenlänge $11{,}2 \cdot 10^{-12}$ m überträgt auf ein schwach gebundenes Elektron die Energie 13,8 keV.
a) Wie groß ist die Wellenlänge des gestreuten Quants?
b) Unter welchem Winkel wird das gestreute Röntgenquant beobachtet?

Lösung: $12{,}8 \cdot 10^{-12}$ m, 69°57′

6.3.4 Abschirmung von Röntgenstrahlung

Röntgenstrahlung (vgl. Abschnitt 7.2.5) kann Materie durchdringen. Diese Eigenschaft wird u. a. in der medizinischen Diagnostik ausgenützt. Andererseits ist Röntgenstrahlung für Organismen schädlich und man möchte diese vor ihr schützen. In diesem Zusammenhang ist das hohe Durchdringungsvermögen unerwünscht.

Trifft Röntgenstrahlung der Wellenlänge λ mit der Intensität I_0 auf eine Wand der Dicke d (z. B. aus Blei), so hat die Intensität hinter der Wand den Wert

$$I(d) = I_0 e^{-\mu d}.$$

Der **Schwächungskoeffizient** μ variiert stark mit der Wellenlänge λ.

Für die Abschwächung der Strahlung in der Materie sind die in den vorangegangenen Ab-

[1] Leider kann diese nicht Gegenstand der vorliegenden Darstellung sein

schnitten diskutierten Effekte verantwortlich. Streuung, Fotoeffekt und Compton-Effekt tragen, je nach Wellenlänge, unterschiedlich stark zur Schwächung bei. Bei Frequenzen oberhalb $f_0 = 2{,}5 \cdot 10^{20}$ Hz wird ein weiterer Effekt, die sogenannte **Paarbildung**, bei der Abschwächung von Röntgenstrahlung wirksam. Bei Frequenzen, die weit oberhalb von f_0 liegen, ist die Paarbildung sogar nahezu ausschließlich für die Schwächung der Röntgenstrahlung verantwortlich.

Dirac[1] hat im Jahr 1928 aufgrund theoretischer Überlegungen vermutet, dass es Teilchen gibt, deren Masse mit der Masse von Elektronen übereinstimmt, die aber elektrisch entgegengesetzt (d. h. positiv) geladen sind. Tatsächlich wurden diese **Positronen** genannten Teilchen einige Jahre später experimentell nachgewiesen. Sie entstehen meist zusammen mit einem Elektron. Am gleichen Ort, wo ein Elektron-Positron Paar entsteht, verschwindet zeitgleich ein Photon.

Wegen der Energieerhaltung kann dieser Umwandlungsprozess nur stattfinden, wenn die Energie des Photons größer als der Energieinhalt der beiden erzeugten Teilchen ist. Die Photonenergie muss also mindestens $hf = 2m_0c^2$ betragen (Elektron und Positron ruhen, m_0 bezeichnet die Ruhemasse der beiden Teilchen). So erklärt sich, warum Paarbildung nur oberhalb der Frequenz f_0 auftritt. Denn aus $f = 2m_0c^2/h$ ergibt sich der oben angegebene Wert von f_0. Der Anteil der Photonenergie, der nicht für die Erzeugung der Teilchen verbraucht wird, erscheint in Form von Bewegungsenergie.

Um bei diesem Prozess die Impulserhaltung zu gewährleisten, muss ein weiteres Teilchen beteiligt sein. Daher findet Paarbildung bevorzugt in Materie statt, in der genügend Atome als Stoßpartner vorhanden sind. Trifft das Positron anschließend auf eines der in der Materie reichlich vorhandenen Elektronen, zerstrahlen die beiden Teilchen zu mindestens zwei Photonen (**Paarvernichtung**). Die so erzeugten Photonen haben also jeweils nur noch maximal den halben Energieinhalt des ursprünglichen Photons und ihre Bewegungsrichtung stimmt i. Allg. nicht mehr mit der Richtung der ursächlichen Röntgenstrahlung überein.

In Abbildung 6.37 ist der Beitrag der verschiedenen Effekte zum Schwächungskoeffizienten von Blei dargestellt.

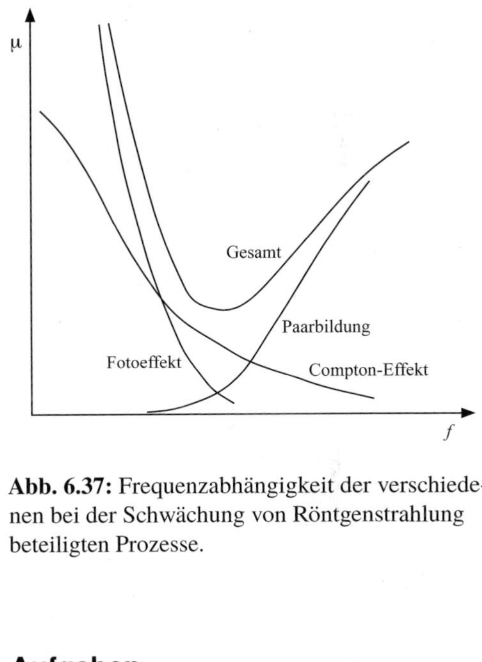

Abb. 6.37: Frequenzabhängigkeit der verschiedenen bei der Schwächung von Röntgenstrahlung beteiligten Prozesse.

Aufgaben

6.3.4-1 Der Schwächungskoeffizient von Blei hat sein Minimum bei einer Wellenlänge von ca. $4 \cdot 10^{-13}$ m und beträgt ca. $0{,}4\,\text{cm}^{-1}$. Berechnen Sie, bei welcher Dicke eine Bleiwand maximal 1 % der einfallenden Strahlung passieren lässt.

Lösung: 11,5 cm

[1] Paul Adrien Maurice Dirac, 1902 – 1984

6.3.5 Materiewellen

De Broglie[1] hatte 1924 die Idee, den Spieß umzudrehen: Wenn elektromagnetische Wellen Teilcheneigenschaften haben, wäre es dann nicht auch umgekehrt möglich, dass Teilchen Welleneigenschaften besitzen? Die erste experimentelle Bestätigung dieser Idee war der Nachweis, dass Elektronen gebeugt werden können (Davisson[2] und Germer[3], 1927). In der Folge wurde nachgewiesen, dass Elektronen alle für Wellen charakteristischen Eigenschaften haben. Gleiches gilt für Protonen, Neutronen und alle anderen Mikroteilchen. Diese gehorchen, genauso wie das Photon, den Gesetzen der Quantenphysik und zeigen daher sowohl Wellen- wie auch Teilcheneigenschaften.

Um den Mikroteilchen eine Frequenz und eine Wellenlänge zuordnen zu können, verwendet man wieder die im vorigen Abschnitt angegebenen Formeln. Aus $E = hf = m(v)c^2$ ergibt sich

$$f = f(v) = \frac{m(v)c^2}{h}$$

und aus $p = h/\lambda = m(v)v$ folgt

$$\lambda = \lambda(v) = \frac{h}{m(v)v}$$

(**de Broglie-Wellenlänge**).

Im Prinzip gelten diese Überlegungen nicht nur für Mikroteilchen, sondern für alle Körper. Für makroskopische Körper ergeben sich aber extrem kleine Wellenlängen. Um Beugungserscheinungen beobachten zu können, müssen die beugenden Strukturen aber eine mit der Wellenlänge vergleichbare räumliche Ausdehnung haben (vgl. Abschnitt 6.2). Diese Bedingung lässt sich aber experimentell nicht erfüllen und daher sind Beugungseffekte bei makroskopischen Körpern nicht beobachtbar.

Jede Messung führt zu einer Beeinflussung des Messobjekts. Damit verbunden ist eine ungewollte Änderung der Größe, die man bestimmen möchte. Soll beispielsweise der Durchmessers eines Zylinders mit einen Messschieber bestimmt werden, so wird der Zylinder durch den Anpressdruck etwas verformt und der Durchmesser daher geringfügig unterschätzt. Dieser Effekt ist i. Allg. klein und kann häufig vernachlässigt werden. Wenn die Anforderungen an die Messgenauigkeit aber sehr hoch sind muss man überlegen, ob nicht ein Messverfahren zum Einsatz kommen soll, bei dem dieses und ähnliche Probleme nicht auftreten. Häufig wendet man dann optische Messverfahren an, da diese eine sehr hohe Messgenauigkeit besitzen und Einflüsse aufgrund von mechanischem Kontakt vermieden werden. Die Rückwirkung des Messgeräts auf das Messobjekt kann so vernachlässigbar klein gehalten werden.

Führt man allerdings Messungen an Mikroteilchen wie Elektronen durch, trifft dies nicht mehr zu. Wie in den vorangegangenen Abschnitten dargestellt, übertragen Photonen in erheblichem Maß Impuls auf die Elektronen und ändern dadurch deren Bewegungszustand. Es hat sich herausgestellt, dass sich dies, unabhängig von der Art des Messverfahrens, nicht vermeiden lässt.

Die Bestimmung des Orts eines punktförmigen Teilchens ist physikalisch identisch mit der Messung der drei Koordinaten, die zusammen den Ortsvektor bilden. Im Folgenden beschränken wir uns stellvertretend auf die x-Koordinate. Jedes Messergebnis für x ist mit einer Messunsicherheit Δx behaftet

[1] Louis-Victor Pierre Raymond de Broglie, 1892 – 1987
[2] Clinton Joseph Davisson, 1881 – 1958
[3] Lester Halbert Germer, 1896 – 1971

(vgl. Anhang D). Heisenberg[1)] hat herausgefunden, dass bei einer gleichzeitigen Messung der Teilchenkoordinate x und der zugehörigen Impulskomponente p_x, das Produkt der Messunsicherheiten nicht beliebig klein sein kann. Für das Produkt der Messunsicherheiten gilt

$$\Delta p_x \Delta x \geq \frac{h}{4\pi}$$

(**Heisenbergsche Unschärferelation**). Sie sagt aus, dass je genauer der Ort eines Teilchens gemessen wird, umso ungenauer ist die zugehörige Impulskomponente bekannt und umgekehrt.

Man würde denken, dass Mikroteilchen zu jedem Zeitpunkt einen genau bestimmten Ort und Impuls haben, deren Größe man aufgrund der Unschärferelation nicht gleichzeitig mit beliebiger Genauigkeit bestimmen kann. Heute weiß man, dass diese Sichtweise nicht richtig ist. Es konnte mittlerweile nachgewiesen werden, dass Ort und Impuls der Teilchen selbst, also nicht nur die entsprechenden Messwerte, der durch die Unschärferelation beschriebenen Unbestimmtheit unterliegen. Dieser Sachverhalt ist ein Beispiel dafür, dass Quantenphysik und menschliche Intuition nicht in Einklang zu bringen sind!

Aufgaben

6.3.5-1 Thermische Neutronen (Masse $1{,}675 \cdot 10^{-27}$ kg) haben die kinetische Energie 25 meV. Wie groß ist ihre de Broglie-Wellenlänge?

Lösung: $1{,}81 \cdot 10^{-10}$ m

6.3.5-2 Ein Geschoss mit der Masse 40 g fliegt mit der Geschwindigkeit 1000 m/s. Wie groß ist die zugehörige Materiewellenlänge? Wieso beobachtet man keine Beugungseffekte?

Lösung: $1{,}66 \cdot 10^{-35}$ m

6.3.5-3 Eine Murmel (Masse 25 g) befinde sich in einem Kasten (Länge 10 cm).
a) Schätzen Sie die Unbestimmtheit in der Geschwindigkeit der Murmel ab.
b) Gleiche Frage für ein Elektron in einem Atom (Atomdurchmesser von der Größenordnung 0,1 nm).

Lösung: $2{,}11 \cdot 10^{-32}$ m/s, $5{,}79 \cdot 10^{5}$ m/s

6.3.5-4 Jemand möchte mit Murmeln (m = 25 g) Beugungsexperimente am Spalt durchführen. Welche Geschwindigkeit müssen die Murmeln aufweisen, damit ihre Wellenlänge mit der Spaltbreite von 1 mm übereinstimmt?

Lösung: $2{,}651 \cdot 10^{-29}$ m/s

---

1) Werner Heisenberg, 1901 – 1976

7 Atome

7.1 Aufbau der Atome

Die Frage, woraus sich die Stoffe zusammensetzen, beschäftigt die Menschheit seit Jahrtausenden. Erst im 20. Jahrhundert wurde eine zufrieden stellende Antwort gefunden, die im vorliegenden Kapitel skizziert werden soll. Eine vollständige Behandlung würde die Anwendung quantenphysikalischer Methoden erfordern, auf deren Darstellung wir verzichten wollen. Stattdessen stützen wir uns auf das **Bohr[1]-Sommerfeldsche[2]-Atommodell**. Dieses beschreibt die atomaren Vorgänge auf der Basis der klassischen Physik, die durch einige, nur durch den Erfolg der Methode zu rechtfertigende, Bedingungen ergänzt wird. Für die hier behandelten Erscheinungen stimmen die Ergebnisse des Bohr-Sommerfeld-Modells mit denen der Quantentheorie bis auf einige Feinheiten überein.

Stabile Materie, egal ob gasförmig, flüssig oder fest, setzt sich aus sogenannten **Atomen** zusammen. Heute sind über 100 verschiedene Atomarten bekannt. Allen gemeinsam ist, dass sie aus einem **Atomkern** und der **Atomhülle** bestehen. Die eingangs erwähnte Frage nach der Zusammensetzung der Stoffe zieht fast zwangsläufig die Frage nach der Zusammensetzung von Atomhülle und Atomkern nach sich. Die Atomhülle besteht aus **Elektronen** (Symbol e^-), das sind praktisch punktförmige Objekte der Masse $m_e \approx 9{,}11 \cdot 10^{-31}$ kg, die eine negative Elementarladung tragen. Der Atomkern ist aus **Nukleonen**, d. h. aus **Protonen** (Symbol p^+) und **Neutronen** (Symbol n) aufgebaut. Protonen und Neutronen sind einander recht ähnlich (Masse ca. $1{,}67 \cdot 10^{-27}$ kg, Durchmesser ca. 10^{-15} m), unterscheiden sich aber in der elektrischen Ladung. Während das Neutron elektrisch neutral ist (daher sein Name), trägt das Proton eine positive elektrische Elementarladung[3].

Jede Atomart besitzt immer die gleiche Anzahl von Hüllenelektronen und Protonen – sie sind also nach außen hin elektrisch neutral. Die anziehende Coulombkraft sorgt für den Zusammenhalt von Kern und Hülle. Die verschiedenen Atomarten werden durch Symbole vom Typ ^A_ZX bezeichnet. Dabei bezeichnet X das chemische Symbol für die jeweilige Atomart (Beispiele: He für Helium, U für Uran), die **Ordnungszahl** Z die Anzahl der Protonen (= Anzahl der Elektronen) und die **Nukleonenzahl** A die Anzahl der Nukleonen (Beispiel: Heliumatome enthalten zwei Protonen, zwei Elektronen und (überwiegend) zwei Neutronen. Daher bezeichnet man sie durch $^4_2$He)[4].

Da Nukleonen ca. 2000 mal schwerer sind als Elektronen, folgt, dass der Atomkern fast die gesamte Atommasse beinhaltet. Die Atomhül-

---

1) Niels Bohr, 1885 – 1962

2) Arnold Sommerfeld, 1868 – 1951

3) Natürlich stellt sich die Frage, ob Elektronen, Protonen und Neutronen ihrerseits aus elementareren Objekten zusammengesetzt sind, und woraus diese elementaren Objekte gegebenenfalls bestehen usw. Dieses Problem ist Gegenstand aktueller Forschung, und wir können nicht darauf eingehen.

4) Sowohl das Symbol X als auch die Ordnungszahl Z legen eindeutig fest, um welche Atomart es sich handelt. Die hier beschriebene Notation enthält also eine Redundanz.

le trägt zur Masse der Atome nur wenig bei, bestimmt aber ihre räumliche Ausdehnung. Der Durchmesser von Atomen beträgt größenordnungsmäßig einige 10^{-10} m. Allerdings darf man sich nicht vorstellen, dass Atome eine scharfe Begrenzung aufweisen.

Die Wechselwirkung von Atomen untereinander wird durch die Atomhülle bestimmt[1]. Beispielsweise kommt es bei der Annäherung zweier Atome in einem Gas wegen der Coulombkraftwirkung zwischen den Hüllenelektronen zu einer abstoßenden Kraft. Andererseits ziehen sich viele Atomarten trotz ihrer elektrischen Neutralität gegenseitig an. Lagern sich zwei oder mehr Atome aufgrund dieser Anziehung zu einem festen Gebilde zusammen, so spricht man von **Molekülen** (vgl. Abschnitt 7.4).

7.2 Atomhülle

7.2.1 Stationäre Bahnen

Das am einfachsten aufgebaute Atom ist das Wasserstoffatom (Hydrogenium $^1_1$H). Sein Kern besteht nur aus einem Proton und seine Hülle dementsprechend aus einem Elektron. Löst man die Bewegungsgleichung für das Elektron unter dem Einfluss der vom Proton ausgehenden Coulombkraft[2], so findet man, dass die Elektronenbahnen ellipsenförmig sind (Abb. 7.1). Einer der beiden Ellipsenbrennpunkte liegt am Ort des Protons.

Ein Elektron, das sich auf einer elliptischen Bahn bewegt, sendet nach den Gesetzen der Elektrodynamik elektromagnetische Wellen aus. Damit verbunden ist ein ständiger Energieverlust, d. h. das Elektron sollte unter Aussendung elektromagnetischer Strahlung in den Kern stürzen. Demnach sollten Wasserstoffatome also keine stabilen Gebilde darstellen. Dies steht im offenbaren Widerspruch zu den Beobachtungen. Die Quantentheorie sagt (in Übereinstimmung mit den experimentell ermittelten Sachverhalten), dass es bestimmte Bahnen gibt, auf denen die Elektronen umlaufen, ohne zu strahlen. Um diese Bahnen zu bestimmen, haben Bohr und Sommerfeld versuchsweise sogenannte **Quantenbedingungen** für bestimmte Bewegungsgrößen eingeführt[3].

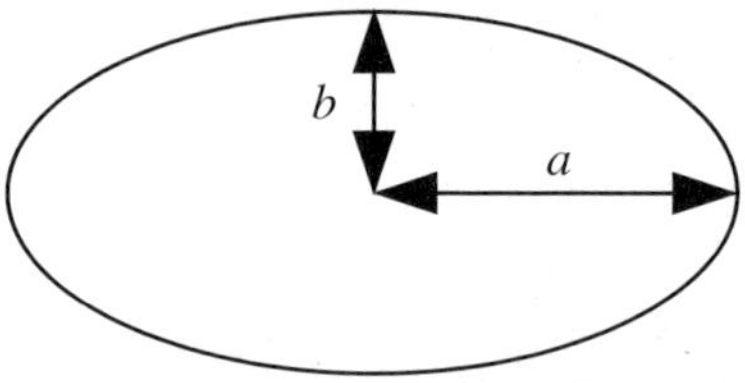

Abb. 7.1: Ellipse mit großer Halbachse a und kleiner Halbachse b.

Die Quantenbedingungen führen zu Einschränkungen bezüglich der Halbachsen der möglichen Bahnellipsen. Als Elektronenbahnen sind nur solche Ellipsen möglich, für deren Halbachsen gilt

$$a = n^2 r_1 \qquad b = n(l+1) r_1$$

mit

$$n = 1, 2, 3, \ldots$$

$$l = 0, 1, 2, 3, \ldots, n-1.$$

n heißt **Hauptquantenzahl** und l **Nebenquantenzahl**. Der **Bohr-Radius** ist durch

$$r_1 := \frac{\varepsilon_0 h^2}{\pi m_e e^2}$$

definiert (ε_0 elektrische Feldkonstante, h Plancksches Wirkungsquantum).

Für eine fest vorgegebene Hauptquantenzahl n gibt es wegen $l = 0, 1, 2, 3, \ldots, n-1$ genau n

[1] Physiker machen sich bei den Chemikern gerne mit der Aussage ‚Chemie ist die Physik der Atomhülle' unbeliebt.
[2] Das Proton kann aufgrund seiner relativ großen Masse als nahezu ortsfest angenommen werden
[3] offenbar inspiriert durch die Plancksche Bedingung für die Schwingungsenergie, vgl. Abschnitt 6.3

mögliche Werte der Nebenquantenzahl l und daher n mögliche Werte für die kleine Halbachse. Diese liegen zwischen $b_{\text{min}} = \frac{a}{n}$ und $b_{\text{max}} = a$ (Kreis). Bahnen mit unterschiedlicher Nebenquantenzahl gehören zu verschiedenen Drehimpulswerten. Für den Betrag des Drehimpulses gilt[1)]

$$L = \sqrt{l(l+1)}\hbar$$

mit $\hbar := \frac{h}{2\pi}$ (**Drehimpulsquantum**)[2)]. Die möglichen Bahnen für $n = 1, 2$ und 3 sind in Tabelle 7.1 dargestellt.

Für das Folgende schreibt man dem Zustand, in dem Proton und Elektron vollständig getrennt sind, den Energiewert null zu. Nähert sich, von diesem Zustand ausgehend, das Elektron dem Proton, so wird wegen der Anziehung Energie frei – die Energiewerte des Elektrons sind also negativ. Die Elektronenenergie auf den verschiedenen Bahnen kann man aus

$$E_n = -\frac{m_e e^4}{8(\varepsilon_0 h n)^2}$$

berechnen. Wie man sieht, hängt sie nur von der Hauptquantenzahl n ab. Befindet sich das Atom im Zustand kleinstmöglicher Energie (**Grundzustand**) ($n = 1, l = 0$), so gilt $a = b = r_1 = 0{,}5292 \cdot 10^{-10}$ m. Der Atomdurchmesser beträgt dann also ca. 10^{-10} m, und dies stimmt mit gemessenen Werten gut überein.

Bringt man das Wasserstoffatom in ein Magnetfeld, so wirkt auf das bewegte Elektron die Lorentzkraft. Dadurch wird auf das Atom ein Drehmoment ausgeübt – der Drehimpulsvektor $\vec{L}$, der senkrecht auf der Bahnebene steht, rotiert um die Richtung des Magnetfeldes[3)] und bewegt sich daher auf einem Kegelmantel (Abb. 7.2).

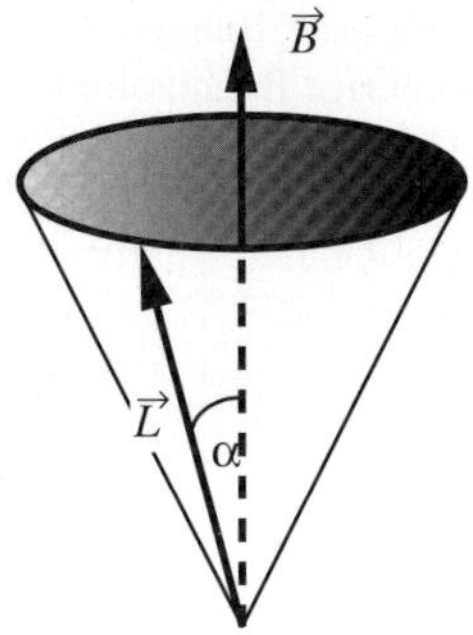

Abb. 7.2: Der Drehimpulsvektor $\vec{L}$ rotiert um die durch das Magnetfeld $\vec{B}$ definierte Richtung

Die Quantenbedingungen bewirken, dass der Winkel α zwischen Magnetfeld und Drehimpulsvektor nur bestimmte Werte annehmen kann (**Richtungsquantisierung**). Zerlegt man den Drehimpulsvektor bezüglich des Magnetfeldvektors $\vec{B}$ gemäß $\vec{L} = \vec{L}_\perp + \vec{L}_\parallel$, so kann $L_\parallel := |\vec{L}_\parallel|$ wegen der Richtungsquantisierung nur einen der $2l + 1$ Werte

$$L_\parallel = m_l \hbar$$
mit
$$m_l = 0, \pm 1, \pm 2, \pm 3, \ldots, \pm l.$$

annehmen. Die hier eingeführte Quantenzahl m_l heißt **magnetische Quantenzahl**.

Schließlich muss noch erwähnt werden, dass das Elektron um eine Achse durch seinen Schwerpunkt rotiert. Man spricht vom **Spin** des Elektrons. Für den mit dieser Eigenrotation verbundenen Drehimpuls $\vec{S}$ gelten analoge Formeln, wie die oben im Zusammenhang mit der Bahnbewegung angegebenen:

$$S = \sqrt{s(s+1)}\hbar$$
mit
$$s = 1/2$$

---

1) Dies ist ein Ergebnis der Quantentheorie. Das Bohr-Sommerfeld-Modell liefert eine etwas andere, nicht exakt richtige Formel.

2) sprich ‚h quer'

3) Leider konnte dieses als **Präzession** bezeichnete faszinierende Phänomen im Abschnitt 1.2.2 nicht behandelt werden!

Tabelle 7.1: Mögliche Bahnen des Elektrons im Wasserstoffatom. Je kreisförmiger die Bahn, umso größer der zugehörige Bahndrehimpuls. Die Bahndurchmesser sind nicht maßstäblich dargestellt.

$n\backslash l$	0	1	2
1	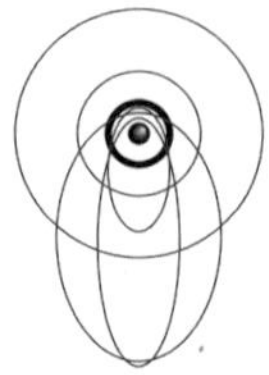		
2	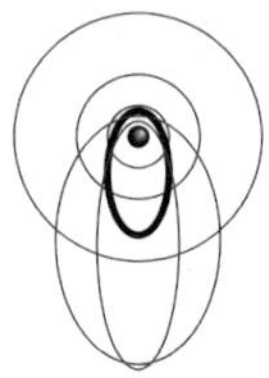	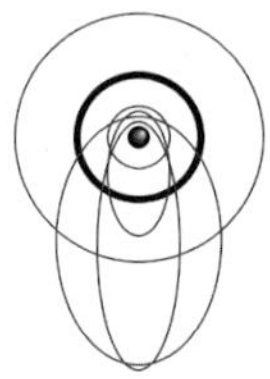	
3	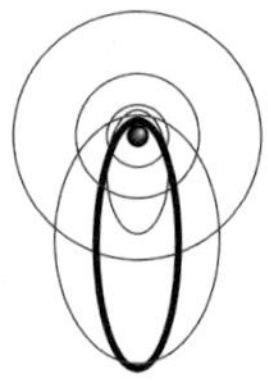	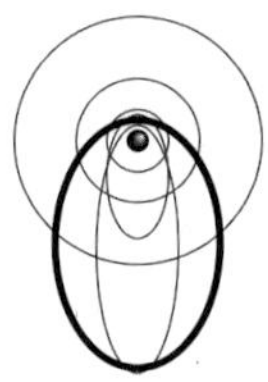	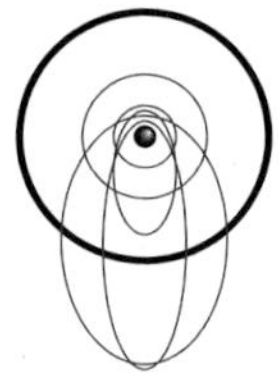

und

$$S_{\parallel} = m_s \hbar$$
mit
$$m_s = \pm 1/2.$$

s ist die **Spinquantenzahl**.

Enthält der Atomkern nicht nur ein einzelnes, sondern Z Protonen und zusätzlich noch Neutronen, so ändert sich an obigem Bild wenig. Die zusätzliche positive Ladung bewirkt eine stärkere Coulombanziehung des Hüllenelektrons und daher verkleinert sich der Bohr-Radius der Elektronenbahn auf $r_1' = r_1/Z$ und die Energiewerte ergeben sich aus $E_n' = Z^2 E_n$. Natürlich ist das Gebilde $Z-1$-fach positiv geladen, und da $Z \neq 1$, handelt es sich auch nicht mehr um ein Wasserstoffatom.

Aufgaben

7.2.1-1 Berechnen Sie die erforderlichen Energien, um beim Wasserstoffatom das Elektron vom Grundzustand in den 1., 2., 3. und 4. angeregten Zustand anzuheben.

Lösung: 10,20 eV, ..., 13,06 eV

7.2.1-2 Berechnen Sie für den Grundzustand des zweifach geladene Lithium ${}^{A}_{3}Li^{++}$ den Durchmesser der Elektronenbahn.

Lösung: $3{,}53 \cdot 10^{-11}$ m

7.2.1-3 Berechnen Sie die drei niedrigsten Elektronenenergien für das einfach geladene Helium ${}^{A}_{2}He^{+}$.

Lösung: 54,4 eV, ..., 6,0 eV

7.2.2 Periodensystem der Elemente

Am Ende des vorigen Abschnitts wurden Z-fach positiv geladene Atomkerne mit einem einzigen Hüllenelektron betrachtet. Werden der Atomhülle nun solange Elektronen zugefügt, bis elektrische Neutralität hergestellt ist, so erhält man ein Atom der durch die Ordnungszahl Z bezeichneten Art. Stoffe, deren Atome alle die gleiche Ordnungszahl haben, nennt man **chemische Elemente**. Im **Periodensystem der Elemente** sind alle Atomarten, sortiert nach ihrer Ordnungszahl, aufgelistet.

Für die chemischen und physikalischen Eigenschaften eines Stoffes ist entscheidend, welche der möglichen Bahnen im Grundzustand durch Elektronen besetzt sind. Aufgrund der gegenseitigen Coulombabstoßung der Hüllenelektronen ergeben sich erhebliche Abweichungen von der Ellipsenform der Bahnen. Es hat sich aber gezeigt, dass die Elektronenbahnen in der Atomhülle dennoch durch die oben eingeführten Quantenzahlen gekennzeichnet werden können.

Im Folgenden sollen die Atomarten mit kleiner Ordnungszahl, ausgehend vom Wasserstoffatom, zusammengesetzt werden. Dabei sind bezüglich der Hüllenelektronen zwei Regeln zu beachten:

- **Pauli-Prinzip**[1]: Zwei Hüllenelektronen dürfen nicht in allen vier Quantenzahlen n, l, m_l und m_s übereinstimmen
- Beim Einbau eines Elektrons wird von den verfügbaren Zuständen der energetisch tiefstliegende besetzt. Bei der Berechnung der Energiewerte muss nun aber die Wechselwirkung der Hüllenelektronen untereinander berücksichtigt werden[2].

Der Grundzustand des Elektrons im Wasserstoffatom ($^A_1$H) ist durch die in Tabelle 7.2 angegebenen Quantenzahlen gekennzeichnet ($n = 1 \Rightarrow l = 0 \Rightarrow m_l = 0$, vgl. Abschnitt 7.2.1).

Fügt man dem Atomkern ein Proton (und ein oder zwei Neutronen) und der Hülle ein Elektron hinzu, so erhält man ein Helium-Atom ($^A_2$He). Wie beim ersten Elektron gilt $n = 1 \Rightarrow l = 0$ und daher auch $m_l = 0$. Die beiden Elektronen tragen also im Grundzustand die in Tabelle 7.2 angegebenen Quantenzahlen. Sie unterscheiden sich also nur durch ihre Spinkomponente m_s. Hinzufügen eines weiteren Protons, eines weiteren Elektrons und weiterer Neutronen ergibt ein Lithium-Atom ($^A_3$Li). Das dritte Elektron kann wegen des Pauli-Prinzips nicht mehr im $n = 1$ Zustand untergebracht werden; man sagt, die **Schale** ist vollständig besetzt. Es muss folglich in der $n = 2$-Schale untergebracht werden. Die Quantenzahl l kann nun die Werte 0 oder 1 annehmen – der Zustand niedrigster Energie ist der mit $l = 0$.

Das nächste Element heißt Beryllium ($^A_4$Be). Jetzt ist die $l = 0$-**Unterschale** vollständig besetzt. Für Bor ($^A_5$B) gilt daher, dass die Quantenzahl l des durch E bezeichneten Elektrons den Wert 1 annehmen muss. Für die magnetische Quantenzahl m_l sind daher die Werte $-1, 0, +1$ möglich. m_s ist wie immer $-1/2$ oder $+1/2$. Folglich können nach dem Pauli-Prinzip in der $l = 1$-Unterschale $2 \cdot 3 = 6$ Elektronen untergebracht werden. Der Schalenabschluss findet bei Neon ($^A_{10}$Ne) statt.

Der Aufbau von Elementen mit höherer Ordnungszahl erfolgt nach dem gleichen Schema. Bei den leichten Elementen ist es energetisch immer am günstigsten, alle möglichen Unterschalen aufzufüllen, bevor ein Elektron in einen Zustand mit größerer Hauptquantenzahl

[1] Wolfgang Pauli, 1900 – 1958

[2] Diese Rechnungen müssen numerisch durchgeführt werden

Tabelle 7.2: Elektronische Quantenzahlen für den Grundzustand einiger leichter Elemente. In den beiden letzten Spalten gibt es häufig mehrere gleichwertige Möglichkeiten. Die einzelnen Elektronen werden durch Großbuchstaben bezeichnet (zweite Spalte).

		n	l	m_l	m_s
${}_{1}^{A}H$	A	1	0	0	$-1/2, +1/2$
${}_{2}^{A}He$	A	1	0	0	$-1/2$
	B	1	0	0	$+1/2$
${}_{3}^{A}Li$	A	1	0	0	$-1/2$
	B	1	0	0	$+1/2$
	C	2	0	0	$-1/2, +1/2$
${}_{4}^{A}Be$	A	1	0	0	$-1/2$
	B	1	0	0	$+1/2$
	C	2	0	0	$-1/2$
	D	2	0	0	$+1/2$
${}_{5}^{A}B$	A	1	0	0	$-1/2$
	B	1	0	0	$+1/2$
	C	2	0	0	$-1/2$
	D	2	0	0	$+1/2$
	E	2	1	$-1, 0, +1$	$-1/2, +1/2$
⋮	⋮	⋮	⋮	⋮	⋮
⋮	⋮	⋮	⋮	⋮	⋮
${}_{10}^{A}Ne$	A	1	0	0	$-1/2$
	B	1	0	0	$+1/2$
	C	2	0	0	$-1/2$
	D	2	0	0	$+1/2$
	E	2	1	-1	$-1/2$
	F	2	1	-1	$+1/2$
	G	2	1	0	$-1/2$
	H	2	1	0	$+1/2$
	I	2	1	$+1$	$-1/2$
	J	2	1	$+1$	$+1/2$

n eingebaut wird. Beginnend mit Kalium (${}_{19}^{A}K$) gibt es Abweichungen von dieser Regel.

Das chemische und physikalische Verhalten der Atome wird im Wesentlichen durch die Elektronen in den nicht vollständig besetzten Schalen bzw. Unterschalen bestimmt. Atome mit gleicher Anzahl von Elektronen in nicht abgeschlossenen Schalen haben ähnliche Eigenschaften. Mit der Zunahme von Z werden immer neue Schalen aufgefüllt. Der Rhythmus des Schalenabschlusses spiegelt sich in den Atomeigenschaften wider.

7.2.3 Atomanregung

Bisher bezogen sich alle Überlegungen auf den Grundzustand der Atomhülle. Atome können aber Energie aufnehmen und befinden sich dann in einem **angeregten Zustand**. Eines der Hüllenelektronen wird dabei von seinem Grundzustand n_i, l_i, m_{li}, m_{si} in einen Quantenzustand n_j, l_j, m_{lj}, m_{sj} überführt. Ist die zugeführte Energie groß genug, um ein Elektron ganz vom Atom abzulösen, so spricht man von **Ionisierung**. Der zur Ionisierung mindestens erforderliche Energiebetrag heißt **Ionisierungsenergie**. Ein **Ion** ist ein Atom, bei dem die Anzahl der Hüllenelektronen nicht mit der Zahl der Protonen im Kern übereinstimmt. Das kann auch heißen, dass in der Hülle ein zusätzliches Elektron angelagert ist. In jedem Fall sind Ionen elektrisch geladen.

Das angeregte Atom wird aufgrund der Coulombanziehung den Grundzustand anstreben. Dazu muss das angeregte Elektron vom Zustand n_j, l_j, m_{lj}, m_{sj} wieder in den Zustand n_i, l_i, m_{li}, m_{si} übergehen. Die mittlere Verweilzeit im angeregten Zustand beträgt typischerweise 10^{-8} s (**mittlere Lebensdauer**). Die zur Anregung aufgewändete Energie wird bei diesem Übergang i. Allg. in Form elektromagnetischer Wellen abgestrahlt. Die Frequenz dieser Strahlung ergibt sich aus der **Bohrschen Frequenzbedingung**

$$f = (E_j - E_i)/h.$$

Hierbei bedeuten E_j und E_i die Energie des angeregten und des Grundzustands. Da die in der Atomhülle vorkommenden Energieniveaus nur diskrete Werte annehmen, können angeregte Atome also nur Strahlung mit ganz bestimmten Frequenzen aussenden. Man spricht von einem **Linienspektrum**. Bestrahlt man Atome mit einem kontinuierlichen Spektrum elektromagnetischer Wellen, so werden umgekehrt nur diejenigen Frequenzkomponenten absorbiert, die die obige Frequenzbedingung erfüllen (Atomanregung durch **Resonanzabsorption**).

Selbst von den gemäß $f = (E_j - E_i)/h$ erlaubten Übergängen werden längst nicht alle beobachtet. Im Experiment findet man eine starke Bevorzugung von Übergängen, bei denen $\Delta l = \pm 1$ gilt (**Auswahlregel**).

Anwendung der Bohrschen Frequenzbedingung auf den Fall des Wasserstoffatoms liefert für die möglichen Übergangsfrequenzen

$$f = \frac{m_e e^4}{8\varepsilon_0^2 h^3}\left(\frac{1}{n_j^2} - \frac{1}{n_i^2}\right).$$

Die wichtigsten Übergänge sind in Abbildung 7.3 durch Pfeile angedeutet.

Tabelle 7.3: Einige Serien des Wasserstoffspektrums. Die Übergänge erfolgen von einem Zustand mit Hauptquantenzahl n_j zu einem Zustand mit Hauptquantenzahl n_i.

Serie	n_i	n_j	Spektralbereich
Lyman	1	2, 3, ...	ultraviolett
Balmer	2	3, 4, ...	sichtbar
Paschen	3	4, 5, ...	infrarot
Brackett	4	5, 6, ...	infrarot

Die im Wasserstoffspektrum auftretenden Übergänge sind in Gruppen zusammengefasst. Einige davon sind in Tabelle 7.3 dargestellt. Die Spektren von Atomen (und Ionen), die mehr als ein Hüllenelektron besitzen, sind wesentlich komplizierter. Beispielsweise hängen die Energieniveaus dort auch von der Nebenquantenzahl l ab.

Aufgaben

7.2.3-1 Berechnen Sie die Wellenlänge der jeweils ersten Linie in der Lymann, Balmer und der Paschen Serie.

Lösung: ca. 122 nm, 657 nm, 1877 nm

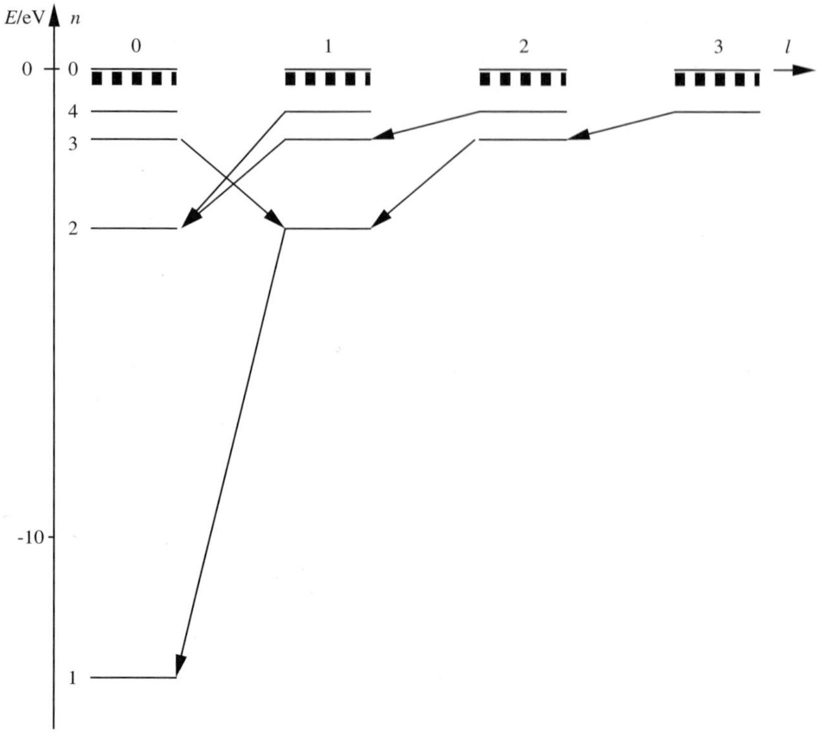

Abb. 7.3: Die intensivsten Übergänge im Wasserstoffspektrum. Vom Zustand mit $n = 2$, $l = 0$ kann wegen der Auswahlregel kein Übergang in den Grundzustand erfolgen (**metastabiler Zustand**). Solche Zustände sind sehr langlebig. Die dickeren, unterbrochenen Linien symbolisieren die Anhäufung von Energieniveaus mit höheren Hauptquantenzahlen.

7.2.4 LASER

Durchquert ein Photon der Frequenz f einen gasgefüllten Behälter, so besteht die Möglichkeit, dass dieses Photon absorbiert wird und dabei eines der Gasatome anregt. Voraussetzung ist, dass f der Bohrschen Frequenzbedingung entspricht. Wie im vorangegangenen Abschnitt dargestellt, wird das Atom nach der mittleren Lebensdauer des angeregten Zustands in den Grundzustand zurückfallen und dabei ein Photon abstrahlen. Man spricht von **spontaner Emission**. Die Frequenz des emittierten Photons ist in der Regel wieder f, aber seine Bewegungsrichtung wird i. Allg. nicht mit der ursprünglichen Ausbreitungsrichtung übereinstimmen. Wegen des Zeitversatzes zwischen Absorption und Emission stimmt auch die Phase nicht mit dem ursprünglichen Wert überein.

Es besteht aber auch die Möglichkeit, dass ein zweites Photon der Frequenz f auf das bereits angeregte Atom trifft. Falls es ein nach der Bohrschen Frequenzbedingung passendes Energieniveau gibt, kann es zu einer weiteren Anregung kommen. Viel wahrscheinlicher ist es allerdings, dass die Wirkung des zweiten Photons darin besteht, den oben erwähnten Emissionsvorgang schon vor Ablauf der mittleren Lebensdauer auszulösen. Die Rückkehr des angeregten Atoms in den Grundzustand wird sozusagen beschleunigt. Bei diesem Vorgang spricht man von **stimulierter Emission**.

Das stimulierende und das emittierte Photon verlassen also das in den Grundzustand zurückgekehrte Atom. Für das Folgende entscheidend ist, dass beide Photonen mit der gleichen Frequenz schwingen und auch in Ausbreitungsrichtung und Phasenlage übereinstimmen. Mit anderen Worten: Die beiden Photonen sind kohärent (vgl. Abschnitt 6.2.1). Beim LASER[1] sorgt man dafür, dass die kohärenten Photonen wiederum angeregte Atome zu induzierter Emission veranlassen. Man löst also sozusagen eine Lawine kohärenter Photonen aus. Damit dies gelingt, sind zumindest zwei Kunstgriffe erforderlich.

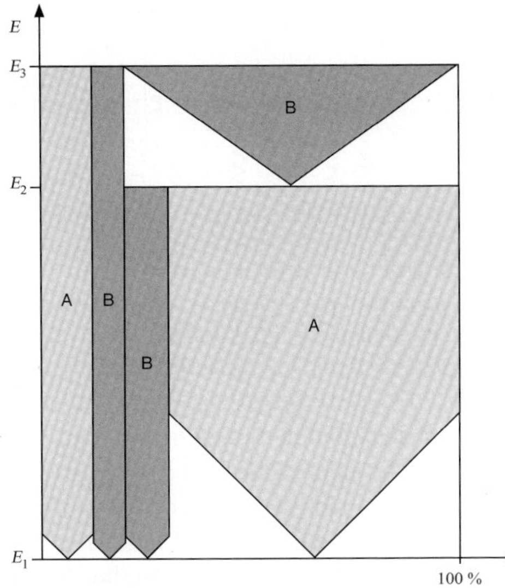

Abb. 7.4: Die möglichen Übergänge vom Energieniveau E_3 in den Grundzustand mit der Energie E_1. Mit A bezeichnete Pfeile stehen für stimulierte Übergänge, B bezeichnet spontane Übergänge. Die Breite der Pfeile soll die relative Bedeutung der verschiedenen Übergänge andeuten.

Da bei Raumtemperatur die Zahl der Atome im Grundzustand immer viel größer ist als die Zahl der angeregten Atome, überwiegt die Absorptionsrate die Rate für stimulierte Emission bei weitem. Die gewünschte Photonenlawine kommt deshalb nicht zustande. Um zu erreichen, dass das angeregte Niveau stärker als der Grundzustand besetzt ist (man spricht von **Besetzungsinversion**), geht man folgendermaßen vor (vgl. Abb. 7.4)[2]: Mithilfe von Photonen, die z. B. mit Blitzlampen erzeugt werden, 'pumpt' man Hüllenelektronen vom Energieniveau E_1 in das Niveau E_3. Das 'Pumplicht' muss die Frequenz $f_{13} = (E_3 - E_1)/h$ aufweisen. Die verwendeten Atome oder Kombinationen von Atomarten besitzen zwischen E_1 und E_3 einen metastabilen Zustand E_2. Aus Gründen, auf die hier nicht eingegangen werden kann, wechseln die angeregten Elektronen sehr schnell vom Niveau E_3 in das Niveau E_2. Damit sind sie nicht mehr der Gefahr ausgesetzt, vom Pumplicht zum Übergang nach E_1 stimuliert zu werden. Da der Zwischenzustand E_2 metastabil, d. h. langlebig ist, befinden sich nach einiger Zeit mehr Elektronen in diesem Zustand als im Grundzustand E_1. Unter Zuhilfenahme des metastabilen dritten Zustands E_2 kann also die benötigte Besetzungsinversion erreicht werden. Damit ist der erste Kunstgriff gelungen.

Aufgrund der Langlebigkeit von E_2 setzt der Prozess der spontanen Emission nach Niveau E_1 zögerlich ein. Die hierbei emittierten Photonen der Frequenz $f_{21} = (E_2 - E_1)/h$ verlassen mit großer Wahrscheinlichkeit den gasgefüllten Behälter. Eventuell stimulieren sie auf ihrem Weg noch Atome zur Emission. Der zweite Kunstgriff besteht darin, dass man den Gasbehälter zwischen zwei planparallel ausgerichtete Spiegel stellt (Abb. 7.5). Photonen, deren Ausbreitungsrichtung genau senkrecht zu den Spiegeln verläuft, werden sehr häufig

[1] Das Kunstwort 'LASER' leitet sich aus 'Light Amplification by Stimulated Emission of Radiation' ab

[2] die hier gegebene Darstellung ist stark vereinfacht

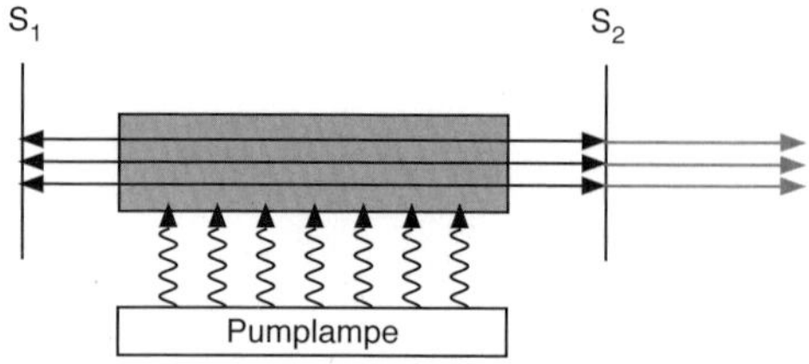

Abb. 7.5: Das Lasermedium wird zwischen zwei parallel ausgerichtete Spiegel S_1 und S_2 gebracht. S_2 ist nicht vollständig reflektierend, sodass kohärentes Licht aus dem LASER austreten kann.

zwischen den beiden Spiegeln hin und her reflektiert. Zwischen den Spiegeln (dem Resonator) bildet sich bei passend gewähltem Spiegelabstand eine stehende Lichtwelle aus (vgl. Abschnitt 5.8). Damit haben die Photonen sehr oft die Gelegenheit, eine Emission zu stimulieren. Jetzt kommt die gewünschte Photonlawine zustande. Photonen mit anderen Ausbreitungsrichtungen verlassen den Gasbehälter auf direktem Weg oder nach wenigen Reflexionen an den Spiegeln.

Indem man einen der beiden Spiegel ein wenig durchlässig macht, kann ein kleiner Teil des kohärenten Lichts aus dem LASER ausgekoppelt und für die vielfältigen Anwendungen verfügbar gemacht werden.

Aufgaben

7.2.4-1 Ein CO_2-LASER für die Materialbearbeitung strahlt bei einer Wellenlänge von $\lambda = 10{,}6\,\mu\text{m}$ eine Leistung von 100 kW ab. Der Lichtstrahl habe einen Durchmesser von $D = 5$ mm. Welche Intensität ist mit einer Sammellinse der Brennweite $f' = 10$ mm erreichbar, wenn der Durchmesser des Brennflecks durch $\frac{4\lambda f'}{\pi D}$ gegeben ist?

Lösung: $1{,}748 \cdot 10^{14}\,\text{W/m}^2$

7.2.4-2 Ein Rubin-LASER arbeite im Pulsbetrieb und strahlt bei einer Wellenlänge von 694,3 nm. Die Pulse haben eine Dauer von jeweils 1,5 ns und eine mittlere Leistung von 10 MW. Aus wie vielen Photonen setzt sich ein Puls zusammen?

Lösung: $5{,}243 \cdot 10^{16}$

7.2.4-3 In einem LASER bildet sich zwischen zwei Spiegeln eine stehende Lichtwelle aus. Hierbei gelten die gleichen Formeln wie bei einer beidseitig eingespannten Saite. Ein Helium-Neon-LASER mit einem 500 mm langen Resonator strahlt rotes Licht mit der Wellenlänge 632,8 nm aus.
a) Wie viele Schwingungsknoten hat die stehende Lichtwelle zwischen den Spiegeln?
b) Im LASER werden mehrere dicht benachbarte Moden (so nennt man die Oberschwingungen) angeregt. Um welchen Betrag unterscheiden sich die Frequenzen benachbarter Moden? Nehmen Sie an, dass die Lichtgeschwindigkeit den Wert $3 \cdot 10^8$ m/s hat.

Lösung: $1{,}58 \cdot 10^6$, 300 MHz

7.2.5 Röntgenstrahlung

Treffen Elektronen mit hoher kinetischer Energie auf Metalle hoher Ordnungszahl (z. B. Kupfer $^{A}_{29}$Cu, Wolfram $^{A}_{74}$W), so entsteht **Röntgenstrahlung** (vgl. Abschnitt 5.3). Röntgenstrahlen sind insbesondere wegen ihres hohen Durchdringungsvermögens interessant. Für technische Anwendungen werden sie in Röntgenröhren erzeugt (vgl. Abb. 7.6).

Die kinetische Energie der Elektronen ist durch die Anodenspannung bestimmt

$$E_{\text{kin}} = eU_{\text{A}}.$$

Beim Eintritt der Elektronen in das Anodenmaterial treten sie mit dessen Atome über die Coulombkraft in Wechselwirkung. Insbesondere durch die Kraftwirkung, die von den Atomkernen ausgeht, werden sie abgelenkt. Nach den Gesetzen der Elektrodynamik emittiert eine abgelenkte Ladung elektromagnetische Strahlung. Die mit der Strahlung

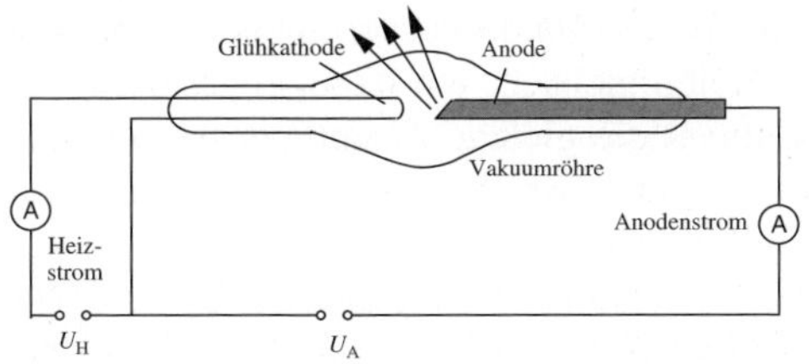

Abb. 7.6: Schematischer Aufbau einer Röntgenröhre. Aus der **Glühkathode** treten Elektronen aus, die durch eine Hochspannung U_A zur **Anode** hin beschleunigt werden. Die Röntgenstrahlung wird beim Auftreffen der Elektronen auf die Anodenoberfläche erzeugt. Die Kreise mit eingeschlossenem A symbolisieren Strommessgeräte (Amperemeter).

verbundene Energie wird dem Elektron entzogen – es verliert kinetische Energie, wird also abgebremst. Diese Strahlung ist sehr kurzwellig und heißt **Bremsstrahlung**.

Die Stärke der Wechselwirkung hängt vom Abstand ab, in dem das Elektron den Kern passiert. Ist der Abstand groß und daher die Wechselwirkung schwach, so wird das Elektron nur wenig seiner Energie durch Abstrahlung verlieren. Ist umgekehrt der Abstand klein, so kommt es vor, dass die gesamte kinetische Energie des Elektrons in sehr kurzer Zeit abgestrahlt wird. In diesem Fall heißt die Frequenz der Strahlung **Grenzfrequenz**. Für diese gilt

$$f_{\max} = \frac{eU_A}{h}$$

und wegen $c = \lambda f$ folgt daraus für die **Grenzwellenlänge**

$$\lambda_{\min} = \frac{ch}{eU_A}.$$

Einen Überblick über das Bremsspektrum gibt Abbildung 7.7.

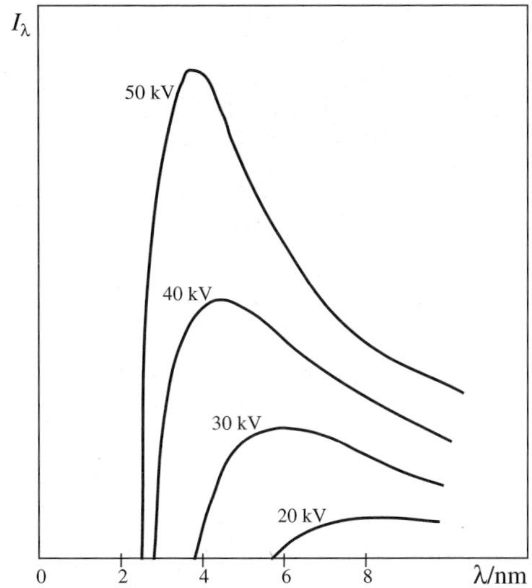

Abb. 7.7: Intensität des Bremsspektrums aufgetragen über die Wellenlänge für verschiedene Anodenspannungen

Die einfallenden Elektronen treten auch mit den Elektronen der Atomhülle in Wechselwirkung. So kommt es vor, dass Elektronen aus der Atomhülle herausgestoßen werden. Die so entstandenen Lücken werden unter Emission von Strahlung mit Elektronen aus höheren Energieniveaus aufgefüllt. Für das Spektrum dieser Strahlung gilt das in Abschnitt 7.2.3 Gesagte – d. h. es handelt sich um ein (für das Anodenmaterial charakteristisches) Linienspektrum (**charakteristische Röntgenstrahlung**). Dieses ist dem kontinuierlichen Bremsspektrum überlagert. Frequenz und Wellenlänge sind über die Energiedifferenzen der beteiligten Hüllenniveaus bestimmt. Wellenlängen im Röntgenbereich ergeben sich, wenn Übergänge zu kernnahen Elektronenbahnen stattfinden. Für die Frequenz des Übergangs von einem Zustand mit Hauptquantenzahl $n_j = 2$ zu einem Zustand mit $n_i = 1$ gilt das **Moseleysche**[1)]

1) Henry Gwyn Jeffreys Mosely, 1887 – 1915

Gesetz

$$f \approx \frac{3}{4} R(Z-1)^2,$$

wobei die **Rydberg[1]-Frequenz** $R = 3{,}290 \cdot 10^{15}\ 1/\mathrm{s}$ beträgt.

Aufgaben

7.2.5-1 Welche Grenzwellenlängen der Röntgenbremsstrahlung wird durch Elektronen der Geschwindigkeit 0,3 c (c Lichtgeschwindigkeit) ausgelöst?

Lösung: $5{,}39 \cdot 10^{-11}$ m

7.2.5-2 Bestimmen Sie die Ordnungszahl der Atome des Anodenmaterials, wenn die Quanten des $n_j = 2 \rightarrow n_i = 1$ Übergangs einer Röntgenstrahlung die Energie 8 keV haben?

Lösung: 29 (das ist Kupfer)

7.3 Atomkerne

7.3.1 Aufbau der Atomkerne

Wie bereits erwähnt, bestehen Atomkerne aus Protonen und Neutronen. Diese werden von der Kernkraft zusammengehalten (vgl. Abschnitt 1.3.1). Atomkerne mit Z Protonen bilden Atome, die im Periodensystem an Z-ter Stelle stehen[2]. Die Anzahl der Neutronen im Kern eines chemischen Elements X kann unterschiedlich sein. Man spricht von verschiedenen **Isotopen** des Elements. Ein Atomkern mit N Neutronen und Z Protonen nennt man **Nuklid**. Ein Nuklid wird durch das schon früher eingeführte Symbol $^A_Z\mathrm{X}$ bezeichnet, wobei sich die Massenzahl A aus

$$A = Z + N$$

ergibt.

Die in der Natur vorkommenden Elemente stellen meistens ein Isotopengemisch, das weltweit die gleiche Zusammensetzung aufweist, dar[3]. Beispielsweise findet man bezüglich der natürlichen Zusammensetzung des Sauerstoffs (Oxygenium) $^{16}_{8}\mathrm{O} : {}^{17}_{8}\mathrm{O} : {}^{18}_{8}\mathrm{O} = 99{,}76\% : 0{,}04\% : 0{,}20\%$. Weiterhin kann man eine ganze Reihe von weiteren Sauerstoffisotopen künstlich erzeugen.

Grob gesprochen kann man sagen, dass die Anzahl von Protonen und Neutronen in Atomkernen nicht allzu verschieden ist (vgl. Abb. 7.8).

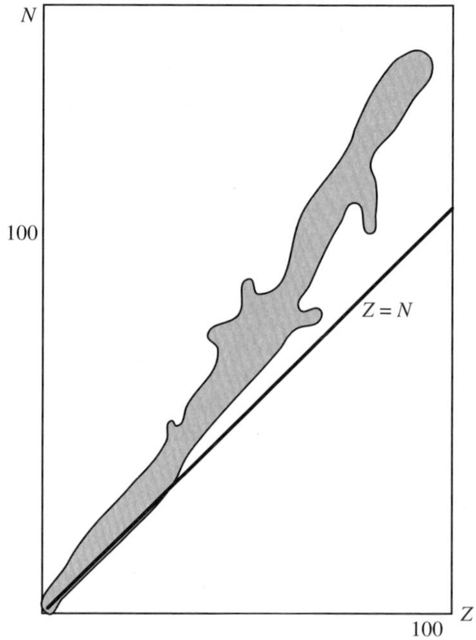

Abb. 7.8: Grober Überblick über das Verhältnis von Neutronen- zu Protonenzahl. Die bekannten Nuklide liegen innerhalb des grau eingefärbten Bereichs.

Ab $Z = 30$ überwiegt die Zahl der Neutronen. Dies ist leicht einzusehen. Die Protonen stoßen

[1] Janne Robert Rydberg, 1854 – 1919

[2] In diesem Zusammenhang nennt man Z auch **Kernladungszahl**

[3] Bei schweren Kernen findet man allerdings Ausnahmen von dieser Regel.

sich als gleichnamige Ladungen gegenseitig ab, und zwar umso stärker, je dichter sie im Kern gepackt sind. Ihr mittlerer gegenseitiger Abstand wächst, wenn zusätzliche Neutronen vorhanden sind.

Die meisten Atomkerne sind wegen der extrem großen Kernkräfte nahezu kugelförmig. Der Kernradius lässt sich durch die einfache Formel

$$R \approx R_0 \sqrt[3]{A}$$

mit $R_0 := 1{,}4 \cdot 10^{-15}$ m abschätzen.

Es ist üblich, die Masse von atomaren Teilchen in Vielfachen der **atomaren Masseneinheit** $\mathrm{u} = 1{,}6606 \cdot 10^{-27}$ kg anzugeben:

$$m = A_r \mathrm{u}.$$

Die **relative Atommasse** A_r für die natürliche Isotopenzusammensetzung eines Elementes und auch für die einzelnen Nuklide ist tabelliert. Beispiele hierzu findet man in Tabelle 7.4

Tabelle 7.4: Relative Atommassen für einige leichte Teilchen. Für die Wasserstoffisotope $^2_1$H und $^3_1$H sind die angegebenen Namen gebräuchlich. Für Deuterium ist alternativ die Bezeichnung ‚schwerer Wasserstoff' üblich.

Bezeichnung	Symbol	A_r
Elektron	e^-	0,000 548 6
Neutron	n	1,008 664 9
Proton	p^+	1,007 276 5
Wasserstoff	$^1_1$H	1,007 825 2
Deuterium	$^2_1$H	2,014 102 2
Tritium	$^3_1$H	3,016 049 7
Helium	$^4_2$He	4,002 603 1

Aufgaben

7.3.1-1 Berechnen Sie den Kernradius von $^{63}_{29}$Cu.

Lösung: ca. $5{,}6 \cdot 10^{-15}$ m

7.3.1-2 Schätzen Sie die Massendichte im Atomkern.

Lösung: ca. $4{,}5 \cdot 10^{17}\,\mathrm{kg/m^3}$

7.3.1-3 Berechnen Sie, wie viele Atome
a) ein Kilogramm Sauerstoff ($A_r = 15{,}999$),
b) ein Gramm Quecksilber ($A_r = 200{,}59$),
c) ein 10 cm langes Stück Kupferdraht ($A_r = 63{,}546$) von 4 mm Durchmesser enthält.

Lösung: $3{,}76 \cdot 10^{25}$, $3{,}00 \cdot 10^{21}$, $1{,}07 \cdot 10^{23}$

7.3.2 Kernprozesse

Um einen Atomkern in seine Bestandteile zu zerlegen, muss gegen die anziehende Kernkraft Arbeit geleistet werden. Umgekehrt wird Energie frei, wenn sich Protonen und Neutronen zu einem Kern verbinden. Diese Energie heißt **Bindungsenergie** E_B. Typische Werte der Kernbindungsenergie liegen größenordnungsmäßig beim millionenfachen der Ionisierungsenergie, d. h. der Bindungsenergie der Atomhülle.

Aus der Zusammensetzung von Helium würde man schließen, dass die Masse eines $^4_2$He Heliumatoms gemäß

$$m_\mathrm{He} = 2m_{\mathrm{e}^-} + 2m_{\mathrm{p}^+} + 2m_\mathrm{n}$$

berechnet werden kann. Ein Vergleich mit den Werten in Tabelle 7.4 ergibt eine Abweichung. Mit der bei der Bindung freiwerdenden Energie E_B ist nach der Einsteinschen Formel $E = mc^2$ (vgl. Abschnitt 6.3) eine Verringerung der Masse um

$$\Delta m = \frac{E_\mathrm{B}}{c^2}$$

verbunden. Der **Massendefekt** Δm ist für die angesprochene Abweichung verantwortlich.

In Abbildung 7.9 ist die Bindungsenergie pro Nukleon für verschiedene Kerne skizziert.

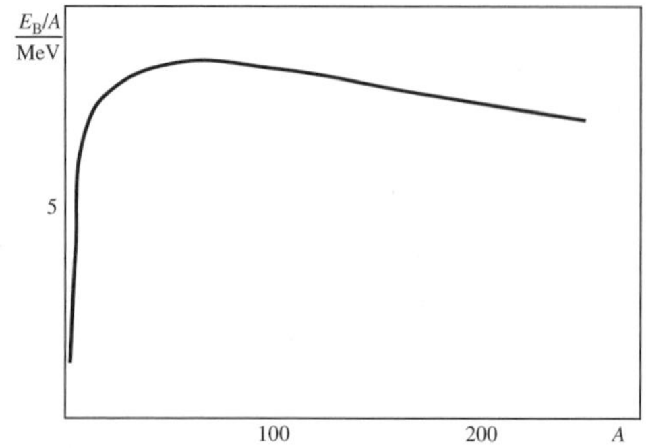

Abb. 7.9: Bindungsenergie pro Nukleon, aufgetragen über der Nukleonenzahl. Die Kurve gibt das Verhalten nur in seiner groben Tendenz wieder.

Wie man sieht, ist die Bindungsenergie pro Nukleon bei Kernen mit einer Nukleonenzahl um etwa 60 am größten. Offenbar wird also Energie frei, wenn man einen Kern mit hoher Nukleonenzahl in zwei Kerne mit Nukleonenzahl von jeweils ungefähr 60 zerlegt (**Kernspaltung**). Man sieht aber auch, dass noch viel mehr Energie frei wird, wenn man leichte Kerne zu Kernen mit höherer Nukleonenzahl verschmilzt (**Kernfusion**). Auf diese Weise erfolgt die Energieproduktion in der Sonne. Die großtechnische Umsetzung dieses Effekts zur Energiegewinnung ist derzeit noch nicht möglich.

Einige der natürlichen, vor allem aber die künstlich erzeugten, Nuklide wandeln sich spontan in andere Nuklide um. Kerne, für die dies zutrifft, nennt man **radioaktiv**. Eine spontane Umwandlung kann stattfinden, wenn bei dem Prozess Energie frei wird. Künstliche Kernumwandlungen erfordern die Zuführung von Energie.

Ob eine spontane Umwandlung eines Mutterkerns M in zwei oder mehr Tochterkerne oder sonstige Teilchen T_i gemäß

$$M \rightarrow T_1 + T_2 + \ldots$$

stattfinden kann, lässt sich aus den Massen der beteiligten Teilchen bestimmen. Die Anwendung des Energieerhaltungssatzes liefert für die aufzuwändende bzw. freiwerdende Energie

$$Q = (m_M - m_{T_1} - m_{T_2})c^2.$$

Bei positivem **Q-Wert** ist eine von selbst ablaufende Umwandlung möglich. Neben der Energie muss auch die elektrische Ladung bei jedem der Prozesse erhalten bleiben.

Beispiele für Q-Werte bei der Umwandlung des Uran-Nuklids $^{232}_{92}U$ in einen Tochterkern T_1 unter Aussendung von nukleonischen Tochterteilchen T_2 sind in Tabelle 7.5 dargestellt.

Tabelle 7.5: Kernumwandlungen von $^{232}_{92}U$. Die Zahl der Protonen im leichteren Umwandlungsprodukt T_2 bestimmt die Änderung der Kernladungszahl Z beim Übergang von M nach T_1. (Pa: Protactinium, Th: Thorium)

T_1	T_2	Q / MeV	
$^{231}_{92}U$	n	−7,25	
$^{231}_{91}Pa$	$^{1}_{1}H$	−6,09	
$^{230}_{91}Pa$	$^{2}_{1}H$	−10,71	
$^{229}_{91}Pa$	$^{3}_{1}H$	−10,23	
$^{228}_{90}Th$	$^{4}_{2}He$	+5,43	(α-Zerfall)

Man sieht, dass von den aufgeführten Prozessen nur der **α-Zerfall** spontan ablaufen kann. Diese Aussage ist nicht auf den Zerfall von $^{232}_{92}U$ beschränkt. Sehr viele Nuklide wandeln sich unter Emission von **α-Teilchen** (das sind Heliumkerne) spontan in andere Kerne um. Die spontane Umwandlung von Kernen unter Aussendung von Neutronen oder Protonen kommt hingegen aus energetischen Gründen nicht vor. Beim α-Zerfall gilt:

$$^{A}_{Z}M \rightarrow {}^{A-4}_{Z-2}T_1 + {}^{4}_{2}He.$$

Von den weiteren Möglichkeiten der Kernumwandlung sei nur noch der sogenannte **β-Zerfall** kurz erwähnt. Wie in Abschnitt 1.3.1

dargestellt, wird der β-Zerfall durch die Schwache Kraft verursacht. Der Zerfall verläuft nach dem allgemeinen Schema

$$^{A}_{Z}\mathrm{M} \rightarrow {}^{A}_{Z+1}\mathrm{T}_1 + \mathrm{e}^- + \bar{\nu}\,.$$

Vereinfacht ausgedrückt kann man sagen, dass ein Neutron des Mutterkerns in ein Proton (Ladung $+e$), ein Elektron (Ladung $-e$) und ein sogenanntes **Antineutrino** (Ladung = Masse = 0) zerfällt[1)]. Das Elektron und das Antineutrino verlassen den Kern, während das entstandene Proton im Kern verbleibt. Eine technische Anwendung des β-Zerfalls ist die Altersbestimmung. Der Zerfall $^{14}_{6}\mathrm{C} \rightarrow {}^{14}_{7}\mathrm{N} + \mathrm{e}^- + \bar{\nu}$ des Kohlenstoffisotops $^{14}\mathrm{C}$ in das Stickstoffisotop $^{14}_{7}\mathrm{N}$ wird für die Datierung von Hölzern, Papyrus und dergleichen verwendet. Solange Pflanzen leben, werden die Kohlenstoffatome im Isotopenverhältnis in den Organismus eingebaut, wie es in der Luft vorliegt. Bei abgestorbenen Organismen unterbleibt der Stoffaustausch mit der Umgebung. Die radioaktiven $^{14}\mathrm{C}$-Atome zerfallen, und deshalb verschiebt sich das Isotopenverhältnis zugunsten des Isotops $^{12}\mathrm{C}$.

Atomkerne können, analog zum entsprechenden Vorgang in der Atomhülle, durch Energiezufuhr vom Grundzustand in angeregte Zustände gehoben werden. Die angeregten Kerne geben die überschüssige Energie in Form extrem kurzwelliger elektromagnetischer Strahlung ab (γ-**Strahlung**). Da sich die Tochterkerne nach einer Kernumwandlung häufig in einem angeregten Zustand befinden, sind Kernumwandlungsprozesse von γ-Strahlungsemissionen begleitet.

Eines der Grundprinzipien der Quantentheorie ist, dass sie bezüglich der Vorhersage von Messergebnissen nur Wahrscheinlichkeitsaussagen macht. So lässt sich z. B. grundsätzlich nicht angeben, wann ein Kern ein α-Teilchen aussendet oder wann ein Kern von einem angeregten in den Grundzustand übergeht. Alle derartigen Prozesse unterliegen aber dem **Umwandlungsgesetz** (Zerfallsgesetz):

$$N(t) = N_0 e^{-\lambda t}.$$

Von anfänglich N_0 instabilen Kernen sind nach Ablauf der Zeit t im statistischen Mittel nur noch $N(t)$ vorhanden. $N_0 - N(t)$ sind in dieser Zeit zerfallen. λ ist die für einen bestimmten Prozess charakteristische **Umwandlungskonstante** (Zerfallskonstante). Aus dem Umwandlungsgesetz ergibt sich, dass sich die Zahl der instabilen Kerne in der **Halbwertszeit**

$$T := \ln(2)\,/\,\lambda$$

jeweils halbiert. Halbwertszeiten werden in Sekunden (s), Minuten (min), Stunden (h), Tagen (d) oder Jahren (a) angegeben.

Die Anzahl der Zerfälle pro Zeiteinheit nennt man **Aktivität**:

$$A := \left|\frac{dN}{dt}\right|.$$

($[A] = 1/s =:$ Becquerel[2)] (Bq)). Wiederum mithilfe des Umwandlungsgesetz findet man

$$A = \lambda N.$$

Dies bedeutet, dass die Aktivität proportional zur Zahl der vorhandenen instabilen Kerne ist.

Atomkerne wurden vor einigen Milliarden Jahren unter den sehr extremen Bedingungen in Sternen erzeugt. Die instabilen Nuklide sind in der Zeit seit ihrer Entstehung zum größten Teil zerfallen, haben sich also in stabile Tochterkerne umgewandelt. Eine Ausnahme bilden die radioaktiven Nuklide $^{232}_{90}\mathrm{Th}$, $^{235}_{92}\mathrm{U}$ und $^{238}_{92}\mathrm{U}$. Die Halbwertszeiten dieser Kerne betragen größenordnungsmäßig 1 bis 10 Milliarden Jahre. Der Zerfall erfolgt daher so

1) Die Frage, ob die Masse des Neutrinos wirklich exakt null ist, ist Gegenstand der aktuellen Forschung. Der indirekte experimentelle Befund deutet auf eine zwar kleine, aber von null verschiedene (Anti-)neutrinomasse hin.

2) Henri Becquerel, 1852 – 1908

langsam, dass von den ursprünglich erzeugten Kernen viele noch vorhanden sind. Bei allen drei Nukliden handelt es sich um α-Strahler. Beispielsweise zerfällt $^{235}_{92}U$ in $^{231}_{90}Th$ – seinerseits ein β-Strahler. Auch das Tochterprodukt dieses β-Zerfalls ($^{231}_{91}Pa$) ist radioaktiv. Es folgen noch eine ganze Reihe weiterer radioaktiver Zwischenprodukte, bis diese Zerfallsreihe bei dem stabilen Bleiisotop $^{206}_{82}Pb$ abbricht.

Auch die beiden anderen langlebigen Nuklide folgen einer solchen natürlichen Zerfallsreihe und enden bei einem stabilen Bleiisotop. Neben den genannten α-Strahlern gibt es einige β-Strahler mit ähnlich großen Halbwertszeiten. Beispiele sind $^{40}_{19}K$ und $^{87}_{37}Rb$ (Rubidium).

Weiterhin gibt es einige kurzlebigere Nuklide, die in der Natur vorkommen, aber nicht Bestandteil einer der natürlichen Zerfallsreihen sind. Diese Kerne werden in der Atmosphäre von der kosmischen Strahlung erzeugt. Zwischen Erzeugung und Zerfall dieser Nuklide stellt sich ein Gleichgewicht ein. Beispiele sind $^{14}_{6}C$ und $^{3}_{1}H$.

Aufgaben

7.3.2-1 $^{212}_{84}Po$ (Polonium) sendet α-Strahlen der Energie 8,8 MeV aus. Berechnen Sie ihre Geschwindigkeit unter Vernachlässigung der relativistischen Massenveränderung.

Lösung: $2{,}06 \cdot 10^7$ m/s

7.3.2-2 Wenn 1 g Radium zu Blei zerfällt, wird eine Energie von ca. 14,2 GJ freigesetzt.
a) Welche Masse wird dabei in Energie umgewandelt?
b) Wie viele Prozent der ursprünglichen Masse sind das?

Lösung: ca. 0,016 %

7.3.2-3 Berechnen Sie den Q-Wert für $^{232}_{92}U \rightarrow {}^{229}_{90}Th + {}^{3}_{2}He$. ($^{232}_{92}U$: $A_r = 232{,}0372$, $^{229}_{90}Th$: $A_r = 229{,}03165$, $^{3}_{2}He$: $A_r = 3{,}0160297$)

Lösung: −9,762 MeV

7.3.2-4 a) Auf welchen Bruchteil sinkt die Aktivität eines Polonium-Präparats (Halbwertszeit 138 d) innerhalb eines Jahres ab?
b) Nach welcher Zeit beträgt die Aktivität noch 10 % des ursprünglichen Wertes?

Lösung: ca. 16 %, ca. 458 d

7.3.2-5 Die relative Atommasse von Radium ist 226,02536, die Halbwertszeit beträgt 1620 a.
a) Berechnen Sie die Zahl der Atome in einem Gramm Radium.
b) Berechnen Sie die Umwandlungskonstante.
c) Wie viele Umwandlungsprozesse finden in einer Sekunde in einem Gramm Radium statt?

Lösung: $2{,}664 \cdot 10^{21}$, $1{,}357 \cdot 10^{-11}$ 1/s, $3{,}615 \cdot 10^{10}$

7.3.2-6 Der Körper eines 75 kg schweren Menschen enthält ca. 150 g Kalium. Der Anteil des β-Strahlers ^{40}K beträgt ca. 0,012 % (Halbwertszeit ca. $1{,}3 \cdot 10^9$ a). Welche Aktivität besitzt ein 75 kg Mensch aufgrund dieses Nuklids?

Lösung: knapp 5000 Bq

7.4 Moleküle

7.4.1 Molekülbindung

Vergleicht man die Ionisierungsenergie aller Atomarten, so stellt man große Unterschiede fest. Insbesondere zeigt sich, dass Atome mit abgeschlossenen (d. h. vollständig gefüllten) Schalen sehr große Ionisierungsenergien aufweisen. Diese Atome heißen **Edelgasatome** (Helium, Neon, ...). Umgekehrt ist wenig Arbeit notwendig, um Elektronen aus schwach besetzten Schalen abzulösen. Atome, die eine Schale aufweisen, welche nur von einem Elektron besetzt ist, zeichnen sich durch besonders niedrige Ionisierungsenergien aus. Dazu zählen die **Alkaliatome** Lithium, Natrium, Kalium usw. Diese Eigenschaft erweist sich im Zusammenhang mit der Molekülbindung als wichtig.

Für das Folgende ist es notwendig, sich an den elektrischen Dipol zu erinnern (Abb. 3.3 auf Seite 49). Es ist klar, dass eine negative Ladung (z. B. ein Elektron) eine anziehende Kraft erfährt, wenn sie in die Nähe der positiven Dipolladung kommt. Obwohl ein Dipol insgesamt ungeladen ist, ist er also in der Lage, elektrische Ladungen an sich zu binden. Die Ursache hierfür liegt in der räumlichen Trennung der beiden Dipolladungen begründet. Bei Atomen liegen ähnliche Verhältnisse vor. Ihr positiver Ladungsschwerpunkt liegt offenbar im Atomkern. Die Elektronenhülle stellt aber i. Allg. eine nicht kugelsymmetrische, negative Ladungsverteilung dar, deren zugehöriger Ladungsschwerpunkt nicht mit dem positiven Ladungsschwerpunkt zusammenfällt. Somit zeigen solche Atome die Neigung, zusätzliche Elektronen anzuziehen und dabei negative Ionen zu bilden. Dieser Effekt tritt besonders ausgeprägt bei Atomen mit einer fast vollständig gefüllten Schale auf. Insbesondere Atome, denen nur ein Elektron zum Schalenabschluss fehlt (**Halogenatome**, Fluor, Chlor, ...), zeigen eine starke Tendenz zur Anlagerung eines zusätzlichen Elektrons.

Das Bestreben der Halogene, Elektronen anzulagern und der vergleichsweise geringe Widerstand der Alkaliatome, Elektronen abzugeben führt dazu, dass sich diese Atomarten zu Molekülen verbinden. Gibt nämlich ein Alkaliatom ein Elektron an ein Halogenatom ab, so entstehen entgegengesetzt geladene Ionen, die sich gegenseitig anziehen. Die Ionen nähern sich solange an, bis die Atomhüllen sich zu überlappen beginnen. Auf diese Weise stellt sich ein Gleichgewichtsabstand der Atomkerne in der Größenordnung von ca. $1 \cdot 10^{-10}$ m bis ca. $3 \cdot 10^{-10}$ m ein. Insgesamt wird bei diesem Prozess mehr Energie frei, als zur Ablösung des Elektrons vom Alkaliatom aufgewändet werden muss. Daher stellen die so entstandenen Moleküle stabile Gebilde dar. Die hier beschriebene Art der Molekülbindung heißt **Ionenbindung** oder, da sich immer nur verschiedene Atome zu Molekülen verbinden können, **heteropolare Bindung**. Typische Beispiele sind Natrium-Chlorid-Moleküle (Kochsalz, Symbol NaCl) und die Moleküle der Salzsäure (Symbol HCl).

Die Hauptbestandteile der Luft sind Sauerstoff- und Stickstoffmoleküle. Das Besondere bei diesen Molekülen ist, dass sie aus zwei gleichartigen Atomen aufgebaut sind. Damit scheidet der oben beschriebene Mechanismus der Molekülbildung aus.

Um plausibel zu machen, dass sich auch gleichartige Atome zu Molekülen verbinden können, betrachten wir das einfachste Molekül – das Wasserstoffmolekül (Symbol H_2). Ein Wasserstoffatom gemäß Bohrschem Atommodell ist in Abbildung 7.10 dargestellt (vgl. auch Tabelle 7.1).

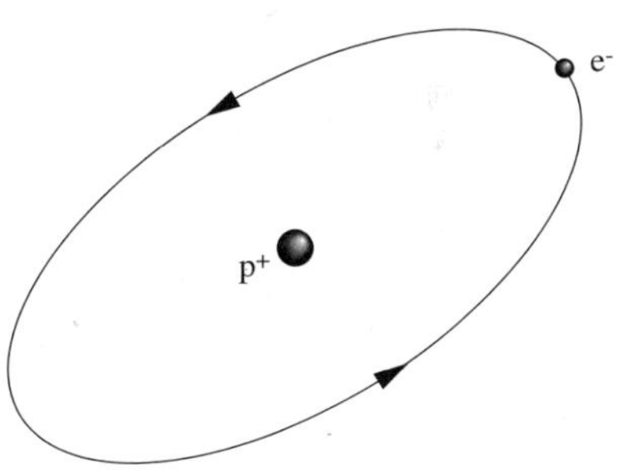

Abb. 7.10: Wasserstoffatom im Bohrschen Atommodell

Hat man es mit zwei solchen Atomen zu tun, so ergibt eine Rechnung unter Berücksichtigung der anziehenden und abstoßenden Kräfte sowie der kinetischen Energie der Elektronen[1),

[1)] es gibt noch weitere Energiebeiträge, die aber allesamt klein sind

dass der Zustand niedrigster Energie von der in Abbildung 7.11 dargestellten Art ist.

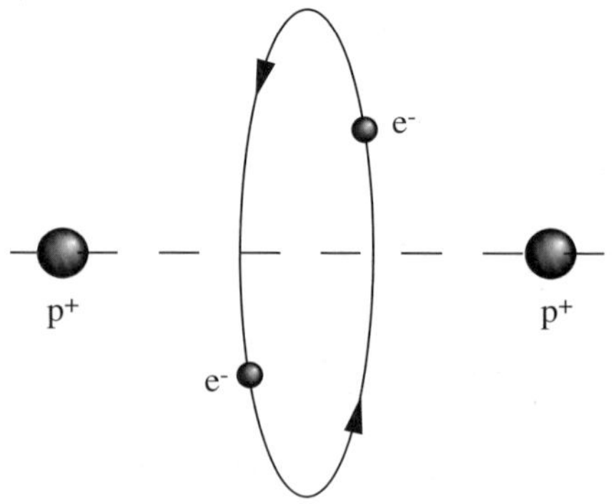

Abb. 7.11: Wasserstoffmolekül im Bohrschen Atommodell. Stellt man sich vor, dass die vier Teilchen auf den Ecken eines (mitrotierenden) Quadrats liegen, so sind die Abstände ungleichnamiger Ladungspaare immer kleiner, als die der gleichnamigen Ladungspaare. Daraus erklärt sich, dass die dargestellte Konfiguration energetisch günstig ist.

Die Abstoßung der beiden Elektronen untereinander bewirkt, dass sie sich auf diametral entgegengesetzten Bahnpunkten bewegen.

Insgesamt zeigt sich also, dass auch gleichartige Atome eine Molekülbindung eingehen können (**homöopolare Bindung** oder **kovalente Bindung**). Typisch ist, dass sich der Ladungsschwerpunkt der Elektronen zwischen den beteiligten Atomkernen befindet.

Es lohnt sich nicht, dieses Modell weiter zu diskutieren, da es die tatsächlichen Verhältnisse nur sehr grob wiedergibt. Zum richtigen Verständnis der Molekülbindung einschließlich der Werte der Bindungsenergien gelangt man nur mithilfe der Quantenphysik. Viele Moleküle werden im Übrigen durch eine Mischform von Ionen- und kovalenter Bindung zusammengehalten. Nach den in diesem Abschnitt angestellten Überlegungen ist verständlich, dass Edelgasatome überhaupt keine Molekülbindungen eingehen.

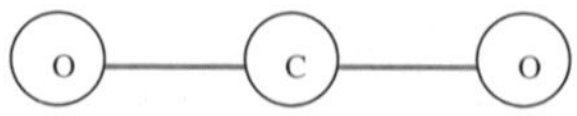

Abb. 7.12: Kohlendioxidmolekül, bestehend aus zwei Sauerstoff- und einem Kohlensstoffatom (Symbol CO_2)

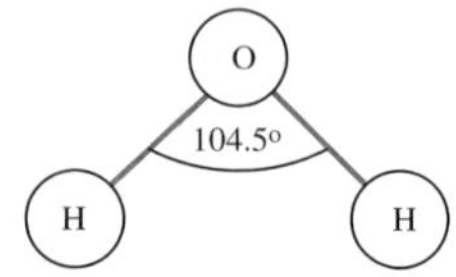

Abb. 7.13: Wassermolekül, bestehend aus zwei Wasserstoff- und einem Sauerstoffatom (Symbol H_2O)

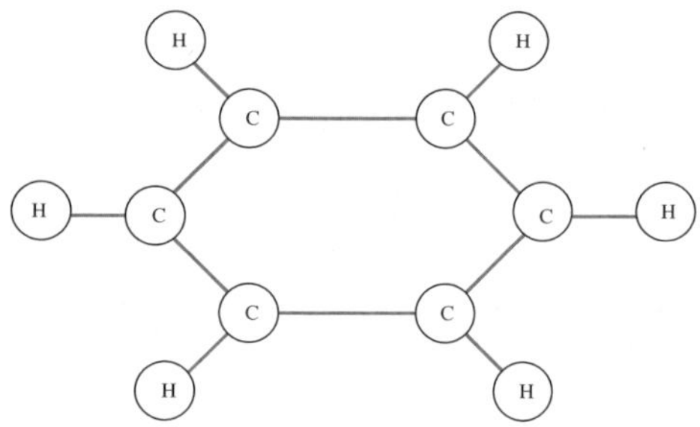

Abb. 7.14: Benzolmolekül mit seiner charakteristischen Sechsecksymmetrie (Symbol C_6H_6)

Abschließend sei erwähnt, dass es neben den hier besprochenen einfachen Molekülen auch Moleküle gibt, die sich aus mehr als zwei Atomen zusammensetzen. Drei Beispiele sind in den Abbildungen 7.12 bis 7.14 dargestellt. In organischen Substanzen spielen Moleküle, die aus Millionen von Atomen zusammengesetzt sind, eine wichtige Rolle (**Makromoleküle**).

7.4.2 Molekülanregung

Trifft elektromagnetische Strahlung auf ein dipolartiges Molekül, so kann dieses in einen Zustand höherer Energie übergehen. Die hierbei zugeführte Energie ist in der Lage, verschiedene Molekülfreiheitsgrade anzuregen.

Beispielsweise ist es möglich, Moleküle in Rotation um ihren Schwerpunkt zu versetzen.

Wir betrachten den einfachsten Fall eines zweiatomigen Moleküls. Dieses soll zunächst näherungsweise als starres Gebilde aufgefasst werden, dessen Masse fast ausschließlich in den Atomkernen konzentriert ist (Abb. 7.15).

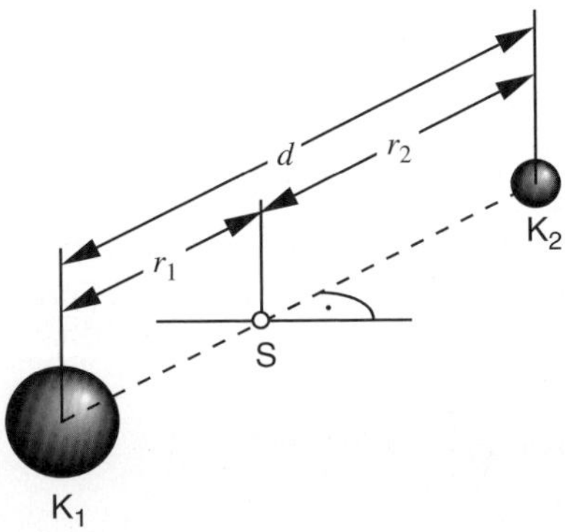

Abb. 7.15: Zweiatomiges Molekül, aufgefasst als starre Hantel. S bezeichnet den Schwerpunkt des Moleküls, K_1 und K_2 die beiden Atomkerne.

Die Rotation kann um eine beliebige Schwerpunktachse erfolgen, die senkrecht auf der Molekülachse steht.

Die Rotationsenergie eines beliebigen Körpers ist durch

$$E_{rot} = \frac{1}{2} J \omega^2$$

gegeben (vgl. Tabelle 1.2 auf Seite 20). Der Betrag des Drehimpulses berechnet sich aus

$$L = J\omega$$

und damit lässt sich die Rotationsenergie in der Form

$$E_{rot} = \frac{L^2}{2J}$$

schreiben. Die möglichen Werte des Drehimpulses sind quantisiert, und deshalb gilt die Formel, die im Zusammenhang mit dem Drehimpuls der Elektronenbahnen im Atom angegeben wurde:

$$L = \sqrt{l(l+1)}\hbar \quad (l = 0, 1, 2, \ldots).$$

Für die Rotationsenergie folgt damit

$$E_{rot} = \frac{l(l+1)\hbar^2}{2J}.$$

Da die Ausdehnung der Kerne im Vergleich zur Molekülausdehnung sehr klein ist, gilt für das Massenträgheitsmoment (vgl. Abschnitt 1.2.2)

$$J = \sum_{i=1}^{2} m_i r_i^2.$$

Der Wert des Massenträgheitsmoments lässt sich abschätzen. Beispielsweise beträgt der Kernabstand für ein H_2-Molekül $7{,}4 \cdot 10^{-11}$ m. Die Masse eines H-Atoms ist etwa $1{,}7 \cdot 10^{-27}$ kg (vgl. Abschnitt 7.3.1). Daraus ergibt sich für das Massenträgheitsmoment bezüglich der in Abbildung 7.15 angegebenen Rotationsachse ein Wert von ca. $4{,}5 \cdot 10^{-48}$ kg m². Der kleinste von null verschiedene Wert der Rotationsenergie errechnet sich daher zu $1{,}5 \cdot 10^{-2}$ eV[1].

Für die Übergänge zwischen den Rotationszuständen gibt es eine Auswahlregel[2]. Diese besagt, dass fast ausschließlich Übergänge stattfinden, bei denen die Drehimpulsquantenzahl l sich um eine Einheit ändert ($\Delta l = \pm 1$). Daraus folgt, dass die Energieänderung bei einem Übergang vom Zustand l in den Zustand $l+1$ oder umgekehrt durch die Formel

$$\Delta E_{rot} = (l+1)\hbar^2/J \qquad \text{für} \quad l \leftrightarrow l+1$$

gegeben ist. Mit zunehmender Drehimpulsquantenzahl werden die Energieabstände (und

[1] Im Prinzip kann ein zweiatomiges Molekül auch um die Molekülachse rotieren. Das zugehörige Trägheitsmoment ist aber sehr klein, der kleinste von null verschiedene Wert der Rotationsenergie dementsprechend sehr hoch, sodass solche Rotationszustände normalerweise nicht angeregt werden.

[2] Vergessen was das ist? Dann siehe Abschnitt 7.2.3.

nach der Bohrschen Frequenzbedingung also auch die Übergangsfrequenzen $f = \Delta E_{\text{rot}}/h$) immer größer. Allerdings beobachtet man dann Abweichungen von dieser Formel, da Moleküle eben doch nicht ganz starr sind und aufgrund der Zentrifugalkraft eine Streckung des Moleküls einsetzt. Dadurch vergrößert sich sein Trägheitsmoment.

Für mehratomige Moleküle, wie z. B. das Wassermolekül (Abb. 7.13), sind die Verhältnisse prinzipiell ähnlich, im Detail aber so komplex, dass sich für die Rotationsenergie keine einfache Formel mehr angeben lässt.

Die Tatsache, dass Moleküle keine völlig starren Gebilde sind, hat außer dem oben erwähnten Zentrifugaleffekt noch weitere Konsequenzen. Die Atomkerne können nämlich Schwingungen um ihre Gleichgewichtslage ausführen. Werden die Kerne aus ihrer Gleichgewichtslage ausgelenkt, so wirken die Molekülbindungskräfte der Auslenkung entgegen. Für kleine Auslenkungen steigt die Rückstellkraft näherungsweise linear mit der Auslenkung, und dies ist genau das Verhalten, das man von Spiralfedern her kennt (vgl. Abschnitt 1.3.2).

Betrachten wir wieder ein zweiatomiges Molekül (Abb. 7.16), so können die beiden Kerne nur gegenphasig schwingen.

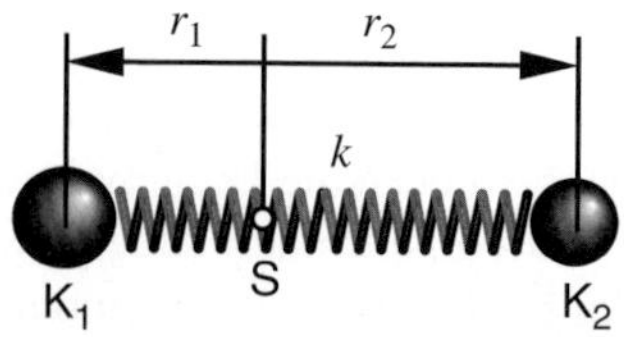

Abb. 7.16: Zweiatomiges Molekül. Die Molekülbindungskräfte werden durch eine Spiralfeder mit Federkonstante k symbolisiert.

Der Schwerpunkt bleibt hierbei in Ruhe. Daher kann man sich die Feder als im Schwerpunkt fixiert vorstellen. Im einfachsten Fall handelt es sich um gleiche Kerne der Masse m. Dann liegt der Schwerpunkt genau zwischen den beiden Kernen. Wegen der gedachten Fixierung wird für jeden Kern nur die halbe Feder wirksam. Schneidet man eine Feder (Federkonstante k) in zwei gleiche Teile, so hat jedes Teilstück die Federkonstante $2k$.[1] Daraus folgt, dass die gegenphasigen Kernschwingungen mit einer Eigenkreisfrequenz

$$\omega_0 = \sqrt{\frac{2k}{m}}$$

erfolgen. Bei einem Molekül, das aus zwei verschiedenartigen Atomen mit Kernmassen m_1 und m_2 aufgebaut ist, lautet die Formel für die Eigenkreisfrequenz

$$\omega_0 = \sqrt{\frac{k}{\mu}}$$

mit

$$\mu := \frac{m_1 m_2}{m_1 + m_2}$$

(**reduzierte Masse**).

Ein Ergebnis der Quantenphysik ist, dass die Schwingungsenergie eines Federpendels (oder eines anderen schwingfähigen Systems mit harmonischem Kraftgesetz) nur die diskreten Werte

$$E_{\text{osz}} = (n + \frac{1}{2})\hbar\omega_0$$

mit $n = 0, 1, 2 \ldots$ annehmen kann. Für ein makroskopisches Pendel liegen die möglichen Energiewerte wegen der Kleinheit von $\hbar$ so dicht beieinander, dass sich ihre diskrete Natur nicht nachweisen lässt. Bei Molekülen ist die Situation aber völlig anders. Hier beobachtet man tatsächlich die nach obiger Formel zu erwartenden diskreten Energieniveaus. Für das H_2-Molekül hat der Zustand kleinstmöglicher Schwingungsenergie ($n = 0$) den Wert $2{,}7 \cdot 10^{-1}$ eV. Dies ist nicht etwa der Energie-

[1] Eine kurze Feder um eine bestimmte Strecke zu dehnen, erfordert eine größere Kraft, als eine lange, (ansonsten gleich beschaffene) Feder um die gleiche Strecke zu dehnen

wert eines angeregten Schwingungszustandes. Die Quantenphysik sagt nämlich, dass ein schwingfähiges System immer schwingt[1)], wobei die Schwingungsenergie mindestens $\frac{1}{2}\hbar\omega_0$ beträgt.

Auch für die Übergänge zwischen den Schwingungszuständen gilt eine Auswahlregel. Sie lautet $\Delta n = \pm 1$. Daraus folgt, dass sich die Energie des Moleküls bei erlaubten Übergängen genau um

$$\Delta E_{\text{osz}} = \hbar\omega_0$$

ändert[2)]. Im niedrigstliegenden angeregten Zustand schwingt das Molekül also mit der Energie $\frac{3}{2}\hbar\omega_0 = 8{,}1 \cdot 10^{-1}$ eV. Einen Vergleich von Rotations- und Schwingungsenergie für die tiefstliegenden Zustände des Wasserstoffmoleküls findet man in Tabelle 7.6.

Tabelle 7.6: Rotations- und Schwingungsenergien des H_2-Moleküls

Zustand	$\frac{E_{\text{rot}}}{10^{-2}\,\text{eV}}$	$\frac{E_{\text{osz}}}{10^{-2}\,\text{eV}}$
Grundzustand	0	27
1. angeregter Zust.	1,5	81
2. angeregter Zust.	4,6	135
3. angeregter Zust.	9,3	189

Wie man sieht, ist zur Anregung von Schwingungszuständen wesentlich mehr Energie erforderlich als zur Anregung von Rotationszuständen. Den gleichen Sachverhalt findet man auch bei anderen Molekülen.

Auch bei den Molekülschwingungen beobachtet man bei höher angeregten Zuständen Abweichungen von den hier angegebenen Formeln. U. a. liegt dies daran, dass Abweichungen vom harmonischen Kraftgesetz sichtbar werden. Für Moleküle mit mehr als zwei Atomen werden die Verhältnisse recht verwickelt, da verschiedene Schwingungsformen möglich sind. Dies soll aber nicht weiter ausgeführt werden.

Sind die einfallenden Photonen noch energiereicher, so können sie die Elektronen der Molekülhülle zu Übergängen in höhere Zustände anregen. Die Situation ist ähnlich der in Abschnitt 7.2.3 diskutierten. Die für den Elektronenübergang erforderliche Anregungsenergie liegt größenordnungsmäßig im Bereich von 1 bis 10 eV. Insgesamt gilt für die Molekülanregung tendenziell

$$E_{\text{rot}} < E_{\text{osz}} < E_{\text{el}}.$$

Die oben diskutierten Moleküleigenschaften haben Auswirkungen auf das thermodynamische Verhalten von Gasen. Dies soll nun wieder am Beispiel von Gasen zweiatomiger Moleküle dargestellt werden.

Zur Gesamtenergie eines Moleküls tragen seine Translationsbewegung, die Rotationsbewegung und die Molekülschwingungen bei[3)]:

$$E = E_{\text{kin}} + E_{\text{rot}} + E_{\text{osz}}.$$

Für den thermischen Mittelwert der kinetischen Energie wurde in Kapitel 2 die Formel

$$\overline{E}_{\text{kin}} = \frac{3}{2}kT$$

angegeben. Die Mittelwerte von E_{rot} und E_{osz} lassen sich für hohe Temperaturen näherungsweise berechnen. Hohe Temperatur bedeutet, dass kT wesentlich größer als die zur Anregung eines Zustandes mindestens notwendige Energie sein muss. In Bezug auf die Molekülrotation heißt dies, dass kT deutlich größer als $\hbar^2/J$ und in Bezug auf die Moleküschwin-

1) Es ist leicht einzusehen, dass dies wegen der Heisenbergschen Unschärferelation so sein muss

2) Im Gegensatz zur Situation bei Rotationsübergängen, hängt hier die Energieänderung nicht von den beteiligten Zuständen ab. Anders ausgedrückt: ΔE_{osz} ist unabhängig von n.

3) Genau genommen gibt es noch weitere Beiträge zur Molekülenergie. Diese sind aber relativ klein und sollen hier nicht berücksichtigt werden. Auch die elektronische Molekülanregung soll nicht berücksichtigt werden, da sie erst bei sehr hohen Temperaturen auftritt. Die Moleküle sind dann i. Allg. in Atome dissoziiert

gungen, dass kT größer als $\hbar\omega_0$ sein muss. Die Rechnung kann hier nicht wiedergegeben werden – wohl aber das Ergebnis. Für ein Gas aus zweiatomigen Molekülen lautet es

$$\overline{E}_{\text{rot}} = kT \quad \text{für} \quad T > \hbar^2/kJ$$

und

$$\overline{E}_{\text{osz}} = kT \quad \text{für} \quad T > \hbar\omega_0/k.$$

Da bei Molekülen, wie oben dargestellt, typischerweise $\hbar\omega_0 > \hbar^2/J$ gilt, erhält man für die innere Energie $U = N\overline{E}$ eines zweiatomigen Gases

$$U = \frac{7}{2}kNT = \frac{7}{2}nR_{\text{m}}T$$

$$\text{für} \quad T > \hbar\omega_0/k.$$

Für die Wärmekapazität bei konstantem Volumen folgt hieraus in zu Abschnitt 2.4 analoger Weise

$$C_V = \frac{7}{2}nR_{\text{m}} \quad \text{für} \quad T > \hbar\omega_0/k.$$

Experimentell findet man eine ausgezeichnete Übereinstimmung mit diesem Wert. Dies erkennt man sehr gut in Abbildung 7.17, wo eine mit der Wärmekapazität eng verknüpfte Größe gegen die Temperatur aufgetragen ist.

Bei hohen Temperaturen sieht man das aus den vorangegangen Überlegungen abgeleitete Verhalten. Sinkt die Temperatur unter einen Wert von ca. $\hbar\omega_0/k$, so können die Molekülschwingungen thermisch nicht mehr angeregt werden und die Moleküle verhalten sich wie starre Hanteln. Deren Translations- und Rotationsbewegungen führen im mittleren Temperaturbereich zu einer Wärmekapazität von

$$C_V = \frac{5}{2}nR_{\text{m}}$$

$$\text{für} \quad \hbar^2/kJ < T < \hbar\omega_0/k.$$

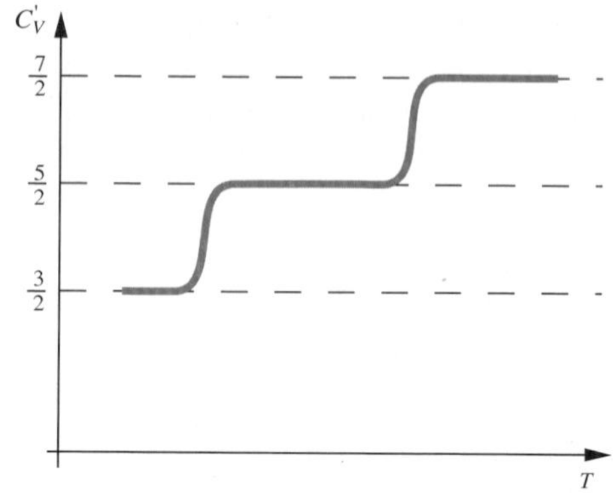

Abb. 7.17: Schematische Darstellung der Wärmekapazität bei konstantem Volumen für zweiatomige Moleküle als Funktion der Temperatur. Trägt man nicht C_V, sondern $C'_V := \frac{C_V}{nR_{\text{m}}}$ gegen die Temperatur auf, so liegen die Daten in weiten Bereichen bei halbzahligen Werten.

Sinkt die Temperatur schließlich unter $\hbar^2/kJ$, so können auch keine Molekülrotationen mehr angeregt werden. Dann verhalten sich die Moleküle wie die in Kapitel 2 diskutierten Atome – sie können nur noch Translationsbewegungen ausführen. Die Quantentheorie sagt zwar auch für die mit der Translationsbewegung verbundene kinetische Energie diskrete Werte voraus[1]. Diese liegen aber so dicht beieinander, dass die kinetische Energie im vorliegenden Zusammenhang wie eine kontinuierliche Größe behandelt werden kann. Daher können wir das klassisch erzielte Ergebnis

$$C_V = \frac{3}{2}nR_{\text{m}} \quad \text{für} \quad T < \hbar^2/kJ$$

verwenden. Hierbei ist zu beachten, dass das Gas beim weiteren Absenken der Temperatur kondensiert – d. h. in den flüssigen Zustand übergeht. Die angestellten Überlegungen gelten aber nur für Gase, also oberhalb der Kondensationstemperatur.

Experimentell ermittelte Werte der Wärmekapazität zweiatomiger Gase stimmen sehr gut

[1] jedenfalls wenn die Moleküle in einen Behälter eingesperrt sind

mit den oben angestellten Überlegungen überein. Damit hat man eine exzellente und direkte Bestätigung der Quantentheorie.

Aufgaben

7.4.2-1 Im Schwingungsspektrum von Kohlenmonoxidmolekülen CO findet man eine Linie bei der Wellenlänge 4,608 µm. Schätzen Sie die ‚Federkonstante' der Molekülbindung (Kohlenstoff: $A_r \approx 12$, Sauerstoff: $A_r \approx 16$)

Lösung: 1,9 kN/m

7.4.2-2 Berechnen Sie das Massenträgheitsmoment eines Sauerstoffmoleküls O_2 ($A_r \approx 16$, Drehachse wie in Abb. 7.15). Nehmen Sie an, dass der Abstand der Kerne ca. $2 \cdot 10^{-10}$ m beträgt. Welchen mittleren Wert hat die Drehimpulsquantenzahl bei einer Temperatur von 300 K (verwenden Sie $\overline{E}_{\mathrm{rot}} \approx E_{\mathrm{rot}}$)?

Lösung: ca. $5{,}3 \cdot 10^{-46}$ kg m^2 und 20

7.4.2-3 Welches Trägheitsmoment hat ein Sauerstoffmolekül bezüglich der Molekülachse? Welche Energie ist mindestens erforderlich, um eine Rotation um die Molekülachse anzuregen?

Hinweis: Den Kerndurchmesser finden Sie mithilfe von Abschnitt 7.3.1

Lösung: $2{,}64 \cdot 10^{-55}$ kg m^2, 263 keV

8 Festkörper

8.1 Aufbau von Festkörpern

Atome üben Kräfte aufeinander aus und verbinden sich daher zu Molekülen. Aber auch Moleküle wechselwirken und schließen sich zu Verbänden zusammen. Wenn diese Verbände formstabil sind und makroskopische Größenordnungen annehmen, so spricht man von **Festkörpern**. Festkörper werden u. a. nach der jeweils zugrunde liegenden Molekülbindungskraft klassifiziert. Die drei wichtigsten Festkörpertypen sollen hier vorgestellt werden.

8.1.1 Ionenkristalle

Natrium ($_{11}Na$) gehört zu den Alkaliatomen und Chlor ($_{17}Cl$) zu den Halogenatomen. Wie in Abschnitt 7.4.1 dargestellt, ist es energetisch günstig, wenn das Alkaliatom ein Elektron abgibt und das Halogenatom dieses in seine Elektronenhülle integriert. Dadurch entstehen entgegengesetzt geladene Ionen, die sich wechselseitig anziehen (Abb. 8.1).

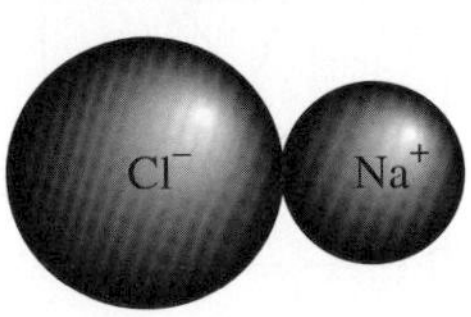

Abb. 8.1: Schematische Darstellung eines NaCL-Moleküls. Die Kugeln symbolisieren die ungefähre Ausdehnung der Atomhüllen.

Befinden sich auf engem Raum viele dieser Ionen, so ist durch die elektrostatische Anziehung aber auch eine Aneinanderreihung der Teilchen denkbar (Abb. 8.2).

Abb. 8.2: $_{11}Na^+$- und $_{17}Cl^-$-Ionen können Ketten bilden

Die direkt benachbarten Ionen ziehen sich ja offenbar an. Zwar wirken zwischen übernächsten Nachbarn abstoßende Kräfte, aber dennoch ist die Kettenbildung energetisch günstig, denn aufgrund des größeren Abstands ist die abstoßende Kraft kleiner als die anziehende. Die gleiche Argumentation überträgt sich auf das überübernächste Ion usw.

Weiterhin ist es möglich, dass sich mehrere dieser Kettenmoleküle aneinanderlagern (Abb. 8.3).

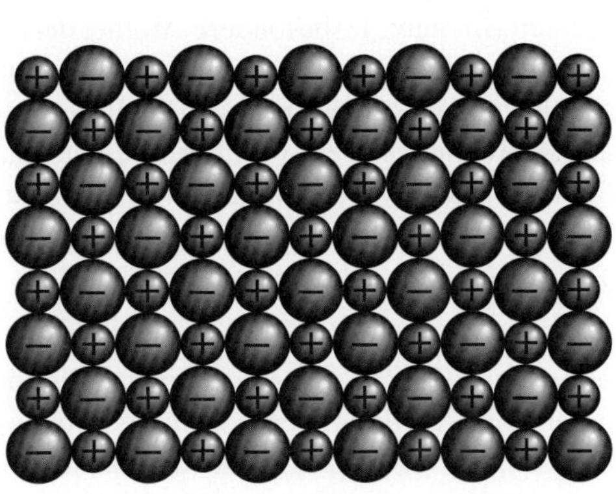

Abb. 8.3: Flächiges NaCl-Riesenmolekül. Direkt benachbart sind immer entgegengesetzt geladene Ionen.

Auf diese Weise ist jedes Ion von vier entgegengesetzt geladenen Ionen umgeben[1]. Schichtet man derartige Molekülteppiche in analoger Weise übereinander, so gelangt man zu einer räumlichen Struktur, bei der jedes Ion von nun sechs entgegengesetzt geladenen Ionen umgeben ist. Denkt man sich die Atomkerne benachbarter Ionen durch Linien verbunden, so entsteht ein räumliches Gitter. Dieses Gitter heißt **Kristallgitter**, und der regelmäßig aufgebaute Ionenverband heißt **Ionenkristall**. Im vorliegenden Beispiel handelt es sich um die Kochsalzkristalle, die viele Menschen in ungesunden Mengen in ihr Essen geben.

Wie bei den Molekülen verhindert das Pauli-Prinzip, dass sich die Elektronenhüllen benachbarter Ionen durchdringen. Die dadurch verursachte abstoßende Kraft und die anziehende elektrostatische Kraft sind bei einem bestimmten Ionenabstand im Gleichgewicht. Bei NaCl-Kristallen beträgt dieser Abstand 0,28 nm. Die Bindungsenergie pro Ion beträgt ca. 4 eV. Ionenabstand und Bindungsenergie anderer Alkali-Halogenkristalle liegen bei ähnlichen Werten.

8.1.2 Valenzkristalle

Andere Stoffe bilden Festkörper mittels der kovalenten Bindung. Insbesondere Atome, deren äußerste, nichtgefüllte Schale vier Elektronen enthält, gehören in diese Klasse. Ein für technische Anwendungen sehr wichtiges Beispiel ist Silicium ($_{14}Si$). Der auf Seite 144 beschriebene Mechanismus betrifft alle vier Elektronen in der nicht abgeschlossenen Schale.

Der Zustand niedrigster Energie liegt vor, wenn die Elektronen benachbarter Siliciumatome Paare bilden, deren Ladungsschwerpunkt auf der Verbindungslinie der Nachbarn liegt. Dadurch entsteht wieder ein Kristall (**Valenzkristall**).

[1] außer am Rand

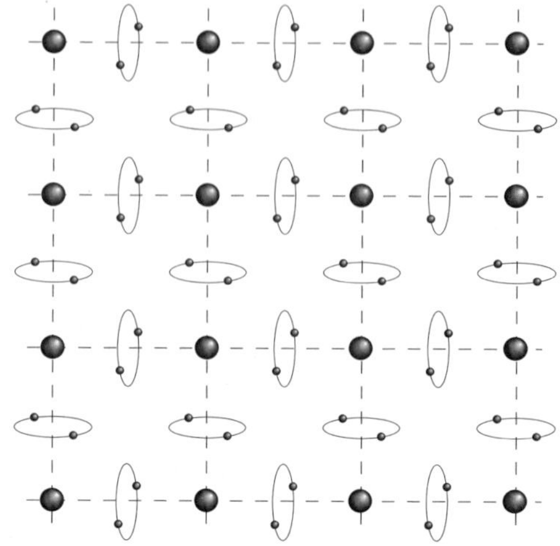

Abb. 8.4: Ebene Darstellung eines Valenzkristalls (vgl. auch Abb. 7.11). Die größeren Kugeln repräsentieren den Siliciumkern zusammen mit den Elektronen in den vollständig gefüllten Schalen, die kleinen Kugeln jeweils ein Elektron.

In der Abbildung liegen alle Atome in einer Ebene. Solche Darstellungen sieht man häufig, obwohl sie die Verhältnisse nicht richtig wiedergeben. Denn in Wirklichkeit ordnen sich die Siliciumatome zu einer räumlichen Struktur. Um einen Eindruck von der räumlichen Anordnung der Atome im Siliciumkristall zu geben, ist in Abbildung 8.5 ein Atom zusammen mit seinen nächsten Nachbarn dargestellt.

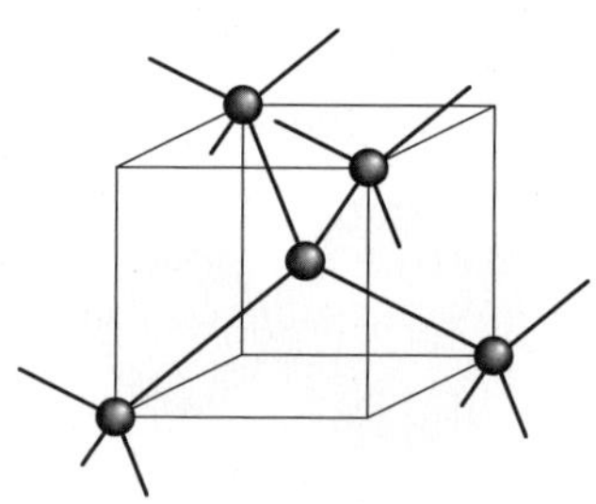

Abb. 8.5: Räumliche Darstellung eines Siliciumatoms und seiner nächsten Nachbarn im Kristallgitter. Die dicken Linien stellen die zu einem Elektronenpaar gehörige Bindungsrichtung dar.

8.1.3 Metalle

Einen dritten Typ kristalliner Festkörper stellen die **Metalle** dar. Über die Ursache des Zusammenhalts der Atome in Metallen, der **metallischen Bindung**, findet man viele pseudoanschauliche, sich häufig gegenseitig widersprechende Aussagen. Daher soll hier der zwar unanschauliche, aber sicherlich richtige Standpunkt vertreten werden, dass die metallische Bindung eine Folge der quantenphysikalischen Gesetzmäßigkeiten ist, was sich durch entsprechende Rechnungen belegen lässt[1)].

Bei der Bildung metallischer Festkörper lösen sich die nur schwach gebundenen, äußeren Hüllenelektronen von den Atomen, wodurch diese zu Ionen werden. Die besonderen Eigenschaften der Metalle rühren daher, dass die freigesetzten Elektronen nicht ortsgebunden sind, sondern sich fast ungehindert durch den gesamten Kristall bewegen können. Daher spricht man von einem **Elektronengas**. Die Elektronendichte ist im gesamten Kristall nahezu konstant – nur in der Nähe der Ionen ist sie höher, da dort die ortsgebundenen Elektronen der inneren Schalen sitzen. Die gute elektrische und thermische Leitfähigkeit erklärt sich aus der hohen Beweglichkeit der Elektronen des Elektronengases.

Die tatsächlichen Verhältnisse sind wie erwähnt komplexer, als es in der vorangegangenen Diskussion dargestellt wurde, aber dieses vereinfachte Modell liefert bereits diejenigen Eigenschaften metallischer Festkörper, die in den nachfolgenden Abschnitten gebraucht werden.

Es gibt noch weitere Bindungsarten, die zur Bildung von Festkörpern führen. Diese sollen hier aber nicht behandelt werden.

8.1.4 Kristalline und amorphe Festkörper

Die überwiegende Zahl der Festkörper bilden Kristalle, d. h. sie zeigen eine regelmäßige Anordnung der atomaren Bausteine. Diese Ordnung erstreckt sich über viele Atom- bzw. Ionenabstände (**Fernordnung**). Es gibt aber auch Festkörper, die keine Fernordnung aufweisen (**amorphe Festkörper**). Das wohl bekannteste Beispiel ist Glas. Auch bei amorphen Festkörpern beobachtet man eine regelmäßige Anordnung der atomaren Bausteine, aber diese Ordnung erstreckt sich nur über kurze Entfernungen. Man spricht in diesem Fall von **Nahordnung**. Nahordnung wird auch bei den Atomen in Flüssigkeiten beobachtet.

Kühlt man eine Flüssigkeit ab, findet meistens eine Phasenumwandlung statt. Bei einer bestimmten Temperatur, der **Erstarrungstemperatur**, ordnen sich die Atome zu einem **kristallinen Festkörper** – die Beweglichkeit der Atome geht verloren[2)]. Bei einigen Stoffen findet beim Abkühlen keine Phasenumwandlung statt. Dann geht die Beweglichkeit der Atome verloren, ohne dass sich eine Fernordnung einstellt – es entsteht ein amorpher Festkörper[3)]. Diese haben zwar auch das Bestreben, Kristalle zu bilden, aber der Kristallisationsvorgang dauert wegen der geringen Beweglichkeit der Atome so lange, dass er oft gar nicht beobachtbar ist.

Für die physikalischen Eigenschaften von kristallinen Festkörpern sind **Gitterbaufehler**, wie sie in realen Kristallen immer vorhanden sind, von großer Bedeutung. Darunter versteht man unbesetzte Gitterplätze, Atome, die neben den idealen Gitterplätzen sitzen, Atome einer anderen Art und Versetzungen in der Gitterstruktur.

---

1) Streng genommen gilt entsprechendes für alle Molekül- und Festkörperbindungsarten.

2) Führt man einem Festkörper Wärme zu, so findet der umgekehrte Prozess statt – der Festkörper schmilzt. **Schmelztemperatur** und Erstarrungstemperatur sind gleich.

3) manchmal werden diese auch als ‚unterkühlte Flüssigkeiten‘ bezeichnet

8.2 Elektrische Leitfähigkeit

8.2.1 Metalle und Nichtleiter

Hohe elektrische Leitfähigkeit setzt das Vorhandensein von beweglichen elektrischen Ladungen voraus. Als solche kommen nur Elektronen in Frage, denn die Atome und Ionen in Festkörpern besitzen nur eine sehr geringe Beweglichkeit.

Im Prinzip ist es möglich, Elektronen aus den Atomhüllen durch Anwendung äußerer elektrischer Felder herauszulösen. Tatsächlich ist dies aber i. Allg. nicht möglich, da es nicht gelingt ausreichend starke Felder zu erzeugen. Auch durch thermische Anregung gelingt es in der Regel nicht, Elektronen aus den Hüllen der Bausteine fester Materie freizusetzen.

Anders ist die Situation bei Metallen: Dort sind aufgrund des Bindungsmechanismus von vornherein frei bewegliche Elektronen vorhanden. Tatsächlich zeigt sich, dass metallisch gebundene Festkörper, im Gegensatz zu ionisch oder kovalent gebundenen Festkörpern, gute Leiter sind.

Die Elektronen des Elektronengases führen eine Zufallsbewegung aus (Abb. 8.6):

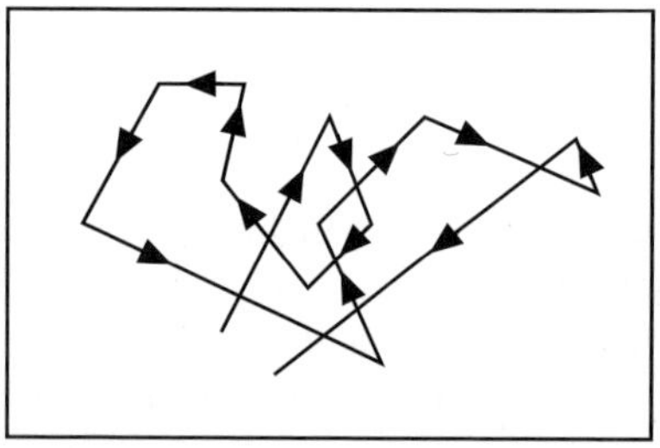

Abb. 8.6: Bahn eines beweglichen Elektrons in einem Metall

Betrag und Richtung der Elektronengeschwindigkeit sind zufällig verteilt. Die Elektronen bewegen sich geradlinig, bis sie mit einem aufgrund der Wärmebewegung um seine Ruhelage schwingenden Gitterbaustein oder einem Gitterbaufehler zusammenstoßen. Durch den Stoßprozess verändert sich ihre Geschwindigkeit schlagartig in Betrag und Richtung. Die geraden Wegstücke sind, anders als in der Grafik dargestellt, sehr kurz. Ihre Länge hängt von der Temperatur ab. Ein typischer Wert bei Raumtemperatur ist 10^{-8} m – das ist größenordnungsmäßig das Hundertfache der Atomabstände im Kristallgitter.

Es gibt keine bevorzugte Bewegungsrichtung, und die mittlere quadratische Geschwindigkeit ist durch die Temperatur bestimmt, denn für das Elektronengas gilt $\overline{E}_{\text{kin}} = \frac{3}{2}kT$ (vgl. Abschnitt 2.2). Daraus errechnet sich eine mittlere quadratische Elektronengeschwindigkeit bei Raumtemperatur von ca. 10^5 m/s. Da keine Bewegungsrichtung bevorzugt ist, kommt es aber im Mittel trotz dieser hohen Geschwindigkeit nicht zu einem Ladungstransport.

Dies ändert sich, wenn das Metall in ein elektrisches Feld E gebracht wird (Abb. 8.7).

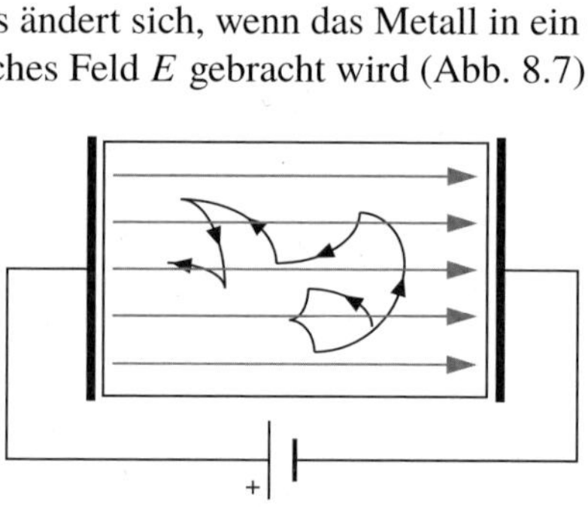

Abb. 8.7: Bahn eines beweglichen Elektrons in einem Metall. Auf die Elektronen wirkt im homogenen elektrischen Feld des Plattenkondensators eine konstante Kraft nach links. Die Elektronenbahnen zwischen den Stößen sind daher parabelförmig.

Die beweglichen Elektronen spüren eine Kraft $-eE$ und werden daher beschleunigt. Jetzt ist wegen des Feldes eine Raumrichtung bevorzugt, und die Ladungsträger erfahren eine mittlere Verschiebung. Es fließt also ein Strom[1]. Damit verbunden ist ein Ladungstransport. Die durch das Feld verursachte zusätzliche Geschwindigkeit der Elektronen heißt **Driftgeschwindigkeit** $\overline{v}$. Wegen der ständig stattfindenden Kollisionen mit den Gitterfehlern und den schwingenden Gitterbausteinen nimmt die Driftgeschwindigkeit nicht unbegrenzt zu, sondern stellt sich auf einen Mittelwert ein, der proportional zur herrschenden Feldstärke ist:

$$\overline{v} = \mu E\,.$$

Die temperaturabhängige Proportionalitätsgröße μ heißt **Beweglichkeit**. Die Driftgeschwindigkeit beträgt typischerweise nur einige Millimeter pro Sekunde.

Stehen pro Volumeneinheit n frei bewegliche Ladungsträger zur Verfügung, so lässt sich die Stromdichte leicht berechnen. Man erhält

$$j = en\mu E$$

und ein Vergleich mit Abschnitt 3.2.1 zeigt, dass die elektrische Leitfähigkeit durch

$$\kappa = en\mu$$

gegeben ist. Da mit zunehmender Temperatur die atomaren Gitterbausteine stärkere Schwingungen um ihre Gleichgewichtslage ausführen, füllen sie effektiv einen größeren Raum aus. Damit steigt die Wahrscheinlichkeit der Elektron-Atom-Kollisionen. Gemäß dieser Vorstellung erklärt sich die Zunahme des elektrischen Widerstands mit der Temperatur, auf die schon in Abschnitt 3.2 hingewiesen wurde.

Die bisherige Diskussion der Elektronenbewegung in Metallen basierte auf der klassischen Physik. Es zeigt sich aber, dass man zum vollständigen Verständnis der elektrischen Leitfähigkeit nur gelangt, wenn quantenphysikalische Effekte berücksichtigt werden. Dies soll im Folgenden geschehen. Dabei soll die Wirkung der eben angesprochenen Gitterfehler und der Schwingungen der Gitterbausteine nicht berücksichtigt werden.

Auch die Elektronen in einem Festkörper können nur bestimmte diskrete Energiezustände einnehmen. Es handelt sich aber nicht mehr um die Energiezustände der jeweiligen Atomart. Die Elektronen in einem Festkörper befinden sich immer im Krafteinfluss vieler Atome, da diese sehr dicht gepackt sind. Im Rahmen einer quantentheoretischen Rechnung zeigt sich, dass die möglichen Elektronenzustände energetisch sehr dicht beieinander liegen – so dicht, dass man von einem Quasikontinuum sprechen kann. Allerdings gibt es breite Energiebereiche, die für die Elektronen nicht zugänglich sind (Abb. 8.8).

Abb. 8.8: Die für Elektronen erlaubten Energiewerte in einem Festkörper (schraffiert). Die Schraffur soll andeuten, dass es sich nicht um ein Kontinuum, sondern um dicht liegende, diskrete Energiewerte handelt. Die x-Achse symbolisiert eine Raumrichtung.

Die Energieintervalle, welche den Elektronen zugänglich sind, heißen **Energiebänder**. Die Energiebänder sind durch die sogenannten **Bandlücken** voneinander getrennt.

Wir denken uns nun die vorhandenen Energieniveaus von unten her mit Elektronen aufge-

[1] Beachte: der Strom fließt nach rechts!

füllt[1]. Dabei ist das Pauli-Prinzip zu berücksichtigen, sodass in jedem der verfügbaren Energiezustände nur zwei Elektronen mit entgegengesetztem Spin untergebracht werden können. Das energetisch höchstliegende Niveau, das hierbei besetzt wird, heißt **Fermi Niveau**[2].

Innerhalb von Bändern, deren zugehörige Energieniveaus vollständig besetzt sind, können die Elektronen keine Energie aufnehmen. Eine Energieaufnahme würde nämlich bedeuten, dass das Elektron in einen energetisch höheren Zustand übergeht. Da diese aber alle besetzt sind, ist ein solcher Prozess wegen des Pauli-Prinzips nicht möglich.

Innerhalb eines nur teilweise besetzten Bands steht einer Anregung aber nichts im Wege. Denn die Elektronen in Zuständen nahe dem Fermi Niveau können durch eine praktisch beliebig kleine Energiezufuhr in darüber liegende leere Zustände angehoben werden. Dabei hinterlassen sie dann gleichzeitig freie Zustände, die in der Folge von anderen Elektronen besetzt werden können.

Elektronen in teilweise besetzten Bändern können also durch Anlegen eines elektrischen Feldes beschleunigt werden, wodurch ein Stromfluss in Gang gesetzt wird. Hieraus schließt man, dass Metalle solche teilweise besetzten Bänder enthalten. Nichtleiter hingegen besitzen nur vollständig gefüllte Energiebänder und einen **Bandabstand** von einigen Elektronenvolt, sodass eine Elektronenanregung in ein unbesetztes Band wegen der dazu erforderlichen hohen Feldstärken bzw. Temperaturen nicht machbar ist. Das energetisch höchste, vollständig besetzte Band heißt **Valenzband** und das darüber liegende Band, ob unbesetzt oder teilweise besetzt, **Leitungsband**.

Aufgaben

8.2.1-1 Die Stromstärke in einem Stück Kupferdraht (Querschnittsfläche 1 mm^2) betrage 4 A. Berechnen Sie die Driftgeschwindigkeit und die Beweglichkeit der Elektronen unter der (näherungsweise zutreffenden) Annahme, dass jedes Atom im Durchschnitt ein Leitungselektron beiträgt (Dichte 8,96 kg/dm^3, relative Atommasse 63,546, spezifische Leitfähigkeit $1{,}78 \cdot 10^{-8}$ Ωm).

Lösung: 0,294 mm/s, $4{,}13 \cdot 10^{-3}\ \frac{\mathrm{m}^2}{\mathrm{Vs}}$

8.2.2 Halbleiter

Schließlich gibt es noch Materialien, die bei tiefen Temperaturen ein vollständig besetztes Valenzband und ein leeres Leitungsband besitzen, sich aber von den Nichtleitern dadurch unterscheiden, dass sie nur einen relativ kleinen Bandabstand von ca. einem Elektronenvolt haben. Hierbei handelt es sich um die sogenannten **Halbleiter**. Typische Vertreter sind Silicium ($_{14}$Si) und Germanium ($_{32}$Ge).

Schon bei Raumtemperatur wird ein Teil der Elektronen aus dem Valenzband thermisch zu Übergängen in das Leitungsband angeregt und zwar vorwiegend von der Oberkante des Valenzbands zur Unterkante des Leitungsbands, da hierfür der kleinstmögliche Energieaufwand erforderlich ist. Damit ist auch das Valenzband zu einem nicht vollständig besetzten Band geworden. Durch Anlegen eines elektrischen Feldes können nun Elektronen in die unbesetzten Zustände an der oberen Valenzbandkante (man spricht von **Löchern** oder **Defektelektronen**) angeregt werden. Wegen des negativen Vorzeichens der Elektronenladung werden Zustände besetzt, die einer Bewegung des Elektrons entgegen der Feldrichtung entsprechen. Zurück bleiben Löcher,

[1] Dieser Zustand würde am (unerreichbaren) Nullpunkt der absoluten Temperatur vorliegen.

[2] Enrico Fermi, 1901 – 1954

die zu einer Elektronenbewegung in Feldrichtung korrespondieren. Es lässt sich zeigen, dass ein Loch den gleichen Beitrag zum Stromfluss im Halbleiter liefert, wie ein fiktives Teilchen mit positiver Ladung. Obwohl die Beschreibung des Ladungstransports im Valenzband durch Löcher der Beschreibung mit Elektronen im Prinzip gleichwertig ist, erweist sich die Löcherdarstellung als vorteilhaft und diese wird daher i. Allg. vorgezogen.

Zur Stromleitung in Halbleitermaterialien tragen also neben den Elektronen im Leitungsband auch die Löcher im Valenzband bei. Da bei einem reinen Halbleiter die Zahl der Löcher gleich der Zahl der Elektronen im Leitungsband ist, ergibt sich für die Leitfähigkeit von Halbleitern

$$\kappa = en(\mu_- + \mu_+).$$

Dabei wurde für die Beweglichkeit der Elektronen μ_- und für die Beweglichkeit der Löcher μ_+ geschrieben. Der hier beschriebene Mechanismus der Stromleitung heißt **Eigenleitung**. Aus den vorangegangen Erläuterungen wird klar, dass die Leitfähigkeit mit der Temperatur zunimmt.

Für technische Anwendungen verwendet man häufig dotierte Halbleitermaterialien. Darunter versteht man Halbleiter, die mit einem sehr kleinen Anteil von Fremdatomen versetzt sind (Verhältnis typischerweise $1 : 10^6$). Als Fremdatome kommen u. a. Indium, Bor, Gallium (das sind sogenannte **Akzeptoren**) oder Arsen, Phosphor, Antimon (**Donatoren**) zum Einsatz.

In Abbildung 8.9 ist ein Akzeptoratom dargestellt, das in das Kristallgitter eines Halbleiters eingebaut ist.

Da Akzeptoratome in der äußeren Schale nur drei Elektronen besitzen, kann eine der kovalenten Bindungen nicht mit den notwendigen zwei Elektronen bedient werden. Dort existiert also ein unbesetzter Elektronenzustand – d. h. ein Loch. Die oben genannten Akzeptoratome haben die Eigenschaft in einem Silicium- oder Germaniumgitter wenig Widerstand gegen Ionisierung zu leisten. Dies bedeutet, dass schon mit geringem Energieaufwand ein Elektron in die unvollständige Bindung eingebaut werden kann[1]. Gelangt ein Elektron von einem benachbarten Gitterbaustein in diesen Zustand, entsteht am Ort des Akzeptors also ein negativ geladenes Ion. Das Elektron hinterlässt an seinem ursprünglichen Ort aber ein Loch: Dort ist ein unbesetzter Elektronenzustand und ein positives Ion entstanden. Dieses Loch kann durch den Kristall wandern, da es energetisch keinen Unterschied macht, an welchem Gitterbaustein das Elektron fehlt. Wir halten fest: Im **p-Leiter** existieren ortsgebundene negative Ionen und bewegliche (positiv geladene) Löcher. Der p-Leiter ist insgesamt elektrisch neutral.

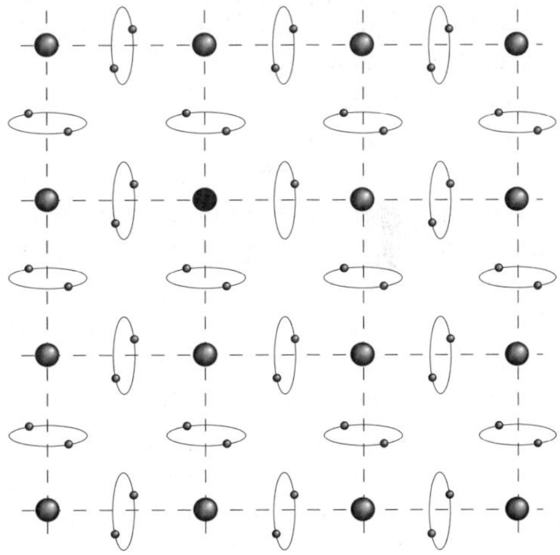

Abb. 8.9: Ebene Darstellung eines Halbleitervalenzkristalls mit einem Akzeptoratom im Kristallgitter (in schwarz). Akzeptoratome besitzen in der äußeren Schale nur drei Elektronen. Bei genauer Betrachtung sieht man, dass in einer Bindung ein Elektron fehlt.

[1] Das Atom akzeptiert die Anlagerung eines weiteren Elektrons, daher der Name.

Eine andere Art von dotiertem Halbleiter entsteht, wenn das Kristallgitter mit **Donatoren** dotiert wird (**n-Leiter**, Abb. 8.10).

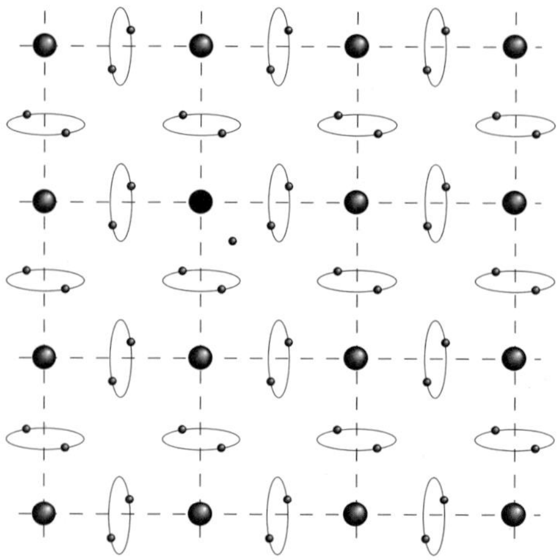

Abb. 8.10: Ebene Darstellung eines Halbleitervalenzkristalls mit einem Donatoratom im Kristallgitter (in schwarz). Donatoratome besitzen in der äußeren Schale fünf Elektronen. Eines dieser Elektronen kann also an der kovalenten Bindung nicht teilnehmen.

Donatoren besitzen in der äußeren Schale fünf Elektronen – also eines mehr, als für die kovalenten Bindungen benötigt wird. Die genannten Donatoratome haben, wenn sie in das Kristallgitter eingebaut sind, die Eigenschaft, dass das überzählige Elektron nur schwach gebunden ist. Schon durch geringe Energiezufuhr kann dieses Elektron seinen ursprünglichen Platz verlassen und sich durch das Kristallgitter bewegen[1]. Dabei hinterlässt es das Donatoratom als positiv geladenes Ion. Beim n-Leiter hat man also bewegliche Elektronen und ortsfeste, positive Ionen. Auch für den n-Leiter gilt, dass er insgesamt elektrisch neutral ist. Die Energiezufuhr zur Ablösung des Elektrons vom Donator, oder zum Einbau eines Elektrons in den Akzeptorzustand, kann durch thermische Anregung oder durch Lichteinfall erfolgen.

Die Leitfähigkeit von Halbleitermaterialien lässt sich also durch den Einbau von Fremdatomen (durch Störstellen) gezielt erhöhen. Um den so hervorgerufenen Leitungsmechanismus von der Eigenleitung abzugrenzen, spricht man von **Störleitung**. Durch Kombination von p- und n-Leitern lassen sich Effekte hervorrufen, die eine Vielzahl von technischen Anwendungen erlauben. Einige der wichtigsten werden im nächsten Abschnitt behandelt.

Aufgaben

8.2.2-1 Eine Siliciumprobe (Länge 2 cm, Querschnittsfläche 1 cm^2) wird mit Arsen dotiert (Dotierungskonzentration $1 \cdot 10^{15}\ \text{cm}^{-3}$). Eine anschließende Widerstandsmessung ergibt den Wert 10 Ω. Bestimmen Sie die Beweglichkeit der Ladungsträger unter Vernachlässigung der Eigenleitung.

Lösung: $1248\ \frac{\text{cm}^2}{\text{Vs}}$

8.2.2-2 Schätzen Sie ab, welche Wellenlänge elektromagnetische Strahlung höchsten haben darf, damit sie Elektronen aus dem Valenz- in das Leitungsband eines Halbleiters anregen kann. Wie heißt Strahlung mit dieser Wellenlänge?

Lösung: ca. 1,24 μm, IR

8.3 Elektronische Bauelemente

8.3.1 Halbleiterdioden

Wir denken uns ein Stück p-leitendes Material mit einem Stück n-leitendem Material in Kontakt gebracht (Abb. 8.11).

[1] Donator: Stifter, Spender. Donatoren spenden Elektronen an den Kristall.

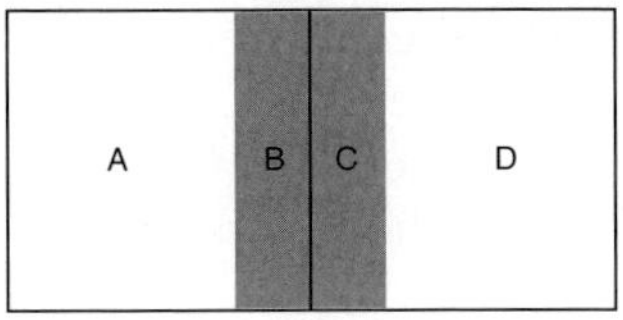

Abb. 8.11: p- und n-Leiter in Kontakt. Die Bereiche A und B stellen den p-Leiter, C und D den n-Leiter dar.

Die beweglichen Ladungsträger (Elektronen im n-Leiter und Löcher im p-Leiter) in beiden Teilen führen eine Zufallsbewegung aus, wie sie oben für die Leitungselektronen in Metallen beschrieben wurde. Dabei kommt es vor, dass sie die Trennfläche zwischen den beiden Halbleiterarten überschreiten. Dadurch treffen Elektronen auf Löcher und besetzen mit einer gewissen Wahrscheinlichkeit den durch das Loch repräsentierten Zustand. Das Loch verschwindet und das Elektron wird an der kovalenten Bindung beteiligt, ist also nicht mehr beweglich. Diesen Vorgang bezeichnet man als **Rekombination**.

Auf diese Weise verarmt das Übergangsgebiet (Gebiet B und C, auch **Sperrschicht** genannt) an beweglichen Ladungsträgern – die Leitfähigkeit sinkt. Man beachte, dass sowohl durch den Übergang der Elektronen als auch durch den Übergang der Löcher ein Strom von links nach rechts zustande kommt. Der mit dieser Ladungsverschiebung verbundene elektrische Strom heißt **Diffussionsstrom**.

Eine weitere Folge der Rekombination ist, dass das Übergangsgebiet nicht mehr elektrisch neutral ist. Bei jedem Rekombinatonsprozess verschwinden je ein positiv geladenes Loch und ein negativ geladenes Elektron. Im p-leitenden Bereich der Sperrschicht (Gebiet B) bleiben die unbeweglichen negativ geladenen Akzeptorionen übrig. Im Gebiet B befindet sich also eine negative Nettoladung. Umgekehrt ist Gebiet C positiv geladen, weil den positiv geladenen Donatorionen aufgrund der Rekombination ein Teil der zum Ladungsausgleich benötigten Elektronen abhanden gekommen ist. Damit stehen sich zwei entgegengesetzt geladene Schichten gegenüber – eine Situation wie sie bei der Diskussion des Plattenkondensators (Abschnitt 3.1.5) beschrieben wurde. Es baut sich ein elektrisches Feld auf, das von der n-Leiter Seite zur p-Leiter Seite (von C zu B) zeigt. Dieses Feld bewirkt einen **Feldstrom** von rechts nach links.

Im stationären Gleichgewicht sind Diffussionsstrom und Feldstrom entgegengesetzt gleich. Dann überschreiten aufgrund der Zufallsbewegung genauso viele Ladungsträger die Trennschicht, wie vom elektrischen Feld zurückgetrieben werden – der Nettostrom ist also null.

Nun soll zwischen den beiden Endseiten des pn-Halbleitermaterials eine Spannung U angelegt werden, und zwar zunächst so, dass die p-leitende Seite mit dem Minuspol der Spannungsquelle verbunden wird und die n-leitende Seite mit dem Pluspol (**Sperrrichtung**). Durch die angelegte Spannung entsteht ein elektrisches Feld mit der gleichen Richtung wie das Feld, das den Feldstrom erzeugt. Die Löcher des p-leitenden Gebiets werden nach links, die Elektronen des n-leitenden Gebiets nach rechts gezogen. Dadurch verbreitert sich die an beweglichen Ladungsträgern arme Sperrschicht und der Widerstand des pn-Halbleiters steigt auf einen sehr hohen Wert. Zwar fließt unter der Wirkung der angelegten Spannung ein Strom, er ist aber sehr klein (**Sperrstrom**).

Bei umgekehrter Polung verkleinert sich die Breite der Sperrschicht, und der Widerstand sinkt (**Durchlassrichtung**). Vom Minuspol der Spannungsquelle werden ständig Elektronen in die n-leitende Schicht eingebracht, die zur Trennfläche wandern. Auf der gegenüberliegenden Seite verlassen ständig Elektronen das p-leitende Gebiet in Richtung des Pluspols der Spannungsquelle, wobei sie Löcher hinterlassen, die gleichfalls zur Trennfläche wandern. An der Trennfläche neutralisieren sich die Elektronen und die Löcher durch Rekombination. Im Gleichgewicht werden pro Zeiteinheit durch Rekombination genauso viele Ladungsträger neutralisiert, wie an den beiden Stirnseiten in das Halbleitermaterial eindringen – es fließt ein stationärer Strom.

Insgesamt stellt die Anordnung einen nichtlinearen Widerstand dar, dessen Strom-Spannungs-Kennlinie in Abbildung 8.12 dargestellt ist.

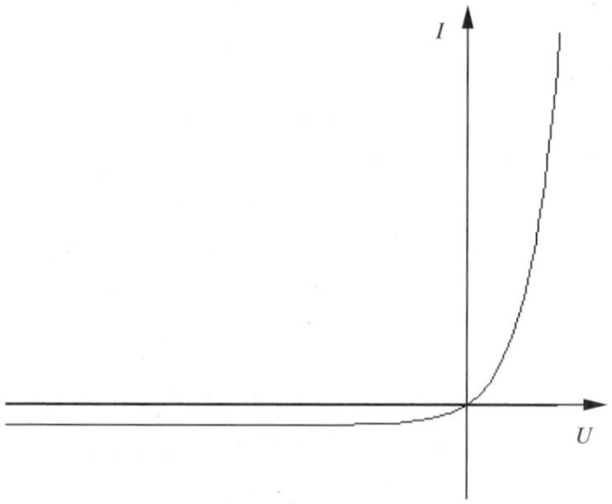

Abb. 8.12: Strom-Spannungs-Kennlinie der Halbleiterdiode

Der abgebildete Zusammenhang zwischen Strom und Spannung lässt sich durch die Formel

$$I = I_0(\exp(eU/kT) - 1)$$

ausdrücken. I_0 heißt **Sperrsättigungsstrom**.

Die eben beschriebene Anordnung trägt den Namen **Halbleiterdiode** (Schaltsymbol in Abb. 8.13).

Offenbar kann man Dioden als **Gleichrichter**, d. h. als ‚elektrisches Ventil', verwenden. Beispielsweise kann man mit einer Diode erreichen, dass Wechselstrom während einer Halbperiode fließen kann, während er während der Halbperiode mit entgegengesetzter Polung nicht durchgelassen wird.

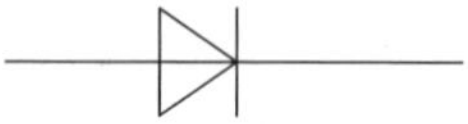

Abb. 8.13: Schaltsymbol einer Diode. Die Pfeilspitze zeigt vom p- zum n-leitenden Bereich.

Die Gleichrichtung von Strömen ist ein wichtiges Anwendungsfeld für Dioden, aber nicht das einzige. Eine weitere Anwendung besteht darin, Dioden als Spannungsquellen zu verwenden, denen Energie in Form von Licht zugeführt wird (**Fotozelle**, in großflächiger Bauausführung als **Solarzelle** bezeichnet)[1]. Deren Wirkungsweise lässt sich folgendermaßen erklären: Eine Diode, die ohne äußere Spannungsquelle betrieben wird, wird mit Licht bestrahlt. Wenn die einfallenden Photonen eine ausreichend hohe Frequenz aufweisen, können sie Elektronen vom Valenz- ins Leitungsband anheben (**innerer Fotoeffekt**). Die Elektronen hinterlassen im Valenzband ein Loch. Ein Teil dieser Elektron-Loch Paare wird rekombinieren. Andere werden sich unter der Wirkung des in der Sperrzone vorhandenen elektrischen Feldes trennen, denn auf das Elektron und das Loch wirken Kräfte in entgegengesetzte Richtungen. Diese Ladungstrennung kann an den Anschlüssen der Diode als Spannung nachgewiesen werden, und wenn an die Klemmen ein Lastwiderstand angeschlossen wird, fließt ein Strom.

Umgekehrt wird bei einigen Halbleitermaterialien die bei der Rekombination freiwerdende Energie in Form von Licht abgestrahlt. Diesen Effekt nützt man bei **Lumineszenz-Dioden** (LED) und **Laserdioden** aus.

[1] Foto- und Solarzellen unterscheiden sich in der Bauform von herkömmlichen Dioden. Vom prinzipiellen Aufbau her unterscheiden sie sich aber nicht von diesen.

Aufgaben

8.3-1 Der Sperrsättigungsstrom einer Halbleiterdiode betrage bei einer Temperatur von 20 °C 100 μA. Berechnen Sie
a) die Stromstärke bei einer angelegten Spannung von 0,2 V in Sperrrichtung,
b) die Stromstärke bei einer angelegten Spannung von 0,2 V in Durchlassrichtung.

Lösung: −99,96 μA, 274 mA

8.3.2 Transistoren

Abschließend sollen noch die sogenannten **Transistoren** behandelt werden, die aus insgesamt drei dotierten Halbleiterschichten bestehen. Transistoren können sowohl als pnp- als auch als npn-Schichtstruktur ausgeführt werden. In Abbildung 8.14 sind die Schaltsymbole der beiden möglichen Transistortypen dargestellt.

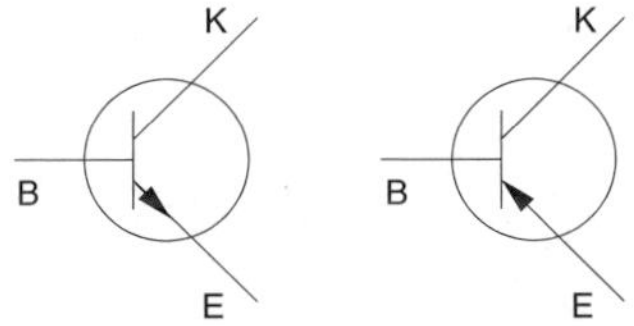

Abb. 8.14: Schaltsymbol eines npn-Transistors (links) und eines pnp-Transistors (rechts)

Ihre Wirkungsweise ist im Wesentlichen identisch, sodass die Diskussion auf den npn-Transistor beschränkt werden kann.

Ein npn-Transistor besteht also aus zwei n-leitenden und einer p-leitenden Schicht, die, wie in Abbildung 8.15 dargestellt, mit elektrischen Kontakten versehen sind.

Zunächst soll die Spannung U_1 null sein. Die zweite Spannungsquelle ist so gepolt, dass Basis und Kollektor eine in Sperrrichtung betriebene Halbleiterdiode darstellen. Das heißt, die beweglichen Löcher in der Basis werden vom elektrischen Feld nach links und die Elektronen im Kollektor nach rechts getrieben. Es fließt lediglich ein sehr kleiner Sperrsättigungsstrom durch Basis und Kollektor. Dieser Strom ist nahezu unabhängig von der angelegten Spannung U_2, was in Abbildung 8.12 gut zu erkennen ist (negative Spannungsachse).

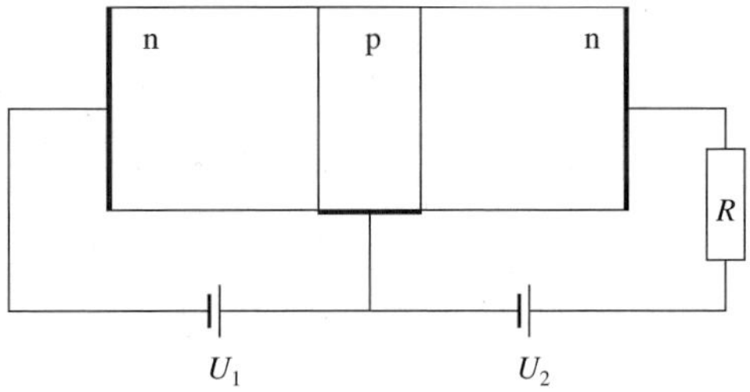

Abb. 8.15: Aufbau eines npn-Transistors. Die linke n-Schicht heißt **Emitter**, die p-Schicht **Basis** und die rechte n-Schicht **Kollektor**. Angeschlossen sind zwei Spannungsquellen und ein Lastwiderstand.

Nun wird die Spannung U_1 zugeschaltet. Die Polung bedeutet für den Emitter-Basisübergang Durchlassrichtung, und somit durchqueren Löcher die Emitter-Basis-Trennfläche von rechts nach links (Strom I_E^L) und Elektronen die Emitter-Basis-Trennfläche von links nach rechts (Strom I_E^E). Der von der Basis zum Emitter fließende Strom I_E setzt sich aus beiden Komponenten zusammen.

Zwei konstruktive Besonderheiten zeichnen die Basis aus:

- Die Basis ist nur sehr schwach dotiert. Daher ist die Zahl der Elektronen, die die Trennfläche durchqueren, sehr viel größer als die Zahl der Löcher, die die Trennfläche in umgekehrter Richtung überschreiten. Dies hat zum einen zur Folge, dass I_E im wesentlichen von den Elektronen herrührt, d. h. $I_E \approx I_E^E$. Zum anderen finden die in die Basis eingedrungenen Elektronen nicht genügend Löcher zur Rekombination.

- Die Basis ist bei Transistoren sehr schmal ausgeführt. Daher wandert eine Großteil der Elektronen in die Sperrzone des Basis-Kollektorübergangs. Die geringe Rekombinationswahrscheinlichkeit aufgrund der fehlenden Löcher unterstützt diesen Effekt. Der Basis-Kollektorübergang ist für Löcher in der Basis in Sperrrichtung geschaltet, was für die vom Emitter herkommenden Elektronen Durchlassrichtung bedeutet. Diese fließen durch Kollektor und Lastwiderstand zum Pluspol der Spannungsquelle. Der Kollektorstrom I_K ist bis auf den kleinen Sperrsättigungsstrom identisch mit I_E.

Die Stärke des Kollektorstroms I_K wird durch die Größe der Spannung U_2 beeinflusst. Viel empfindlicher reagiert der Kollektorstrom aber auf den eingestellten Wert von U_1. Die Stärke des Emitterstroms hängt nämlich exponentiell von der Spannung U_1 ab (vgl. Abb. 8.12, positive Spannungsachse). Das hat zur Folge, dass ein kleines Spannungssignal, das der Spannung U_1 überlagert wird, zu starken Schwankungen des Kollektorstroms führt.

Wählt man U_2 groß, so kann über R ein großes Spannungssignal $U_R = RI_K$ abgegriffen werden. Ein kleines Spannungssignal wird also zu einem großen Spannungssignal verstärkt (**Spannungsverstärkung**). Da nur eine kleine elektrische Leistung zur Steuerung der am Widerstand R umgesetzten großen Leistung $U_R I_K$ erforderlich ist, liegt auch **Leistungsverstärkung** vor.

Die hier besprochene Art der Beschaltung des Transistors heißt **Basisschaltung**, da jeweils ein Pol beider Spannungsquellen an der Basis anliegt. Entsprechend lässt sich ein Transistor auch in der **Emitter-** bzw. **Kollektorschaltung** betreiben, um beispielsweise einen starken Strom mit einer kleinen Stromstärke steuern zu können (**Stromverstärkung**).

Anhang

A Modelle

In der Hamburger Speicherstadt wird seit einigen Jahren mit viel Erfolg das *Miniatur Wunderland* betrieben. Auf einer Flächen von ca. $1300\,\text{m}^2$ befindet sich hier die größte Modelleisenbahn der Welt. Das Modell enthält eine Vielzahl von detailgetreuen Nachbauten realer Objekt. Ein Flughafen, Dörfer, Stadtteile und ganze Länder sind im Maßstab 1 : 87 zu sehen.

Die reale Schweiz hat eine Fläche von etwas mehr als $40\,000\,\text{km}^2$. Wollte man das gesamte Land im Maßstab 1 : 87 nachbauen, bräuchte man dafür eine Fläche von über $5\,\text{km}^2$. Das Modell der Schweiz im Miniatur Wunderland ist aber auf nur ca. $250\,\text{m}^2$ realisiert. Dies ist offenbar nur möglich, wenn große Teile der Schweiz im Modell weggelassen werden. Die Kunst des Modellbaus besteht darin, vieles wegzulassen, aber die charakteristischen Dinge beizubehalten, sodass der Betrachter sofort erkennt, was dargestellt ist. So sollte man z. B. bei einem Modell der Schweiz die Berge lieber nicht weglassen.

Auch in der Physik benützt man immer Modelle. Reale Objekte werden (häufig grob) vereinfacht. Auch hier ist es wichtig, die charakteristischen Merkmale des Objekts nicht wegzulassen. Das Vorgehen soll an einem Beispiel erläutert werden. Dabei soll möglichst kein Bezug auf Begriffe genommen werden, die erst nach dem Lesen des Buchs als bekannt vorausgesetzt werden können.

Man stelle sich einen Baukran vor, an dessen Haken eine große und schwere Last hängt. Das Vorgehen bei der Erstellung des Modells hängt davon ab, was man wissen möchte. Angenommen man möchte ermitteln wie schnell die Last hin und her schwingt, nachdem der zunächst fahrende Kran plötzlich abgestoppt wird. Dann führen folgende Vereinfachungen zum Erfolg:

- Man setzt voraus, dass sich das Seil während des betrachteten Vorgangs nicht dehnt und immer gerade ist. Dies ist natürlich nur näherungsweise richtig.
- Weiterhin denkt man sich die Last als ein punktförmiges Gebilde (Modellvorstellung des Massenpunkts). Die Annahme ist also, dass die Form der Last unwichtig ist und ihre Abmessungen im Vergleich zur Seillänge klein sind.
- Die Last hängt an einem Drahtseil. Drahtseile sind schwer. Dennoch nimmt man der Einfachheit halber an, dass das mitschwingende Seilstück im Vergleich zur Last leicht ist. Dies ist eine grobe Vereinfachung die zu Ungenauigkeiten im Ergebnis führen wird.
- Seil und Last bewegen sich durch die Luft und daher wirkt der Luftwiderstand. Die dadurch verursachte Bremswirkung wird vernachlässigt.
- Trotz dieser vielen Vereinfachungen ist die Mathematik zur Beschreibung des Systems kompliziert. Als letzte Vereinfachung soll noch vorausgesetzt werden, dass die Last nur wenig ausschwingt: Das Seil soll zur Senkrechten nur um wenige Grad ausgelenkt sein.

Das Modell von der schwingenden Last, das auf diese Weise entstanden ist, heißt Modell des Fadenpendels (mathematisches Pendel). Die zur Beschreibung des Modells benötigte Mathematik ist relativ einfach. Welche Aussagen man mithilfe dieses Modells machen kann, wird in Abschnitt 4.1 dargestellt. Möchte man eine höhere Genauigkeit erreichen, dann lässt man einige der gemachten Vereinfachungen weg. Man gelangt so z. B. zum Modell des physischen Pendels, das gleichfalls im Abschnitt 4.1 erläutert wird.

B Mathematische Hilfsmittel

In den meisten Ingenieur-Studiengängen beginnen Physik- und Mathematik-Vorlesungen praktisch gleichzeitig. Dies hat zur Folge, dass die mathematischen Methoden zumindest teilweise noch nicht verfügbar sind, wenn sie in der Physik benötigt werden. Um dieses immer wieder beklagte Problem abzumildern, werden in Anhang B die im vorliegenden Buch benötigten mathematischen Hilfsmittel skizziert. Zum Teil werden Kenntnisse des Schulstoffs vorausgesetzt und nur einige wichtige Formeln aufgelistet (z. B. Vektorrechnung, Abschnitt B.1). Bei anderen Themen soll vermittelt werden, worum es überhaupt geht (z. B. Felder, Abschnitt B.2). Es versteht sich hoffentlich von selbst, dass auf ein gründliches Studium der Mathematik nicht verzichtet werden kann. Vielleicht hilft dieser Anhang ja sogar die Motivation für die Beschäftigung mit den angesprochenen Themen zu vergrößern.

B.1 Wichtige Formeln der Vektorrechnung

Zur Charakterisierung des Bewegungszustands eines Körpers verwendet man u. a. die Geschwindigkeit, die ausdrückt, wie schnell sich der Körper bewegt. Häufig ist aber zusätzlich die Bewegungsrichtung von Interesse. Die beiden Informationen lassen sich bequem durch einen Pfeil darstellen: Die Pfeilrichtung zeigt die Bewegungsrichtung an, und die Länge des Pfeils symbolisiert die Geschwindigkeit. Die Menge aller Pfeile mit gleicher Länge und gleicher Richtung bildet einen **Vektor**. Im Folgenden seien $\vec{a}$ und $\vec{b}$ Vektoren und λ ein **Skalar** (eine Zahl).

In kartesischen Koordinaten werden Vektoren durch Spaltenvektoren dargestellt:

$$\vec{a} = \begin{pmatrix} a_x \\ a_y \\ a_z \end{pmatrix} \quad \text{und} \quad \vec{b} = \begin{pmatrix} b_x \\ b_y \\ b_z \end{pmatrix}.$$

Vervielfachung von Vektoren

Das Produkt eines Skalars λ mit einem Vektor $\vec{a}$ ergibt einen Vektor, dessen Richtung mit der Richtung von $\vec{a}$ übereinstimmt, dessen Länge aber das λ-fache von $\vec{a}$ beträgt. Ist der Skalar λ negativ, so kehrt sich der Richtungssinn um (vgl. Abb. B.1). In kartesischen Koordinaten lässt sich $\lambda\vec{a}$ leicht berechnen:

$$\lambda\vec{a} = \begin{pmatrix} \lambda a_x \\ \lambda a_y \\ \lambda a_z \end{pmatrix}.$$

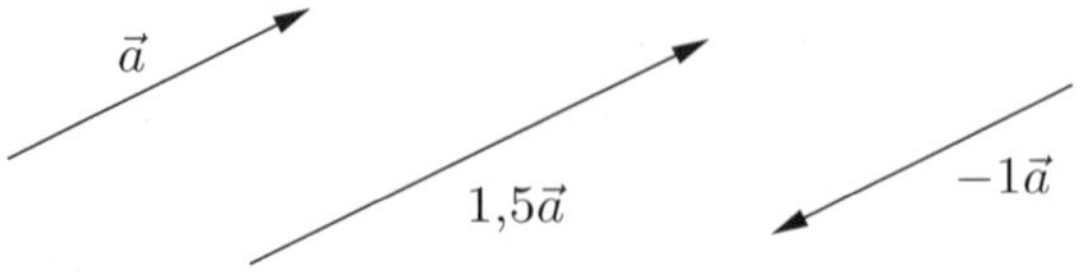

Abb. B.1: Vervielfachung eines Vektors

Addition von Vektoren

Für Vektoren ist eine Addition durch

$$\vec{a} + \vec{b} = \begin{pmatrix} a_x + b_x \\ a_y + b_y \\ a_z + b_z \end{pmatrix}$$

erklärt.

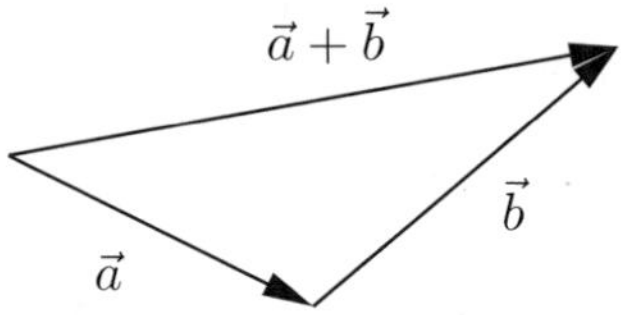

Abb. B.2: Addition zweier Vektoren

Zerlegung

Der Vektor $\vec{a}$ kann bezüglich des Vektors $\vec{b}$ zerlegt werden und umgekehrt (Abb. B.3):

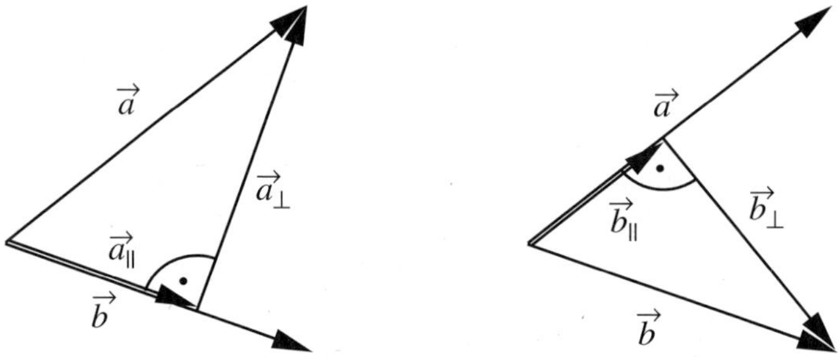

Abb. B.3: Zerlegung eines Vektors bezüglich eines anderen Vektors

Betrag eines Vektors

$$|\vec{a}| := a = \sqrt{a_x a_x + a_y a_y + a_z a_z}$$

Skalarprodukt

$$\vec{a} \cdot \vec{b} = ab \cos \measuredangle(\vec{a}, \vec{b}) = ab_\parallel = a_\parallel b$$

In kartesischen Koordinaten:

$$\vec{a} \cdot \vec{b} = a_x b_x + a_y b_y + a_z b_z$$

Kreuzprodukt

$$\vec{a} \times \vec{b} = ab \ \sin \measuredangle(\vec{a}, \vec{b})\, \vec{n}$$
$$= ab_{\perp}\vec{n} = a_{\perp}b\,\vec{n}$$

Dabei ist $\vec{n}$ ein Einheitsvektor, der senkrecht auf der von $\vec{a}$ und $\vec{b}$ aufgespannten Ebene steht (**Normalenvektor**). Der Richtungssinn von $\vec{n}$ ergibt sich aus Abbildung B.4 (Rechte-Hand-Regel).

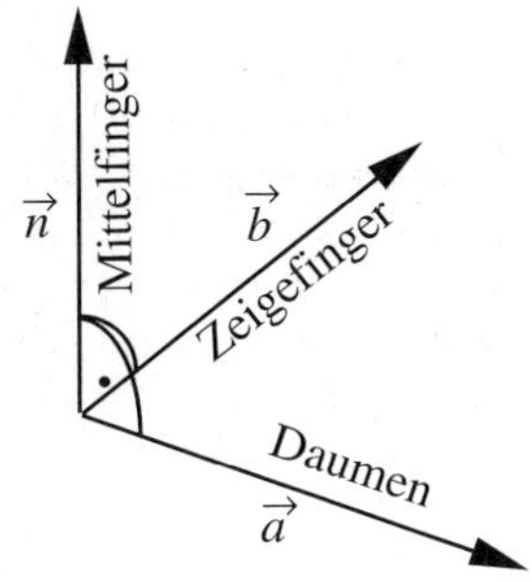

Abb. B.4: Rechte-Hand-Regel beim Kreuzproduk

Eine Besonderheit des Kreuzprodukts ist, dass sich bei Vertauschen der Reihenfolge der Faktoren das Vorzeichen umkehrt:

$$\vec{a} \times \vec{b} = -\vec{b} \times \vec{a}.$$

In kartesischen Koordinaten lässt sich das Kreuzprodukt mit

$$\vec{a} \times \vec{b} = \begin{pmatrix} a_y b_z - a_z b_y \\ a_z b_x - a_x b_z \\ a_x b_y - a_y b_x \end{pmatrix}$$

berechnen.

Einheitsvektoren

Braucht man einen Einheitsvektor (Vektor vom Betrag 1), der in die gleiche Richtung wie der beliebige Vektor $\vec{a}$ zeigt, so bekommt man ihn mithilfe von

$$\vec{e}_{\vec{a}} := \frac{\vec{a}}{a}.$$

B.2 Felder

Eine Funktion oder Abbildung $y = f(x)$ ordnet jedem Wert der unabhängigen Variablen x einen Wert y zu. Ein typisches Beispiel ist der Temperaturverlauf, den ein Thermometer anzeigt, aufgetragen über der Zeit: $T = f(t)$. Ein ähnliches, aber komplexeres Problem ist die formelmäßige Erfassung des Luftdrucks p in einem Raumgebiet. Dies geschieht in der Form $p = f(\vec{r})$. Jedem Ortsvektor $\vec{r}$ (entsprechend einem Ort im betrachteten Raumgebiet) wird eine Zahl (der Luftdruck) zugeordnet[1)].

Diese Funktion lässt sich nicht mehr so schön grafisch darstellen wie die Funktion $y = f(x)$. Behelfsweise verwendet man die allseits bekannte Isoliniendarstellung (vgl. Abb. B.5). Funktionen vom Typ ‚Zahl ist Funktion eines Vektors‘ nennt man **skalare Felder**.

[1)] wir betrachten der Einfachheit halber die Verteilung des Luftdrucks zu einer festen Zeit

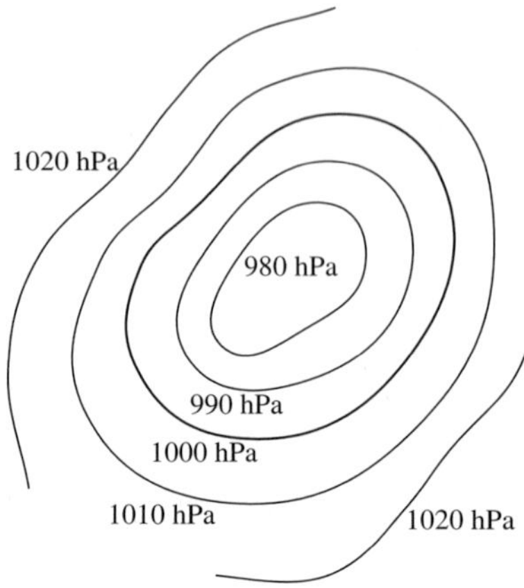

Abb. B.5: Das vielleicht bekannteste Beispiel für Isolinien findet man in Wetterkarten. Die Isobaren verbinden die Orte gleichen Luftdrucks.

Unter der Wirkung der Luftdruckverteilung entsteht Wind. Zur mathematischen Beschreibung des Windes ist es notwendig, an jedem Raumpunkt die dort vorliegende Windgeschwindigkeit anzugeben. Dies bedeutet, dass an jedem Raumpunkt ein Vektor ‚anzuheften' ist, d. h. $\vec{v} = f(\vec{r})$. Funktionen von diesem Typ nennt man **Vektorfelder**. In Abbildung 3.3 auf Seite 49 ist ein zweidimensionales Vektorfelder dargestellt.

B.3 Einige Grundtatsachen von Differenzial- und Integralrechnung

Ableitung

Gegeben sei eine Funktion $y = F(x)$ (vgl. Abb. B.6). Wie man sieht, ändert sich die Steigung der Funktionskurve mit x, d. h. die Steigung ist selbst eine Funktion von x. Diese Funktion heißt **Ableitungsfunktion**. Zur Bezeichnung der zur Funktion $y = F(x)$ gehörigen Ableitungsfunktion sind verschiedene Schreibweisen üblich:

$$y' \quad \text{oder} \quad F'(x) \quad \text{oder} \quad \frac{dF}{dx}.$$

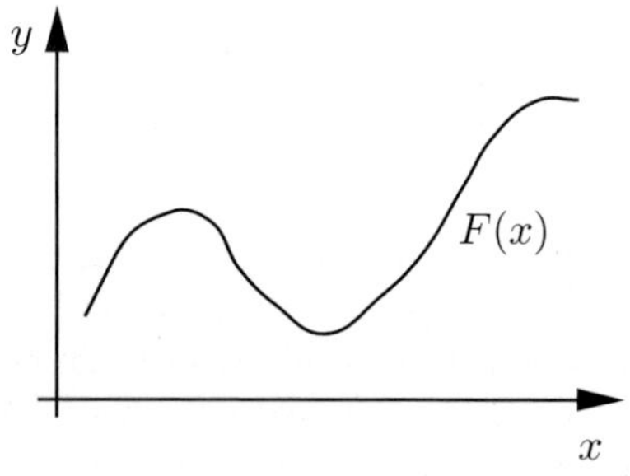

Abb. B.6: Funktion $y = F(x)$

Der Zahlenwert der Ableitungsfunktion für einen bestimmten Wert der Variable x heißt **Ableitung** oder **Differenzialquotient**.[1)]

[1)] Im Sprachgebrauch wird zwischen ‚Ableitung', ‚Ableitungsfunktion' und ‚Differenzialquotient' häufig nicht sauber unterschieden.

Wie man die Ableitung bestimmt, geht aus Abbildung B.7 hervor. Man bildet den Quotienten $\frac{\Delta F}{\Delta x}$. Lässt man $\Delta x := x_1 - x_0$ nun immer kleiner werden, erhält man eine immer bessere Näherung für die Steigung der Kurve bei x_0. Die Steigung selbst ergibt sich, indem man den Grenzübergang $\Delta x \to 0$ ausführt. Die letzte der oben angegebenen Schreibweisen für die Ableitungsfunktion erinnert an die hier beschriebene Bestimmung der Ableitung ($\Delta x \to dx$, $\Delta F \to dF$). Wir werden hier keine Grenzwertbetrachtungen durchführen, sondern nur drei Beispiele betrachten.

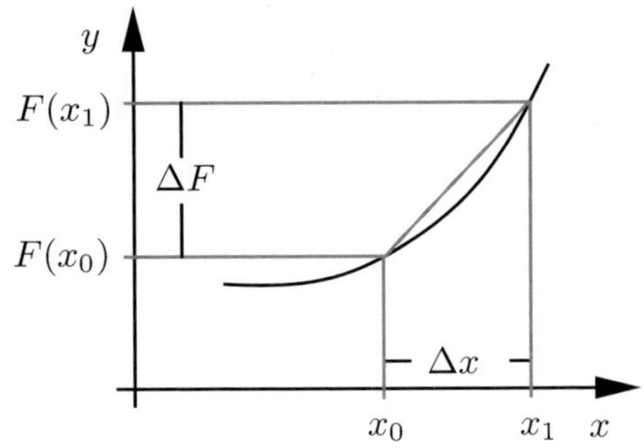

Abb. B.7: Zur Ableitung einer Funktion an der Stelle $x = x_0$

Beispiel 1: $y = F(x) = a = \text{const}$ (vgl. Abb. B.8). Offenbar hat diese einfache Funktion für alle Werte von x eine Steigung null: $y' = F'(x) = \frac{dF}{dx} = 0$. □

Beispiel 2: $y = F(x) = ax + b$ mit $a, b = \text{const}$ (vgl. Abb. B.9). Die Steigung dieser Funktion lässt sich leicht berechnen. Das Ergebnis lautet: $y' = F'(x) = \frac{dF}{dx} = a = \text{const}$. □

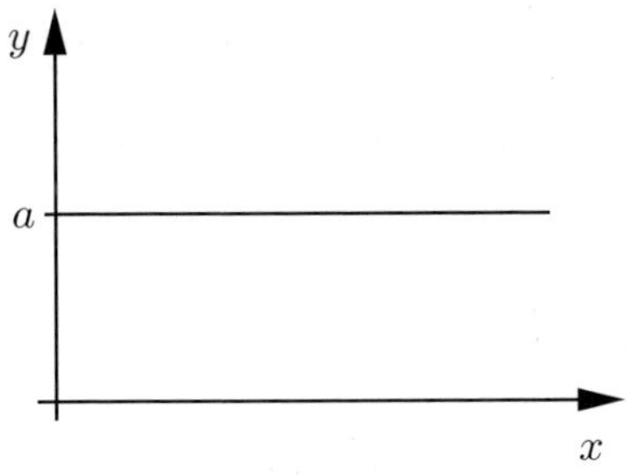

Abb. B.8: Die konstante Funktion $y = F(x) = a$

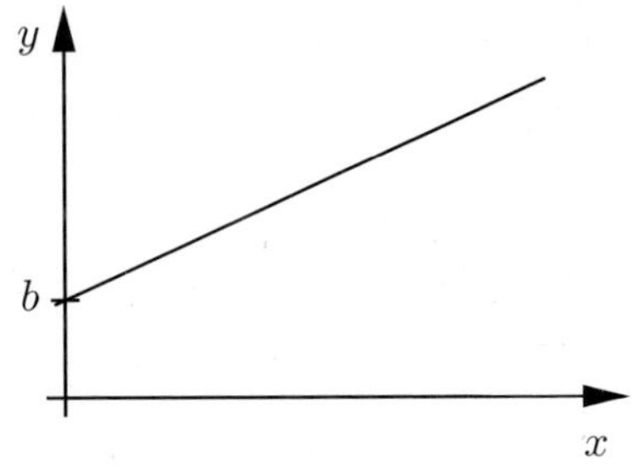

Abb. B.9: Die lineare Funktion $y = F(x) = ax + b$

Beispiel 3: $y = F(x) = x^2$ (vgl. Abb. B.10). Die Steigung dieser Funktion lässt sich nicht mehr so leicht berechnen. In der Mathematik wird gezeigt, dass die Ableitungsfunktion durch $y' = F'(x) = \frac{dF}{dx} = 2x$ gegeben ist. Dieses Ergebnis ist konsistent mit folgenden Beobachtungen:

- Für $x > 0$ gilt $F'(x) > 0$ (positive Steigung) und für $x < 0$ gilt $F'(x) < 0$ (negative Steigung)
- Die Ableitung für $x = 0$ ist $F'(x)|_{x=0} = 0$
- Betragsmäßig gilt: Die Steigung wächst mit x □

Weitere Beispiele finden sich in Tabelle B.1.

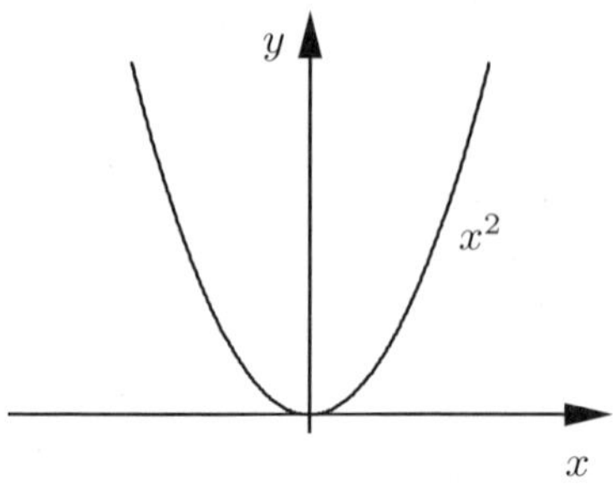

Abb. B.10: Die quadratische Funktion $y = F(x) = x^2$

Bei der Bestimmung von Ableitungsfunktionen braucht man fast immer einige der folgenden Rechenregeln:

$$y = cF(x) \quad \Rightarrow \quad y' = cF'(x) \qquad \text{für } c = \text{const}$$

Beispiel: $y = 3x^2 \quad \Rightarrow \quad y' = 3 \cdot 2x^1 = 6x$

$$y = F(x) + G(x) \quad \Rightarrow \quad y' = F'(x) + G'(x)$$

Beispiel: $y = x^2 + \sin x \quad \Rightarrow \quad y' = 2x + \cos x$

$$y = F(x)G(x) \quad \Rightarrow \quad y' = F'(x)G(x) + F(x)G'(x) \qquad \textbf{(Produktregel)}$$

Beispiel: $y = x^2 \sin x \quad \Rightarrow \quad y' = 2x \sin x + x^2 \cos x$

$$y = \frac{F(x)}{G(x)} \quad \Rightarrow \quad y' = \frac{F'(x)G(x) - F(x)G'(x)}{G(x)^2} \qquad \textbf{(Quotientenregel)}$$

Beispiel: $y = \dfrac{x^2}{\sin x} \quad \Rightarrow \quad y' = \dfrac{2x \sin x - x^2 \cos x}{\sin^2 x}$

$$y = F(G(x)) \quad \Rightarrow \quad y' = F'(G(x))G'(x) \qquad \textbf{(Kettenregel)}$$

Beispiel: $y = \sin^2 x \quad \Rightarrow \quad y' = 2 \sin x \cos x$

Bildet man die Ableitung einer Ableitungsfunktion, so spricht man von der **2. Ableitung**, usw.

Partielle Ableitung

Insbesondere bei der Fehlerrechnung (Fehlerfortpflanzungsgesetz, vgl. Abschnitt D.1) wird die partielle Ableitung benötigt. Hier nur so viel:

Bei Größen, die von mehreren Variablen abhängen ($y = f(x_1, x_2, \ldots, x_n)$), berechnet man die partielle Ableitung von f nach x_i, indem man

1. alle Variablen außer x_i als Konstanten auffasst,
2. die Ableitung in der gewohnten Weise bestimmt.

Näheres muss in der Mathematik nachgeliefert werden.

Unbestimmte Integration

Die unbestimmte Integration ist die Umkehroperation zur Differenziation.

Tabelle B.1: Differenziation des Ausdrucks in der linken Spalte führt auf den Ausdruck in der rechten Spalte. Von rechts nach links gelangt man durch Integration. C ist die **Integrationskonstante**, die so oft vergessen wird.

$F(x)$	$\rightleftharpoons$	$f(x)$
$x^n + C$		$nx^{n-1} (n \neq 0)$
$\sin x + C$		$\cos x$
$\cos x + C$		$-\sin x$
$e^x + C$		e^x
$\ln x + C$		$\frac{1}{x}$
$\vdots$		$\vdots$

Die in der Beschreibung von Tabelle B.1 gemachte Aussage kann man formelmäßig so ausdrücken:

$$\frac{dF(x)}{dx} = f(x) \qquad \Leftrightarrow \qquad \int dx\, f(x) = F(x).$$

In der Formel mit dem Integralzeichen $\int$ nennt man $f(x)$ den **Integranden** und $F(x)$ die **Stammfunktion** von $f(x)$. x ist die **Integrationsvariable**.

Zwei elementare Rechenregeln:

$$\int dx\, c f(x) = c \int dx\, f(x)$$

$$\int dx\, (f(x) + g(x)) = \int dx\, f(x) + \int dx\, g(x)$$

Ansonsten gilt: ‚Differenzieren ist ein Handwerk – Integrieren eine Kunst', eine Kunst, die wir hier nicht erlernen werden. Wir stützen uns, so weit notwendig, auf die umfangreichen Integraltabellen, die man in mathematischen Formelsammlungen findet.

Hinweis zur Schreibweise: Anstelle von $\int dx\, f(x)$ schreibt man häufig auch $\int f(x)\, dx$.

Bestimmtes Integral

Kennt man zu einer Funktion $y = f(x)$ die zugehörige Stammfunktion $F(x)$, so kann man den Flächeninhalt, den Funktionskurve und die x-Achse einschließen, berechnen (vgl. Abb. B.11).

Es gilt (A ist der Flächeninhalt):

$$A = \int_a^b f(x)\, dx = F(x)|_a^b = F(b) - F(a).$$

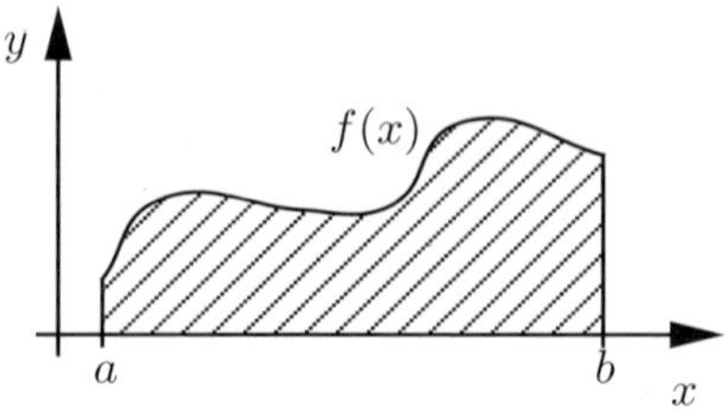

Abb. B.11: Die schraffierte Fläche lässt sich mithilfe der Stammfunktion von $f(x)$ berechnen

a heißt untere **Integrationsgrenze** und b obere Integrationsgrenze. In der Differenz $F(b)-F(a)$ hebt sich die Integrationskonstante weg. Bei der Berechnung bestimmter Integrale lässt man diese daher immer weg.

Achtung: Wo die Funktionskurve unterhalb der x-Achse verläuft, ergeben sich negative Beiträge zum Flächeninhalt. Integriert man z. B. $\sin x$ von 0 bis π (also $\int_0^{\pi} \sin x \, dx$), so lautet das Ergebnis $A = 2$. Das Integral der Sinusfunktion, integriert von π bis 2π, hat den Wert -2. Folglich: $\int_0^{2\pi} \sin x \, dx = 0$.

Wegintegrale

Physikalische Begriffe wie ‚Arbeit' und ‚Spannung' sind durch sogenannte Wegintegrale definiert. Wegintegrale zu berechnen ist i. Allg. nicht einfach. Einige wichtige Sachverhalte lassen sich aber ohne viel Mathematik verstehen. Diese sollen hier kurz erläutert werden.

C_{AB} sei ein Weg im Raum, der von Punkt A nach Punkt B führt (vgl. Abb. 1.19). Das **Wegintegral** des Vektorfeldes[1] $\vec{v}(\vec{r})$ entlang des Weges C_{AB} ist

$$W(C_{\mathrm{AB}}) := \int_{C_{\mathrm{AB}}} \vec{v}(\vec{r}) \cdot d\vec{r}.$$

Hierbei stelle man sich $d\vec{r}$ als ein ‚unendlich kurzes Wegstück' von der Spitze von $\vec{r}$ zu einem benachbarten Punkt auf dem Weg C_{AB} vor (Abb. B.12).

Mithilfe der Definitionsformel für das Skalarprodukt kann man schreiben[2]

$$W(C_{\mathrm{AB}}) = \int_{C_{\mathrm{AB}}} \cos \measuredangle(\vec{v}(\vec{r}), d\vec{r}) \; v(\vec{r}) \, dr.$$

In dieser Darstellung handelt es sich beim Wegintegral (fast) um ein gewöhnliches bestimmtes Integral, denn sowohl der Integrand ($\cos \measuredangle(\vec{v}(\vec{r}), d\vec{r}) \; v(\vec{r})$) als auch die Integrationsvariable r sind skalare Größen. Lediglich die Tatsache, dass die Integration längs eines bestimmten Weges auszuführen ist, stellt eine Besonderheit dar.

---

[1] vgl. Abschnitt B.2

[2] wir verwenden wieder die übliche Bezeichnungsweise $v := |\vec{v}|$ und $dr := |d\vec{r}|$

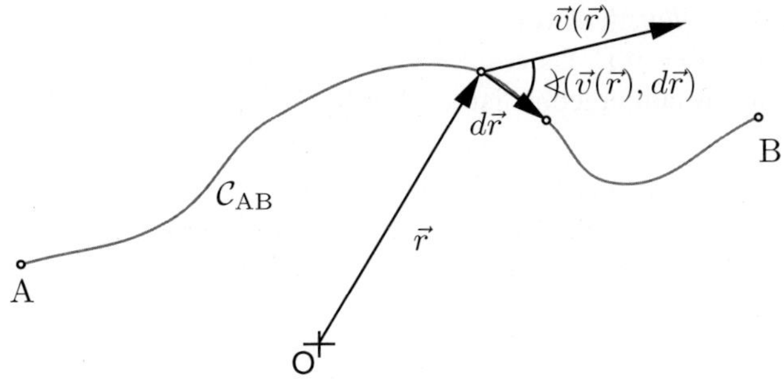

Abb. B.12: Zur Definition des Skalarprodukts im Wegintegral

Beispiel 1: Gravitations- und Coulombkraft werden durch Vektorfelder vom Typ $\vec{v}(\vec{r}) = a\frac{\vec{r}}{r^3}$ beschrieben. Daraus ergibt sich für den Betrag der Vektoren $v(\vec{r}) = \frac{a}{r^2}$. Im vorliegenden Beispiel soll das Wegintegral entlang des Weges A $\longrightarrow$ C $\longrightarrow$ B bestimmt werden (vgl. Abb. B.13). Punkt A liegt eine Längeneinheit vom Koordinatenursprung entfernt, der Kreisausschnitt habe den Radius 2. Für die Konstante a wählen wir den Wert 1.

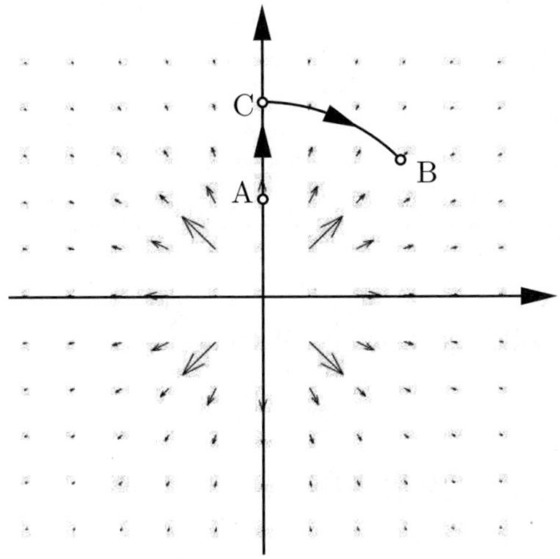

Abb. B.13: Vektorfeld und Integrationsweg

1. Teilstück: Auf dem Wegstück von A nach C stimmen die Richtung des Weges und die Richtung des Vektorfeldes überein, d. h. $\measuredangle(\vec{v}(\vec{r}), d\vec{r}) = 0\,°$ und folglich $\cos\measuredangle(\vec{v}(\vec{r}), d\vec{r}) = 1$. Daher gilt

$$\begin{aligned} W(C_{\text{AC}}) &= \int_{C_{\text{AC}}} v(\vec{r})\, dr = \int_1^2 \frac{dr}{r^2} \\ &= -\frac{1}{r}\bigg|_1^2 = -\frac{1}{2} + 1 = \frac{1}{2} \end{aligned}$$

2. Teilstück: Auf dem Wegstück von C nach B stehen die Vektoren $\vec{v}(\vec{r})$ überall senkrecht auf dem Weg: $\measuredangle(\vec{v}(\vec{r}), d\vec{r}) = 90°$. Da $\cos 90° = 0$, liefert dieses Wegstück keinen Beitrag zum Wegintegral, und das Gesamtergebnis lautet: $W(C_{AB}) = \frac{1}{2}$. □

In der Mathematik wird gezeigt, dass das Wegintegral zwischen zwei beliebigen Punkten A und B für das hier betrachtete Vektorfeld immer den gleichen Wert hat, egal auf welchem Weg man von A nach B gelangt. Man spricht in diesem Fall von einem **konservativen Vektorfeld**.

Beispiel 2: Ein Fahrzeug der Masse m bewege sich mit konstanter Geschwindigkeit entlang eines Weges C_{AB} [1]. Wie groß ist die durch die Reibungskraft verursachte Reibungsarbeit (vgl. Kapitel 1.3.2 und 1.4.1)?

Die Reibungskraft $\vec{F}_R$ ist der Bewegung immer entgegengerichtet. Daher gilt $\measuredangle(\vec{F}_R, d\vec{r}) = 180°$ und folglich $\cos \measuredangle(\vec{F}_R, d\vec{r}) = -1$. Für den Betrag der Reibungskraft können wir $F_R = \mu F_N$ schreiben, auf ebener Straße also $F_R = \mu mg$. Die Reibungsarbeit ist demnach

$$W(C_{AB}) = \int_{C_{AB}} \vec{F}_R \cdot d\vec{r} = \int_{C_{AB}} \cos \measuredangle(\vec{F}_R, d\vec{r}) F_R \, dr = -\mu mg \int_{C_{AB}} dr.$$

Das verbleibende Integral stellt die Länge des Weges C_{AB} dar:

$$s_{AB} = \int_{C_{AB}} dr.$$

Die Reibungsarbeit ist also

$$W(C_{AB}) = -\mu mg s_{AB}.$$

Die Reibungsarbeit hängt offenbar vom Weg ab – die Reibungskraft ist also nichtkonservativ[2]. □

Diese beiden Beispiele sollen genügen, um darzustellen, dass es in einfachen Situationen möglich ist, den Wert von Wegintegralen ohne aufwändige Mathematik zu bestimmen.

B.4 Differenzialgleichungen

Differenzialgleichungen (Dgl) sind Gleichungen, die Ableitungen *unbekannter* Funktionen enthalten. Eine Differenzialgleichung zu lösen, heißt alle Funktionen zu finden, welche die Differenzialgleichung erfüllen.

Beispiel: Dgl: $f'(x) = 2$
Lösung: $y = f(x) = 2x + b$, denn $y' = f'(x) = 2$ (Schar von Funktionen, da b beliebig) □

Beachte: Die Gleichung ist für *alle x* erfüllt!

Vorsicht, nicht verwechseln mit dem völlig anderen Problem, das im Zusammenhang mit Extremwertaufgaben vorkommt:

---

[1] Der Motor muss eine antreibende Kraft aufbringen, um einen Geschwindigkeitsverlust durch Reibung zu verhindern
[2] Man beachte, dass in diesem Beispiel kein Vektorfeld benötigt wird.

Gegeben ist eine Gleichung, die Ableitungen einer *bekannten* Funktion $y = f(x)$ enthält. Gesucht sind diejenigen Werte von x, die diese Gleichung erfüllen.

Beispiel: Gegeben: $f'(x) = 2$ mit $y = f(x) = 2x^2 + 1$.
Lösung: Ableiten und Einsetzen ergibt $4x = 2$. Die Lösung ist $x = \frac{1}{2}$. □

Differenzialgleichungen werden nach verschiedenen Kriterien klassifiziert:

gewöhnliche bzw. partielle Dgl: Die unbekannte Funktion hängt von einer bzw. mehreren Variablen ab

lineare bzw. nichtlineare Dgl: Die Differenzialgleichung heißt linear, wenn die unbekannte Funktion und ihre Ableitungen linear in die Differenzialgleichung eingehen, sonst nichtlinear

homogene bzw. nichthomogene Dgl: Enthält die Differenzialgleichung Terme, die weder die unbekannte Funktion noch deren Ableitungen enthalten, so heißt die Differenzialgleichung inhomogen, andernfalls homogen

Die höchste auftretende Ableitung heißt **Ordnung** der Differenzialgleichung.

B.5 Polarkoordinaten

Manchmal ist es zweckmäßig, statt der kartesischen Koordinaten x und y die Polarkoordinaten r und φ zu verwenden (Abb. B.14).

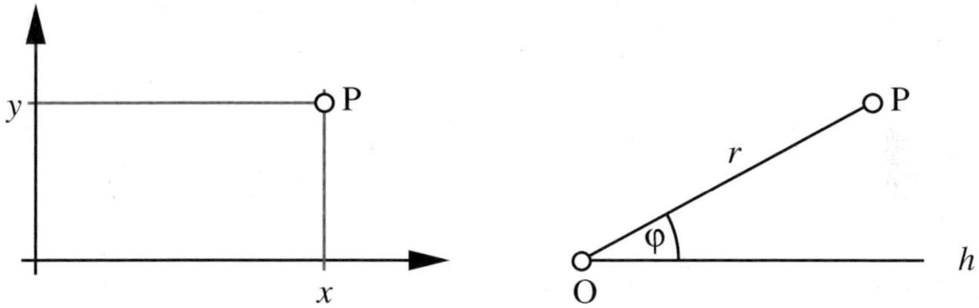

Abb. B.14: Kartesische- und Polarkoordinaten. Der Punkt O heißt **Pol** und die Halbgerade h heißt **Polarachse**.

Die Umrechnungsformeln lauten:

$$\varphi = \arctan \frac{y}{x} \qquad r = \sqrt{x^2 + y^2}$$

und umgekehrt

$$x = r \cos \varphi \qquad y = r \sin \varphi .$$

B.6 Sonstiges

Insbesondere in der Schwingungslehre und der Geometrischen Optik braucht man häufig die für kleine Werte von φ geltenden Näherungsformeln

$$\sin\varphi \approx \tan\varphi \approx \varphi.$$

Ihre Richtigkeit erkennt man aus Abbildung B.15.

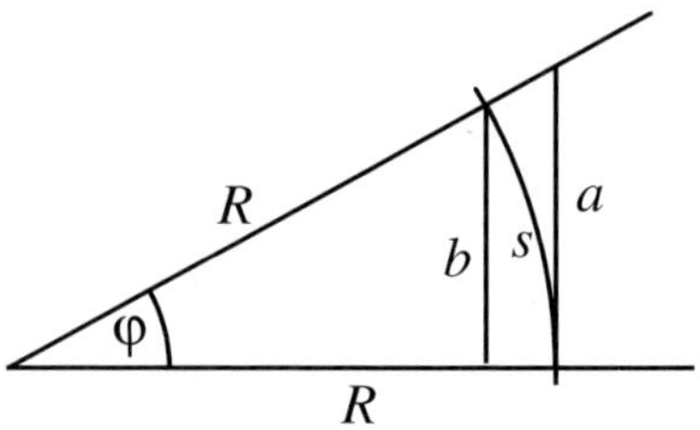

Abb. B.15: $\varphi := \frac{s}{R}$, $\sin\varphi := \frac{b}{R}$, $\tan\varphi := \frac{a}{R}$. Da für kleine Winkel offenbar $a \approx b \approx s$ gilt, folgt die Behauptung.

In der Bildunterschrift zu Abbildung B.15 wurde der Winkel φ im Bogenmaß als das Verhältnis zweier Längen s und R eingeführt. Somit ist φ einheitenlos. Manchmal möchte man aber zum Ausdruck bringen, dass es sich bei einer Zahl um einen Winkel im Bogenmaß handelt. Dann verwendet man das Hinweissymbol rad, also z. B. anstelle von $\varphi = \pi$ lieber $\varphi = \pi$ rad. Für die Umrechnung von Winkeln zwischen Bogenmaß und Gradmaß muss man wissen, dass π rad genau 180° entsprechen.

C Maßeinheiten und Naturkonstanten

C.1 Internationales Einheitensystem

Physikalische Größen werden als Produkt von **Maßzahl** und **Maßeinheit** dargestellt.

Beispiel: Das Ergebnis einer Längenmessung könnte lauten

$l = 2{,}7\,\mathrm{m}.$

Dabei bezeichnet l das Formelzeichen der Messgröße, 2,7 ist die Maßzahl und m ist die Maßeinheit. □

Für die Maßeinheit der Messgröße g schreibt man $[g]$, und für die zugehörige Maßzahl ist die Schreibweise $\{g\}$ üblich. Für das obige Beispiel heißt dies also $\{l\} = 2{,}7$ und $[l] = \mathrm{m}$. Die häufig zu sehende Schreibweise [m] entspricht nicht der DIN.

Sämtliche in der Physik auftretenden Größen lassen sich auf 7 sogenannte **Basisgrößen** zurückführen. Im **Internationalen Einheitensystem** (SI) wurden hierfür willkürlich die in Tabelle C.1 dargestellten Größen gewählt.

Tabelle C.1: Die Basisgrößen im SI

Basisgröße	Maßeinheit	Symbol
Zeit(-dauer)	Sekunde	s
Länge	Meter	m
Masse	Kilogramm	kg
Temperatur	Kelvin	K
Stromstärke	Ampere	A
Lichtstärke	Candela	cd
Stoffmenge	Mol	mol

Wichtig ist, dass die Maßeinheiten der Basisgrößen, die **Basiseinheiten**, in einer sehr genau reproduzierbaren Weise festgelegt sind.

Beispiel: *Ein **Meter** ist die Länge der Strecke, die Licht im Vakuum während der Dauer von* 1/299 792 458 *Sekunden durchläuft.*

Mithilfe der Basisgrößen werden die **abgeleiteten Größen** definiert.

Beispiele:

Geschwindigkeit v : $[v] = \frac{\mathrm{m}}{\mathrm{s}} = \mathrm{m\,s^{-1}}$

Leistung P : $[P] = \frac{\mathrm{kg\,m^2}}{\mathrm{s^3}} = \mathrm{kg\,m^2\,s^{-3}}$:= Watt (W)

Die Maßeinheiten von abgeleiteten Größen können immer als Potenzprodukte von Basiseinheiten geschrieben werden.

Die **gesetzlichen Einheiten** in Deutschland umfassen:

- die Basiseinheiten des SI,
- abgeleitete SI-Einheiten,
- dezimale Vielfache und Teile von SI-Einheiten (vgl. Tabelle C.2),
- spezielle SI-fremde Einheiten, z. T. mit eingeschränktem Anwendungsbereich.

Tabelle C.2: Die gebräuchlichsten Vorsätze, um dezimale Vielfache und Teile von SI-Einheiten zu kennzeichnen

	Symbol	Bedeutung		Symbol	Bedeutung
dezi-	d	10^{-1}	deka-	da	10^{+1}
zenti-	c	10^{-2}	hekto-	h	10^{+2}
milli-	m	10^{-3}	kilo-	k	10^{+3}
mikro-	μ	10^{-6}	mega-	M	10^{+6}
nano-	n	10^{-9}	giga-	G	10^{+9}
piko-	p	10^{-12}	tera-	T	10^{+12}

C.2 Physikalische Konstanten

atomare Masseneinheit	u	$1{,}6606 \cdot 10^{-27}\,\mathrm{kg}$
Avogadrozahl	N_A	$6{,}022 \cdot 10^{23}\,\frac{1}{\mathrm{mol}}$
Boltzmann Konstante	k	$1{,}3807 \cdot 10^{-23}\,\frac{\mathrm{J}}{\mathrm{K}}$
Elementarladung	e	$1{,}602 \cdot 10^{-19}\,\mathrm{C}$
elektrische Feldkonstante	ε_0	$8{,}854 \cdot 10^{-12}\,\frac{\mathrm{C}^2}{\mathrm{N\,m}^2}$
Erdbeschleunigung	g	$9{,}81\,\frac{\mathrm{m}}{\mathrm{s}^2}$
Gravitationskonstante	G	$6{,}6743 \cdot 10^{-11}\,\frac{\mathrm{m}^3}{\mathrm{kg\,s}^2}$
magnetische Feldkonstante	μ_0	$1{,}257 \cdot 10^{-6}\,\frac{\mathrm{V\,s}}{\mathrm{A\,m}}$
molare Gaskonstante	R_m	$8{,}3145\,\frac{\mathrm{J}}{\mathrm{mol\,K}}$
Plancksches Wirkungsquantum	h	$6{,}626 \cdot 10^{-34}\,\mathrm{J\,s}$
Ruhmasse des Elektrons	m_e	$9{,}11 \cdot 10^{-31}\,\mathrm{kg}$
Ruhmasse des Neutrons/Protons	$m_n \approx m_p$	$1{,}67 \cdot 10^{-27}\,\mathrm{kg}$
Stefan-Boltzmann Konstante	σ	$5{,}670 \cdot 10^{-8}\,\frac{\mathrm{W}}{\mathrm{m}^2\,\mathrm{K}^4}$
Vakuumlichtgeschwindigkeit	c	$2{,}998 \cdot 10^{8}\,\frac{\mathrm{m}}{\mathrm{s}}$
Wiensche Konstante	b	$2{,}898 \cdot 10^{-3}\,\mathrm{K\,m}$

D Messen und Auswerten

D.1 Fehlerrechnung

Messabweichungen

Beim Schießen auf eine Torwand tun sich selbst Fußballprofis schwer, einen Ball auf kurze Distanz in relativ große Löcher zu treffen. Man sollte doch denken, dass es – insbesondere nach einem Treffer – einfach sein müsste, den gleichen Schuss zu wiederholen und so noch einen Treffer zu erzielen. Wie man immer wieder sehen kann ist dies viel schwieriger als man vermuten würde. Kleinste Abweichungen in der Ausführung führen zu unterschiedlichen Ergebnissen.

Entsprechendes gilt bei Messungen physikalischer Größen. Wird eine Messung wiederholt, so erhält man wegen kleiner Abweichungen in der Durchführung und der Umgebungsbedingungen Abweichungen im Ergebnis. Beispiele für Änderungen in der Umgebung sind Unterschiede im Lichteinfall, Temperaturschwankungen und dergleichen mehr. Daher weicht das Resultat einer Messung vom **wahren Wert** ab[1]:

absolute Messabweichung := Messwert - wahrer Wert.

Die Größe der Messabweichung lässt sich durch präzisere Messmethoden verringern, aber nie zu null machen!

Man unterscheidet **systematische Messabweichungen** und **zufällige (statistische) Messabweichungen**. Um den Unterschied herauszuarbeiten betrachten wir ein

Beispiel: Bestimmung des Kreisumfangs U durch Abgreifen des Umfangs mithilfe eines Zirkels (Abb. D.1)

Unter anderem wegen der Strichdicke wird der Einstichpunkt der Zirkelspitze nie genau im idealen Punkt liegen. Die Abweichungen sind offenbar zufälliger Natur. Sie führen zu einem zufälligen Fehler im Messergebnis. Die Näherung der Kreisbögen durch Sehnen führt gleichfalls zu einer Abweichung von tatsächlichem Kreisumfang und Messergebnis. Die hiervon herrührende Abweichung ist aber nicht zufällig, sondern es kommt zu einer systematischen Unterschätzung des Kreisumfangs U. Durch Verkürzung der Sehnen kann diese systematische Messabweichung verkleinert werden.

---

[1] Messabweichungen wurden früher als Messfehler bezeichnet. Der Begriff ‚Fehlerrechnung‘ in der Überschrift ist ein Überbleibsel aus dieser Zeit.

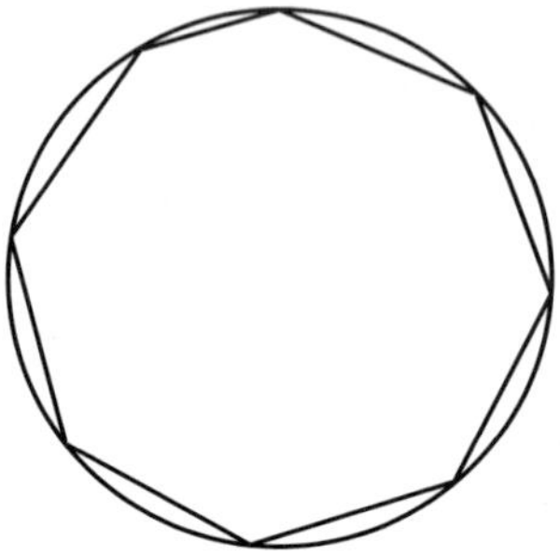

Abb. D.1: Bestimmung des Kreisumfangs

Sofern der Aufwand nicht zu groß ist, gilt, dass systematische Messabweichungen vermieden werden sollten. Ist dies nicht möglich, so ist die Größe der systematischen Messabweichung zu ermitteln oder zu schätzen und im Messergebnis anzugeben.

Schätzungen

In diesem Abschnitt sollen statistische Methoden zur Bestimmung eines Näherungswertes für die Maßzahl angegeben werden. Weiterhin soll die Genauigkeit der gewonnenen Näherung beurteilt werden. Die Verfahren berücksichtigen nur zufällige Messabweichungen. Mehr noch als in anderen Abschnitten gilt hier: Auf mathematische Exaktheit wird verzichtet.

Eine Grundvoraussetzung für das Folgende ist, dass die interessierende Messgröße g unter gleichen Bedingungen mehrfach, z. B. n mal, gemessen worden ist. Dann bilden die Messwerte $g_1, g_2, g_3, \ldots, g_n$ eine **Stichprobe vom Umfang** n. Aufgrund der Zufälligkeit der Störeinflüsse streuen die Messwerte um den wahren Wert von g. Teilt man das Intervall, das zwischen dem kleinsten und dem größten Messwert liegt, in eine kleine Zahl von gleichen Teilintervallen und zählt, wie viele Messwerte jeweils in den Teilintervallen liegen, so ergibt sich praktisch immer das gleiche, in Abbildung D.2 dargestellte Bild[1]:

Die **Häufigkeitsverteilung** hat ein Maximum und fällt an den Flanken mehr oder weniger steil ab. Man geht davon aus, dass die meisten Messwerte, also auch das Maximum der Häufigkeitsverteilung, in der Nähe des wahren Wertes liegen. Als Schätzwert für den wahren Wert nimmt man den **arithmetischen Mittelwert**

$$\bar{g} := \frac{1}{n} \sum_{i=1}^{n} g_i .$$

Es ist plausibel, dass $\bar{g}$ nahe beim wahren Wert liegt, wenn die Messwerte wenig streuen, d. h. wenn die Häufigkeitsverteilung schmal ist. Als Maß für die Breite der Häufigkeitsverteilung

[1] vorausgesetzt, man hat genügend viele Messwerte

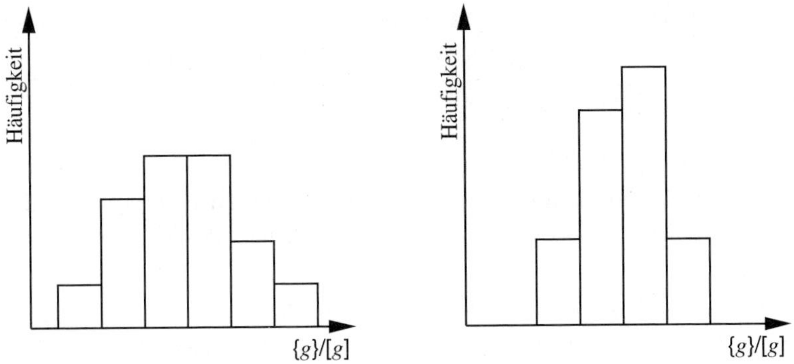

Abb. D.2: Häufigkeitsverteilungen für zwei Stichproben vom gleichen Umfang

und damit für die Streuung der Messwerte nimmt man die **Standardabweichung**[1]

$$s_g := \sqrt{\frac{1}{n-1}\sum_{i=1}^{n}(g_i - \bar{g})^2}.$$

Hat man die Standardabweichung für eine Stichprobe berechnet, so kann man schließen, dass bei einer Wiederholung der Messungen (unter gleichen Bedingungen) in den Bereich $\bar{g}-s_g < g < \bar{g}+s_g$ ca. 2/3 (68 %) aller Messwerte fallen werden. Im Bereich $\bar{g}-2s_g < g < \bar{g}+2s_g$ wird man ca. 95 % aller Messwerte finden.

Das Ziel einer Messung sind Aussagen über den wahren Wert der Größe g. Da $\bar{g}$ der Schätzwert des wahren Wertes ist, möchte man die Genauigkeit dieser Schätzung beurteilen können. Dazu geht man folgendermaßen vor:

Man sammelt N Stichproben vom Umfang n, d. h. man erzeugt N Messreihen mit je n Messwerten g_i. Für jede der Messreihen berechnet man den Mittelwert. So erhält man N Mittelwerte $\bar{g}_k$. Für die Mittelwerte zeichnet man die Häufigkeitsverteilung.

Diese hat folgende Eigenschaften:

- ihr Maximum liegt nahe beim wahren Wert,
- sie ist schmaler als die Häufigkeitsverteilung der Messwerte.

Die Streuung der einzelnen Mittelwerte schätzt man durch Berechnung der **Standardabweichung des Mittelwerts**[2] $s_{\bar{g}}$. Diese Größe verwendet man, um die Unsicherheit im Messergebnis auszudrücken. Die Standardabweichung des Mittelwerts der Größe g bezeichnet man auch als Δg.

[1] die Standardabweichung heißt auch ‚mittlerer Fehler der Einzelmessung'

[2] Häufig auch als **Standardfehler** bezeichnet

In der Praxis verfährt man bei der Bestimmung von Δg allerdings ganz anders. Glücklicherweise kann man nämlich Δg aus einer einzigen Stichprobe schätzen. Es gilt

$$\Delta g = \frac{s_g}{\sqrt{n}}.$$

Taschenrechner enthalten Programme zur Berechnung von Mittelwert und Standardabweichung. Aus der Standardabweichung lässt sich die Standardabweichung des Mittelwerts offenbar leicht berechnen.

Mithilfe von Δg lässt sich das Messergebnis folgendermaßen interpretieren: Der wahre Wert (also die Größe, die man bestimmen möchte) liegt mit der Wahrscheinlichkeit P in einem Intervall

$$[\bar{g} - t_P \Delta g, \bar{g} + t_P \Delta g]$$

(**Vertrauensbereich des Mittelwerts**). P nennt man **statistische Sicherheit**. Diese wählt man je nach Anforderung. Typische Werte für P sind 68%, 95%, 99%, ... Der von P und n abhängige Zahlenfaktor t_P ergibt sich aus der sogenannten **Student-t-Verteilung**. Man entnimmt t_P aus Tabellen. Bei einem Stichprobenumfang n von 4 erhält man beispielsweise $t_{68\%} = 1{,}2$ und $t_{95\%} = 3{,}2$. Für $n = 5$ kann man näherungsweise mit $t_{68\%} \approx 1$ rechnen.

Beispiel: Die Dicke D eines Drahts wurde fünf Mal gemessen. Es ergaben sich die Messwerte (jeweils in Millimeter) 0,583, 0,585, 0,590, 0,588, 0,585. Mithilfe des Taschenrechners ermittelt man zunächst

$$\bar{D} = 0{,}58620\,\text{mm}, s_D = 2{,}7749 \cdot 10^{-3}\,\text{mm}, \quad \Delta D = 1{,}2410 \cdot 10^{-3}\,\text{mm}.$$

Für $n = 5$ findet man z. B. bei Kuchling [2] $t_{95\%} = 2{,}8$. Damit ergibt sich der 95%-Vertrauensbereich für D zu

$$[0{,}5827\,\text{mm}, \ 0{,}5897\,\text{mm}]\,.$$

Der wahre Drahtdurchmesser liegt mit eine Wahrscheinlichkeit von 95% zwischen 0,5827 mm und 0,5897 mm.

Fortpflanzung von Messunsicherheiten

Häufig kann man eine interessierende Größe nicht direkt messen, sondern muss ihren Wert aus anderen messbaren Größen berechnen.
Beispiel: Bestimmung der Dichte ρ eines Körpers durch Messung des Volumens V und der Masse m:

$$\rho = \frac{m}{V}$$

Messabweichungen in V und m bewirken eine Messabweichung in ρ. Es stellt sich die Frage, wie die Messabweichung von ρ zu bestimmen ist.

Wenn eine interessierende Größe y, wie im obigen Beispiel, eine Funktion einer oder mehrerer anderer mit Messunsicherheiten behafteter Größen x_i ist, d. h. wenn

$$y = f(x_1, x_2, \ldots, x_n),$$

so erhält man die Messunsicherheit von y aus den Messunsicherheiten der x_i nach dem **Gaußschen Fehlerfortpflanzungsgesetz**. Es lautet

$$\Delta y = \sqrt{\sum_{i=1}^{n} \left(\frac{\partial f}{\partial x_i} \Delta x_i \right)^2}$$

Dabei ist $\frac{\partial f}{\partial x_i}$ die partielle Ableitung von f nach x_i (vgl. Abschnitt B.3). Für obiges Beispiel ergibt sich

$$\Delta \rho = \frac{1}{V} \sqrt{(\Delta m)^2 + \left(-\frac{m}{V} \Delta V \right)^2}.$$

Zur ungefähren Schätzung von Δy verwendet man gelegentlich die etwas einfachere Formel

$$\Delta y \approx \sum_{i=1}^{n} \left| \frac{\partial f}{\partial x_i} \Delta x_i \right| \qquad \text{(absoluter Maximalfehler).}$$

D.2 Messergebnisse

Signifikante Stellen

Maßzahlen stellen immer eine Näherung dar. Beispielsweise bedeutet $l = 15{,}7$ cm, dass l zwischen 15,65 cm und 15,75 cm liegt. l ist also auf 1/10 cm (= 1 mm) genau angegeben. Möchte man ausdrücken, dass die Länge l auf 1/100 cm genau angegeben ist, so muss man $l = 15{,}70$ cm schreiben. Als **signifikante**[1] **Ziffern** bezeichnet man diejenigen Ziffern, denen in diesem Sinne eine Bedeutung zukommt. Bei $l = 15{,}70$ cm sind alle vier Ziffern signifikant. Auch bei $l = 0{,}0001570$ km sind vier Ziffern signifikant, denn die Nullen am Anfang dienen nur zur Angabe der Stellung des Dezimalpunkts. Daraus ergibt sich:

Die Anzahl der Nachkommastellen hängt von der gewählten Maßeinheit ab und sagt über die Genauigkeit des Messergebnisses nichts aus. *Für die Genauigkeit entscheidend ist die Anzahl der signifikanten Ziffern!*

Bei Maßzahlen, die in der gewählten Maßeinheit wesentlich größer als 1 sind, kann man häufig nicht erkennen, wie viele Ziffern signifikant sind. Das Problem lässt sich durch Verwendung der Exponentialschreibweise vermeiden.

Beispiel: Erdradius

$R = 6{,}4 \cdot 10^3$ km anstelle von $R = 6\,400$ km.

Darstellung von Messergebnissen

Im vorliegenden Abschnitt wird ein Arbeitsplan angegeben, mit dessen Hilfe man aus Messdaten ein Messergebnis berechnen kann. Dabei wird vorausgesetzt, dass eine Stichprobe vom Umfang n vorliegt.

[1] bedeutungsvoll, beachtenswert

Arbeitsplan

1. Schritt: Berechnung von $\bar{g}$ und Δg.

2. Schritt: Aufrundung von Δg auf zwei (evtl. nur eine) signifikante Stelle.

3. Schritt: Rundung von $\bar{g}$, sodass $\bar{g}$ genauso viele Nachkommastellen besitzt wie Δg (gleiche Einheiten vorausgesetzt).

4. Schritt: Mithilfe der im 2. und 3. Schritt bestimmten gerundeten Größen schreibt man das Messergebnis in der Form $g = \bar{g} \pm \Delta g$. Einheiten und ggf. Zehnerpotenzen werden aus Gründen der Übersichtlichkeit ausgeklammert.

Beispiel: Die (sehr kleine) Stichprobe, die aus einer Längenmessung hervorgegangen ist, sei 0,113 m, 0,111 m, 0,119 m.

Aus der Stichprobe berechnet man $\bar{l} = 0{,}1143333333$ m und $\Delta l = 0{,}002403701$ m, aufgerundet auf zwei Stellen also $\Delta l = 0{,}0025$ m. Rundung des Mittelwerts ergibt $\bar{l} = 0{,}1143$ m, und daher lautet das Messergebnis

$$l = (0{,}1143 \pm 0{,}0025)\,\text{m}.$$

Oft gibt man Messergebnisse auch mithilfe der **relativen Messabweichung** an:

$$g = \bar{g}\left(1 \pm 100\,\% \cdot \frac{\Delta g}{\bar{g}}\right).$$

Das Ergebnis für das obige Beispiel lautet damit

$$l = 0{,}1143\,\text{m}\,(1 \pm 2{,}1\,\%)\,.$$

Anmerkung: Falls keine Stichprobe vorliegt, muss die Messunsicherheit vom Messgerät abgelesen oder geschätzt werden.

Tabellen und Grafiken

Häufig ist von Interesse, wie zwei Messgrößen voneinander abhängen. Messergebnisse, die einen solchen Zusammenhang beschreiben, stellt man in Tabellen oder Grafiken dar. In Abschnitt C wurde erwähnt, dass physikalische Größen immer als Produkt von Maßzahl und Maßeinheit geschrieben werden: $g = \{g\}\,[g]$. Dies lässt sich umformen zu $\{g\} = \frac{g}{[g]}$. In Tabellenköpfen und an Koordinatenachsen schreibt man $\frac{g}{[g]}$.

Beispiele

Schreibt man Maßeinheit und Zehnerpotenz in den Tabellenkopf, spart man Schreibarbeit. Viel wichtiger ist aber, dass die Tabelle dadurch sehr übersichtlich wird. Der Tabelle entnimmt man z. B. für Stahl, dass $c/10^3\,\frac{\text{m}}{\text{s}} = 5{,}05$. Umgestellt ergibt sich daraus $c = 5{,}05 \cdot 10^3\,\frac{\text{m}}{\text{s}}$.

Schallgeschwindigkeit (20 °C)	$c/10^3\,\frac{\text{m}}{\text{s}}$
Luft (trocken)	0,344
Blei	1,2
Stahl	5,05

Ebenso verfährt man bei der Beschriftung von Koordinatenachsen (Abb. D.3). Weiterhin müssen an jeder Achse mindestens zwei Zahlenwerte eingezeichnet werden, damit die Grafik aussagefähig ist. Die Datenpunkte müssen deutlich sichtbar sein. Der Betrachter soll erkennen können, aus welchen Daten die eingezeichnete Kurve abgeleitet worden ist. Zeichnet man mehrere Kurven in eine Grafik, so sind deutlich unterscheidbare Symbole für die Datenpunkte zu verwenden.

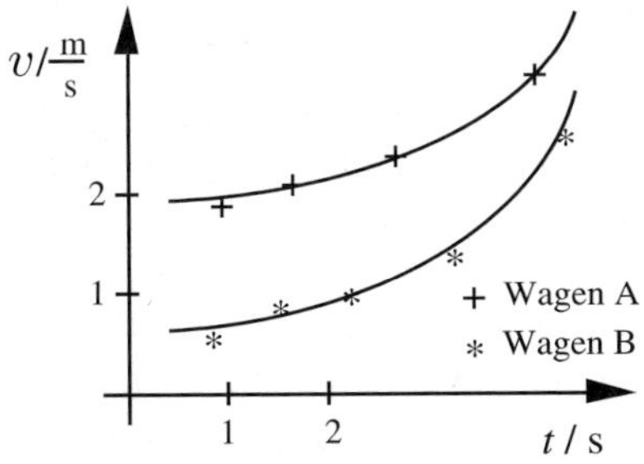

Abb. D.3: Geschwindigkeits-Zeit-Diagramm zweier Fahrzeuge

Literatur

[1] **E. Hering, R. Martin u. M. Stohrer:** *Physik für Ingenieure*, Springer Vieweg, 12. Auflage, 2016

[2] **H. Kuchling:** *Taschenbuch der Physik*, Carl Hanser Verlag GmbH & Co. KG, 21. Auflage, 2014

[3] **D. Meschede:** *Gerthsen Physik*, Springer, 25. Auflage, 2015

[4] **R. Müller:** *Thermodynamik: Vom Tautropfen zum Solarkraftwerk*, De Gruyter, 2. Auflage, 2016

[5] **R. Pitka, St. Bohrmann, H. Stöcker, G. Terlecki u. H. Zetsche:** *Physik – Der Grundkurs*, Verlag Europa-Lehrmittel, 5. Auflage, 2013

[6] **H. Stöcker:** *Taschenbuch der Physik*, Verlag Europa-Lehrmittel, 7. Auflage, 2013

Sachwortverzeichnis